KB267013

이렇게 준비하면
한반도에 전쟁은 없다

이렇게 준비하면 한반도에 전쟁은 없다

김도수 지음

싸우지 않고 적을 굴복시키는 것이 최고의 방책이다

신개념 무기체계 개발 및 전투장비 관리 뉴 패러다임

한국학술정보㈜

과학기술의 급속한 발달로 인하여 다가올 미래전의 양상은 가히 혁명적이라 할 만큼 빠르게 변화하고 있으며 한반도 안보환경 역시 불안정하고 여러 갈등 요인들이 상존하고 있습니다. 주변의 강대국들은 군사력을 증강하고 있으며 우리와 대치하고 있는 북한의 무력도발 위협은 변함이 없고 급변사태 발생 가능성도 더욱 고조되고 있어 어느 때보다도 체계적이고 구체적인 정예 강병 육성대책이 필요한 때입니다.

1986년 3월 4일 3,728명의 동기생들과 함께 피 끓는 젊은 장교로 임관한 이후 전후방 각급 부대에서 국가의 안전보장과 국토방위의 신성한 책무를 다하기 위하여 부단한 노력을 경주하여 왔습니다. 많은 장교들이 그러하듯이 하루 24시간을 전우와 함께, 부대와 함께하는 생활의 연속이었습니다. "무슨 일을 하든지 마음을 다하여 주께 하듯 하고 사람에게 하듯 하지 말라."는 성경 말씀처럼 항상 최선을 다하였습니다. 덕분에 일반 출신 장교로서는 드물게 미국 대학교에서 2년 동안 공부할 기회도 가졌으며 중견장교가 되어 정비, 소요/조달관리, 정보체계 분야의 최고 전문가라는 평판(評判)도 받았습니다.

진급발표가 있었던 지난 10월 이후의 주변 분위기는 매우 무거웠습니다. 선발된 사람보다는 누락된 사람이 훨씬 많았기 때문입니다. 개인적으로는 지난 세월을 반성하고 내년을 생각하는 시간을 가질 수 있었습니다. 먼지가 가득 쌓인 자료철을 뒤적이다가 지금까지 군사전문지에 투고하였던 자료들을 정리하고픈 생각이 들었습니다. 끊임없는 열정을 가지고 정예 강군 육성을 위하여 노력하였던 노하우를 책자를 통해 전달하고 싶었습니다. 예전부터 조국이 평화롭고 살기 좋은 나라로 발전하기 위해서는 누구도 감히 넘볼 수 없는 강력한 군사력을 보유하여야 한다는 주장을 많은 사람들이 하였으나 어떻게 할 것인가에 대한 답변은 궁색하였으며 선진국을 모방하는 것을 최고의 방책으로 여겨 왔습니다. 23년이라는 짧지 않은 세월 동안 항상 감사하며 한결같은 열정으로 제안하고 실천하였던 혁신과제를 모아서 출판하는 것도 또 하나의 충성이라 생각합니다. 출판비용 때문에 망설이는 나를 보고 빈손으로 출발한 인생이 이 정도면 축복받은 인생이라며 흔쾌히 동의한 안해[1]에게서 힘을 얻고 집필을 계속할 수 있었습니다.

이 책은 세 부분으로 구성되는데 23년 동안 군 생활을 통하여 제안하고 실천하였던 과제들을 정리한 것입니다. 첫째 부분은 미래전에 대비한 군사력 건설이라는 제목으로 한국군이 정예 강군으로 발돋움하는 데 필요한 신개념의 무기체계, 전투력 배가(倍加)에 필요한 과학기술 소요를 제시하였습니다. 미래에는 국가 차원의 전면전보다는 국지적 차원의 비선형 전투가 발

---

[1] 내 안에 있는 태양이란 뜻으로 아버지학교에서 '아내'라는 단어 대신에 사용한다.

발할 가능성이 크다는 의견이 중론입니다. 이를 고려할 때 병력 위주의 양적 군사력 구조보다는 정보·기술집약형의 첨단 군사력이 필요하며, 이런 의지가 담긴 국방개혁2020을 실현하기 위해서는 지금까지 전력화된 무기체계 이외에 EMP, HPM, 소리총 등 신개념의 무기체계 개발을 추진하여야 합니다. 신개념 무기체계는 전쟁의 양상을 일순간에 급변시킬 수 있습니다. 특히 소리총은 지상작전 수행에 필요한 전투병력의 획기적인 감축, 탄약을 생산할 필요가 없는 경제적인 군수지원, 인공 건축물 및 자연환경을 파괴하지 않는 친환경적인 전투장비로 인명중시의 미래전쟁에 부합된 필수 전투장비로 발전할 수 있습니다. 40년 후에 석유가 완전히 고갈되어도 국가방위 임무를 완벽하게 수행하는 데 필요한 전기식 동력장치 개발, 야전정비 및 운용제원의 신규 무기체계 개발 환류 방안, 최근 들어 중요성이 부각된 M&S를 포함하겠습니다. 두 번째 부분은 미래전은 군수전쟁이라는 명제 아래 효과적인 전투장비 관리 방안을 제시하였습니다. 창군 이래 60년 동안을 기다려 온 장비정비정보체계 개발, 시스템공학 차원의 수명주기 관리를 위한 수리부속 계층구조 구현, 지금까지의 군수지원 패러다임 전환 차원의 One-day System에 의한 군수물자 분배방안, 기울기와 편차율에 의한 수요 예측기법 적용방안 연구 등을 수록하였습니다. 이들 주제들은 저자가 실제로 제안하고 실천했던 과제들로 정보·과학화된 정예 강군 육성에 꼭 필요한 것들이라 생각합니다. 마지막 부분은 전우와 함께, 국민과 함께 잘사는 사회 건설을 위한 사례 모음입니다. 학사의 꿈을 펼치는 28명의 부사관들, 근대화의 기수였던 마산 한일전산여고와의 자매결연, 주민들의 안전운행을 위한 차량 정비지원, 감동 정비지원을 위한 근접정비반 발대, 강원방송국의 특집방송 '지역주민 돕기', 지체부자유자 수용시설인 만승자립원과의 자매결연 사항 등을 포함하였으며 혼자서만 잘살겠다고 발버둥 치는 사람에게 충고하는 차원에서 대인범죄 발생 최소화를 위한 피해자학 연구 결과도 반영하겠습니다.

아무쪼록 이 책을 읽은 독자들이 국가안보의 중요성을 다시 한번 인식하고 제시된 구체적인 방안의 실천에 동참하였으면 합니다. 탈고되기까지 물심양면으로 도와준 많은 분들에게 감사드리며 하나님의 은총이 가득하시길 기원합니다.

2009년 1월
저자 김도수

제 1 장

신개념(新槪念) 무기체계 개발

지구상에 인류가 출현한 이후 전쟁은 계속해서 발생하여 왔다. 전쟁에서 2등은 모든 것을 상실하기 때문에 가치가 전혀 없다. 전쟁에서 이기기 위해서는 새로운 전략전술, 무기체계를 꾸준하게 연구하고 개혁하여야 한다. 하루가 다르게 발전하는 과학기술을 활용한 무기체계 개발 노력은 전쟁에서 승리하기 위한 필수조건이다. 이순신 장군의 거북선, 최무선 장군의 화약·화통 개발은 백척간두에 처한 조국을 구하여 오늘날의 우리가 있게 하였다.

이 땅에서 태어나 살아갈 후손들에게 살기 좋은 금수강산을 물려줄 수 있도록 지혜를 모아야 한다. 930여 회 이상의 외침을 받았던 우리는 "전쟁을 준비한 자만이 평화를 누릴 수 있다."는 말을 가슴에 새겨야 한다. 한반도에 전쟁이 없는 평화가 지속되기를 간절히 소망한다면 신개념의 무기체계 개발을 발 벗고 추진하여야 한다. 전술적 운용방안 연구, 군 구조 개편도 동반되어야 한다. 사랑하는 사람의 행복한 삶을 위하여…… 조국의 번영을 위하여…… 나는 지금 최선을 다하고 있는가?

> 　미래전은 국가 간 전면전(全面戰)보다는 국지적 차원의 비선형 전투가 발발(勃發)할 가능성이 커지고 있다. 국가적 차원의 무력충돌에 대비한 정규군도 필요하지만, 각종 특수임무 수행을 담당할 해리포터부대의[2] 창설도 추진되어야 한다. 미래전쟁의 공간은 우주·사이버까지 확대되고 전투수단은 복합 타격체계, 무인전투체계, EMP, HPM, 음향무기 등 신종타격체계가 주류를 이룰 것이다. 과거에는 새로운 전략·전술에 맞는 무기체계의 개발소요가 제시되었으나, 최근에는 급격한 과학기술의 발전에 맞는 전략·전술을 개발하는 추세로 전환되고 있다. 과학기술은 미래전 양상을 바꿀 핵심 요인이 될 것이라는 데 군사전문가들은 모두 공감하고 있다. 미래전에서 승리하기 위해서는 첨단과학기술을 식별하여 무기체계로 발전시키는 데 힘을 모아야 한다.

1. 안보환경 변화

　동유럽 국가와 러시아의 패망으로 냉전체계가 종식됨에 따라 세계는 국가 간 전면전 가능성은 상대적으로 감소되었으나 테러, 국제조직범죄, 대량살상무기 확산, 자연재난 등 국제적이고 비군사적인 안보위협 요소들이 속속 등장하고 있다. 세계 각국은 유일한 초강대국인 미국이 주도하는 국제질서 속에서 자국의 전략적인 이해에 따라 특정 사안별로 선택적 협력과 견제를 병행하는 실리외교를 추구하고 있으며 국익을 바탕으로 하는 다차원

---

2) 해리포터부대: 영국의 소설가 조앤 K. 롤링의 판타지 연작 소설 및 영화 <해리포터>의 주인공인 해리포터가 악의 세력에 대항하여 사용한 마법무기와 유사한 형태의 살상/비살상 무기체계로 무장하고, 미래 위협환경에 부합된 전술 개발 및 체계적인 교육훈련을 실시한 미래형 부대를 말하며 육군전투발전단장 정대현 장군이 주창하였다.

적 국제협력과 포괄적 동맹을 추구하는 경향이 더욱 강화하고 있다. 국제적 협력의 증진에도 불구하고 이제까지 억제되어 왔던 역사, 영토, 인종, 환경, 민족갈등, 분리 독립 등과 같은 복합적 갈등요인들이 표출됨으로써 다양한 형태의 국지분쟁이 예상된다.

동북아 지역은 세계 주요 강대국의 접경지역으로 한반도 내에서의 영향력을 유지하고 자국의 이익을 확보하기 위한 선택적 협력과 경쟁이 더욱 심화되고 있다. 한반도를 중심으로 한 동북아지역은 세계경제의 중심권으로 부상하고 있으며 미국의 세력 균형자 역할은 앞으로도 당분간 지속될 것으로 예상된다. 동북아 지역 내 국가 간 이익추구 과정에서 도서영유권, 해양 관할권, 중국·대만 간 양안문제, 대량살상무기 확산문제 등으로 안보환경의 불안정성과 불확실성은 향후에도 지속될 것이다.

미국은 북한의 위협과 중국의 부상에 대응하기 위하여 전통적 동맹국인 한국 및 일본과의 양자동맹을 기본 축으로 한·미·일 3자 및 대만과의 안보협력을 지속적으로 강화할 것이다. 군사혁신 및 해외주둔 미군 재배치계획(GPR: Global Posture Review) 등을 통한 전략적 유연성 확보를 지향하고 유사시 미군 전력을 한반도에 신속하게 투사할 수 있는 태세를 유지할 것으로 예상된다. 중국은 북한과의 전통적 우호관계를 유지하며, 한·미·일 과의 협력과 견제를 위하여 북한을 전략적 카드로 활용할 것이며, 정치·경제적 차원의 국익을 위하여 미국과의 전략적 협력관계는 계속 발전시켜 나가는 한편, 북한의 체제유지를 지원할 가능성이 매우 높다. 일본은 세계의 중심국으로 급부상하고 있는 중국을 견제하기 위해 미·일 동맹을 더욱 강화하고자 노력할 것이며, 자국 내 보수 우경화 성향을 토대로 헌법 개정 및 국제사회에서의 영향력 확대를 위한 시도를 하고 있다. 북한의 핵무기 및 미사일 위협 증대에 따른 미사일방어(Missile Defense)체계 구축, 대량살상무기 확산방지구상(PSI) 참여 등 북한 위협에 대응하기 위한 활동에 적극적인 참여가 예상된다. "강력한 러시아 재건"을 모토로 내세운 러시아는 정치·경제적 안정회복 등 국내 문제 해결에 주력하며 국익 우선의 실용주의 대외정책을 전개할 것으로 판단된다.

북한은 한반도 적화통일이라는 군사전략 목표를 변함없이 유지하고 있으며 기습전, 속전속결전, 배합전에 의한 단기결전을 추구할 것이다. 북한의 국제적인 고립상황은 더욱 심화되고, 이를 탈피하기 위한 노력과 병행하여 공산체제 유지를 위한 다양한 생존전략을 구사할 것이다. 선군정치를 앞세워 김정일 중심의 절대권력체제와 사회주의체제를 공고히 하며 대한민국의 자유민주주의체제를 교란하고 전복시키기 위한 노력을 지속할 것이다. 핵무기·신형 탄도미사일·화생무기 등 WMD 카드를 지속적으로 개발하여 폐쇄적인 공산주의체제 안전보장 및 정치적 협상을 위한 수단으로 활용할 것으로 예상된다. 북한의 체제유지 노력에도 불구하고 최고 권력자 유고, 내란 및 대량난민 발생 등의 급변사태를 예상할 수 있으며, 북한정권의 내부 통제력 상실은 한반도 및 동북아에 심각한 불안요인이 될 수 있다.

2. 미래전쟁 양상3)

최근 많은 연구에서 논의되고 있는 미래의 전쟁 양상은 일반적으로 군사혁신(RMA)이라고 일컬어지는 '군사적 변화'에 기초를 두고 있다. 정보·감시·정찰체계와 정밀타격무기를 첨단 C^4I 체계로 연결하면 새로운 시스템 복합체(A new system of systems)가 탄생되고 이는 전투력의 승수효과(force multiplier)를 수반한다는 것은 이미 잘 알려진 사실이다. 미래전쟁 양상은 전쟁에 관한 범위, 관점, 분류기준 차이로 인하여 매우 다양한 측면으로 표출(表出)되고 있으나 논의의 핵심은 유사한 현상을 보이고 있다.

---

3) 지상전개념서(육군본부, 2007년), 국방과학기술조사서(기품원, 2007년), 각종 세미나 자료를 정리한 자료이다.

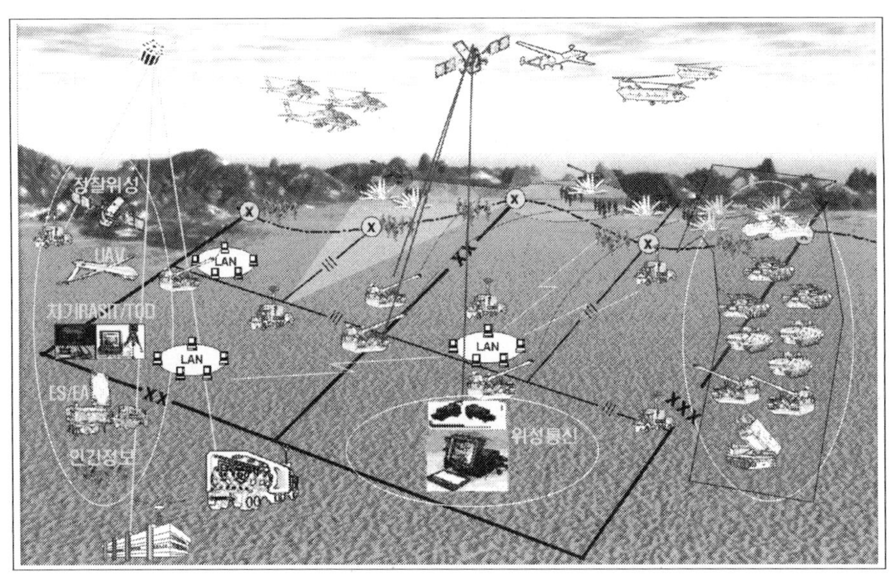

그림 1-1 미래 전쟁 개념도

가. 전장공간 확대

과학기술이 발전함에 따라 미래전쟁은 지상, 해상, 공중뿐만 아니라 사이버 및 우주까지 확대되고 전장공간에 대한 성격도 변화될 것이다. 이라크전쟁, 아프가니스탄전쟁에서 확인되었듯이 정보공간 장악 능력은 전쟁의 승패를 좌우한다. 적 정보체계의 효과적인 운용거부 및 아군의 정보체계를 보호하기 위하여 취하는 조치들로 정의되는 정보작전은 전반적인 전세를 결정하는 핵심사항이다. 이는 제공권 장악 여부가 전반적인 전쟁 우세를 결정하는 핵심사항으로 인식되었던 20세기의 전쟁에 비견될 수 있다. 정보작전은 그 하부개념으로 지휘통제전, 전자전, 민사심리전 등을 포괄하며 최근에는 컴퓨터바이러스 등에 의한 사이버전의 개념도 강조되고 있다.

정보공간과 함께 미래전에서 활용이 강조되고 있는 또 하나의 공간은 우주이다. 미래전의 핵심 기반은 정보 및 C^4I 체계와 유무선통신체계가 인공위성 등을 활용하여 광역화됨으로써 우주공간의 활용 및 통제능력은 전반적인 전투력 발휘의 중요한 요소로 작용할 것이다. 따라서 정찰위성, 통신

위성, 항법위성뿐만 아니라 EMP를 발사하는 공격위성, 요격위성, 장거리 유도무기체계 등 우주를 활용하는 무기체계는 더욱 다양하여질 것으로 판단된다.

미래전에서는 전통적인 선형전투가 비선형 전투로 바뀜에 따라 변화기존의 지상, 해상, 공중 전장공간에 대한 개념도 변화된다. 선형전투는 '힘의 집중'이라는 군사력 운용의 원칙에 기초하여 적에게 아군의 노출 면적을 최소화하여 아군의 안전을 도모함과 동시에 적군 전투력의 분산으로 급격한 전투력 약화를 도모하는 데 적합한 방식이다. 지리적 근접을 통한 전투력 집중원칙은 지휘·통제체계의 광역화, 사거리 연장, 기동성 발달로 중요성이 점점 상실되고 있다. 선형전투의 제한 사항인 전투력 운용의 융통성 결여, 지리적 집중에 의한 방호의 제한 사항을 극복하기 위해서는 비선형적 분산이 필요하며 이는 자연스럽게 전장의 광역화를 초래할 것이다. 이러한 공간 확대는 지상 및 해상의 평면적 확대와 더불어 공중과 해저에 이르는 수직적 차원의 공간이 확대될 것이다.

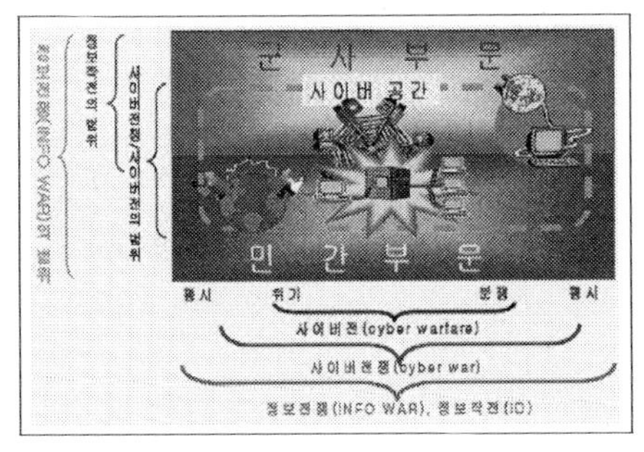

▌그림 1-2 정보작전의 범위

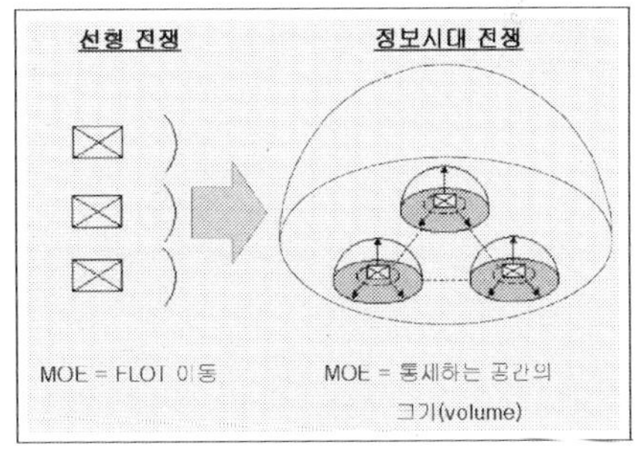

▌그림 1-3 미래 전장공간의 변화

나. Network 중심전

미래 전쟁은 Network 중심전이 될 것이다. 그동안 지상전은 플랫폼[4])별

독자적인 감시 및 타격 형태로 수행되어 왔으나 미래전은 플랫폼뿐만 아니라 제 작전요소가 Network로 연결되어 실시간 정보공유를 통한 통합작전을 수행하게 될 것이다. 정보통신기술의 발달에 힘입어 타격체제는 정밀화, 장사정화, 경량화, 고위력화되고, 센서체계는 정밀화, 다양화됨에 따라 적보다 먼저 보고, 먼저 결심하고, 먼저 상대방 전력의 심장부를 정밀 타격해야만 전쟁에서 우위를 확보할 수 있다. 이러한 전쟁 양상에 대비하기 위해서 미국 등 선진국들은 초고속, 대용량 정보고속도로를 이용하여 고정밀 센서체계와 타격체계를 결합한 C^4ISR,[5] PGMs[6] 복합체계 개념을 정립하고 미래전의 핵심전력으로 집중 개발하고 있다. Network 작전환경에서는 C^4ISR, PGMs 복합체계 운용이 보편화될 것이며, 제 작전요소들이 넓은 영역에 분산된 상황에서도 실시간 전장정보를 상호 공유 및 활용함으로써 지휘관 의도의 신속한 구현과 작전목적 달성을 위한 전투력의 동시·통합운용이 가능하게 될 것이다. 모든 무기체계는 Networking 능력을 구비하게 되며 무기체계와 무기체계 간, 무기체계와 운용자 및 제대 간 연동체계가 구축되고 있다.

다. 효과중심작전

미래전은 심리적 마비효과를 극대화하는 EBO[7] 작전개념으로 수행될 것이다. 과학기술의 발달로 정밀유도무기를 이용한 원거리 적 중심(重心) 타격이 가능하여져 대부대의 기동과 타격을 통한 물리적 파괴에 많은 노력을 기울일 필요가 작아졌다. 최단시간 이내에 적의 핵심모드와 전쟁지휘시스템을 파괴하고 적의 작전의도를 무력화함으로써 적의 전투력을 일시에 무력화시키고 심리적 마비를 통한 결정적 승리를 달성할 수 있다.

---

4) 플랫폼: Platform, 전차, 화포, 함정, 전투기 등 개별 무기체계를 말한다.
5) C^4ISR: Command, Control, Communication, Computer, Intelligence, Surveillance and Reconnaissance.
6) PGMs: Precision Guided Munitions 정밀유도탄약.
7) EBO: Effect - Based Operation 효과중심작전.

실시간 적의 중심을 식별하여 결심과 타격을 할 수 있는 효과중심 사고에 의한 작전수행 방식이 보편화되고, 이를 지원하는C^4ISR＋PGMs가 구축되고 있다.

라. 정보·지식 중심전

Network 중심 작전환경에서는 수많은 정보들이 데이터화되어 운용되거나 실시간 새로운 정보가 끊임없이 수집되어 정보의 홍수를 이루게 될 것이다. 첨단과학기술에 대한 이해와 최신 무기체계를 다루는 지식의 습득, 응용은 더 이상 먼 미래의 과제가 아니다. 미래전에서는 수많은 정보들 중에서 꼭 필요한 정보만을 추출해서 결심조견표를 만드는 시스템과 운용능력이 모든 지휘관 및 참모, 운용자들에게 절대적으로 필요하다. 예를 들면, 각종 탐지수단(대포병탐지레이더, 적지종심작전부대, UAV, J－STARS, U－2S, 금강, 위성 등)에서 획득한 실시간 표적정보 중에서 우리 작전지역에서 타격해야 할 적의 중심(重心)만을 추출해 내서 실시간에 결심 및 통합전투력을 운용하는 능력과 시스템의 효율성 정도가 미래전에서의 승패를 좌우한다. 첨단 무기체계 증가에 따라 이들 무기체계를 운용하기 위한 전문 인력의 증가와 군사과학연구기술의 확대, 더 과학적이고 정밀한 무기체계의 소요 발굴을 위한 창의성이 필요할 것이다.

마. 인명을 중시하는 작전

미래에는 도시화와 인구집중 현상으로 작전환경이 변화되고 무기체계가 고도로 발달함에 따라 단기간 내에 많은 인명피해 발생이 가능하다. 그러나 대중 언론매체의 발달로 물리적인 대량살상이나 민간인 피해 발생 시 실시간대 전파를 통한 반전여론이 조성되어 국내 및 국제적인 지지를 얻을 수 없을 것이다. 따라서 미래에는 물리적 파괴를 통한 대량살상보다

정밀 유도무기를 이용한 적 중심 타격과 안정화에 의한 효과중심작전 등
으로 인명을 보호하면서 작전목적을 효과적으로 달성하기 위한 전쟁 양상
으로 발전하고 있다.

바. 승수효과 달성을 위한 동시 · 통합전

Network 중심 작전환경에서의 작전수행은 제반 능력과 활동을 유기적으
로 연동시켜 전력운용의 승수효과를 달성하는 형태로 발전하고 있다. 동
시 · 통합전은 분산된 위치에서도 가용 전투력을 시간과 공간 면에서 동시
운용하여 적 전투력의 균형을 와해시키고, 적 중심을 파괴하기 위해 모든
능력과 활동을 연동시키는 것이다. 따라서 미래 지상작전은 전략적, 작전적,
전술적 수준 등 전 제대에서 다양한 형태의 동시 · 통합적 노력을 통해 승
수효과를 달성하는 형태로 전개될 것이다.

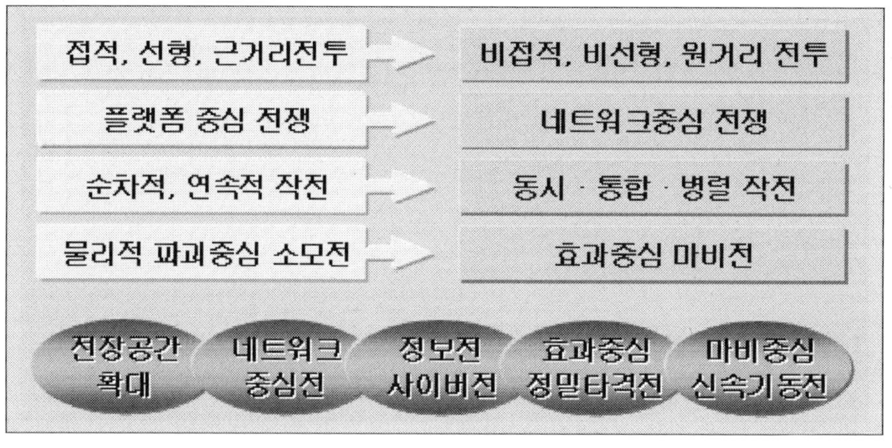

그림 1 — 4 전쟁수행 개념의 변화

사. 전투수단의 변화

1) C⁴ISR 및 PGMs의 융합을 통한 복합 타격체계 확대

미래전 수행의 핵심전력인 정밀타격체계는 C⁴ISR체계와 유기적으로 연계되어 비약적인 발전을 하고 있으며 향후에도 지속적인 발전이 예상된다. 미래에는 새로운 첨단 C⁴ISR 네트워크가 운용될 것으로 예상됨에 따라 전장의 가시화와 정보의 공유화가 이루어져 실시간 지휘통제가 가능하게 될 것으로 보인다. 복합 타격체계의 장거리화, 초정밀화, 고파괴력 및 신속성의 증가는 전장공간의 확대와 비선형 전투로의 변화 등을 더욱 가속시킬 것으로 판단된다. 복합 타격체계는 평상시 전쟁억제 및 전시 전략적 마비력 발휘의 핵심수단으로서 중요성과 역할이 증대되어 미래전 수행의 요체가 될 것이다.

2) 무인전투체계의 활용 증가

매스미디어의 발달로 전투상황이 국민들에게 실시간으로 중계되는 현상은 인명중시사상의 확대와 더불어 최소한의 인명피해로 작전을 수행하려는 노력을 강화시킬 것으로 예측된다. 획기적인 로봇기술의 발전으로 기계가 병사들의 생리적 한계를 극복할 수 있다는 장점이 고려되어 무인체계의 활용은 더욱 증가할 것이다. 무인전투기(UCAV), 무인잠수정(UUV), 무인지상차량(UGV) 등이 개발되어 실전 배치되었거나 시험 중이다. 로봇기술은 2020년 이후에 광범위한 군사 분야에서 활용될 것으로 전망된다. 처음에는 정찰, 감시, 표적 획득 등의 분야에서 활용되다가 점차 지능화 및 소형화 과정을 거쳐 곤충형 로봇, 조류형 로봇, 병사형 로봇으로 발전되어 위험도가 높거나 인간이 수행하기 곤란한 전투상황에 광범위하게 적용될 것이다.

3) 신종 타격체계의 활용 확대

미래전쟁 양상을 변화시킬 새로운 개념의 타격체계는 매우 다양하게 검

토되고 있다. 인도주의적 사고방식(思考方式)의 확산으로 물리적 대량파괴
중심의 전쟁수행방식은 효과중심의 정밀타격 및 비살상무기체계 운용을 통
한 적의 마비중심의 개념으로 전환되고 있다. 따라서 최근의 무기체계 개발
도 'Hard Kill'에서 'Soft and Hard Kill'로 변화되고 있으며, 무선 및 전자
광학장비가 차지하는 비중이 크게 증가하는 추세이다.

▌그림 1-5 신개념 무기체계 개념도

3. 과학기술 발전 추세

가. 민간 분야 과학기술 발전

금세기에는 초정밀 전자 및 정보기술, 나노공학, 신소재, 생명공학 등의
과학기술 혁신으로 산업화 사회에서 지식·정보화 사회로의 진입이 가속화
되고 있다. 또한 환경·에너지·자원·의료복지 관련 기술 발달은 인간의
삶과 복지의 질을 획기적으로 향상시킬 것이다. 신기술 혁명이 본격화되면
서 기존 산업의 경쟁력 구도가 핵심기술역량을 바탕으로 재편되고 있으며
정치, 경제, 사회, 문화 등 제반 영역으로 파급되고 있다. 분야별 과학기술
발전전망은 아래 표와 같다.

구　　분	발　전　추　세　전　망
정 보 통 신	·반도체 및 컴퓨터: 나노기술 발전, 제5세대 컴퓨터 ·광통신 및 위성 네트워크: 지구 차원에서 단일 정보권 형성
항공, 우주	·달 식민도시 건설, 우주호텔, 태양광 발전 등 ·2020～2030년경 마하 4～5의 초음속 여객기 실용화
생명, 유전공학	·복제 가축, 슈퍼 토마토 등 제2의 녹색혁명 ·인간 유전자 지도 완성으로 질병과 노화 해결
신소재, 신물질	·초전도 물질 합성, 무한 에너지 전달체계 확립 ·자원·환경문제 해결
해 양 공 학	·해저광산, 해양목장, 해양도시, 해상공항, 해양레저기지 건설
로 봇 공 학	·지능로봇시대(3D작업, 초정밀작업 수행)
환경, 에너지	·핵융합, 태양전지, 초전도체, 전기식 동력장치, 사막 재생기술

나. 국방과학기술의 발전[8]

미래전쟁의 연구는 첨단과학기술 특히 정보기술, 신소재 및 제작 기술, 생명기술의 혁신적 발전을 전제로 이루어지고 있다. 국방연구개발에 대한 민간기술의 영향도는 점차 증가할 것으로 예상되며, 민간에서 보유한 첨단기술을 활용하여 무기체계의 개발 기간·예산을 대폭 절약할 수 있는 ACTD[9] 제도가 활성화될 것이다. 정보통신기술의 속도, 상호 연결성 및 파급성이 지속적으로 증가될 것이며 인공지능 분야의 발전으로 2030년경에는 무인전투체계가 구현될 것이다. 인간의 행동을 통제하는 화학, 생명공학, 미생물공학의 발전은 전투요원의 전투력을 배가시킬 것이며 전자장 및 폭풍효과를 야기하는 신개념의 무기들도 개발될 것이다. 전투력 배가(倍加)에 필요한 분야별 과학기술 소요는 다음과 같다.

---

8) 합참의 사단급 전술제대 전투력 배가를 위한 군사기술 도출 결과 및 각종 세미나 자료를 종합한 자료이다.
9) ACTD: Advanced Concept Technology Demonstration 신개념기술시범.

1) 전장인식 분야

■ 표 1-2

기 술 명	기 술 내 용
E O / I R [10] 겸 용 반 사 광 학 기 술	• EO/IR 겸용 대구경 망원경의 기하학 수치를 반사광학계 자체 설계에 의해 보상하기 위한 반사경 설계 및 가공기술
무 인 체 계 제 어 망 구 축 기 술	• 무인전투체계를 구성하는 각 부체계의 지휘통제 및 원격제어, 감시를 통한 자율·적응형 실시간 제어망 구축 기술
나 노 복 합 재 기 술	• 공기흡입구, 감지기, 작동기, 전원공급, 자료전송선을 포함한 나노 복합재 응용 통합 기능 일체형 동체구조 개발 기술
RFID[11] 및 WEMS 응 용 구 조 손 상 진 단 기 술	• 비행체 구조 손상을 진단할 수 있는 RFID 기반의 내장형 무선 초소형 센서 기술 *WEMS: Wireless Embedded Micro Sensor
무 인 기 탑 재 화력탐지시스템 기술 연 구	• 열영상센서로 화포, 방사포의 섬광을 탐지할 수 있는 포사격 탐지장비를 무인기 시스템에 통합하여 표적정보를 실시간으로 제공할 수 있는 기술
초 소 형 복 합 구 조 설 계 기 술	• MEMS 및 지능재료를 이용한 통신·제어기능이 포함된 소형 다기능 복합구조 설계 기술
다 중 센 서 기 반 복 합 항 법 기 술	• 관성측정기, 다중센서를 결합하여 항법오차를 줄이는 복합항법 기술(GPS, 고도계, Magnetometer, Airspeed Sensor, Vision Sensor, Acoustic Sensor 등)
정 밀 항 법 기 술	• 초소형 무인기 및 무인전투기 편대비행 시 연료 효율 증대, 영상 표적 정확도 향상을 위해서 GNSS 반송파 정보와 INS정보를 이용한 무인전투기 편대 간 상대 위치 및 속도를 측정하는 정밀 상대항법을 개발하는 복합항법 기술
다 중 위 치 보 정 항 법 기 술	• 무인, 자율화 감시정찰체계, 지능로봇 등 지능화 무기체계를 위한 유비쿼터스 마이크로센서 네트워크 기반의 항법기술

---

10) EO/IR: Electric Optics/Infra-Red 가시광선 에너지와 적외선 에너지를 영상정보로 변환하는 기술.
11) RFID: Radio Frequency Identification 소형 전자칩을 이용해 사물의 정보를 처리하는 기술.

2) 지휘통제 분야

기 술 명	기 술 내 용
음 성 인 식 및 처 리 기 술	• C4I 체계에서 수집된 음성정보의 실시간 분석 및 유통으로 지휘 통제·통신을 보장하며 전투 환경 하에서 잡음수준을 고려하여 적의 유무선 통신 감청 시 중요정보 및 첩보에 대한 시간조회와 분석이 가능하도록 하는 기술
차기이동지휘소용 적응형 SW 개발	• Wibro 상용기술, 체계의 군 전술통신 적용을 위한 적용성 연구로 차기이동지휘소용 적응형 S/W 개발 기술
3차원 지형정보의 휴대용 시각화 기술	• 전장의 3차원 디지털 도시화를 위해 GIS정보와 3차원 객체 정보를 이용한 사실적인 3차원 휴대용 시각화 시스템 개발 기술
휴 대 / 내 장 용 지 능 형 다 국 어 자 동 번 역 기 술	• 인터넷, 무기체계 기술자료, 연합체계로 수집되는 다양한 자료 및 정보를 자동으로 번역, 실시간 정보관리 및 분석 기술
V o P N 12) 기 술	• 유선 기반 데이터 전송에 적합하도록 고안된 IP망을 전술적 이동이 많은 부대의 전술 환경에 적용하여 음성서비스를 지원할 때 발생하는 음성지연, 패킷손실을 최소화하기 위한 기술
광대역/다중모드 RF 설 계 기 술	• 멀티미디어 통신요구의 증대에 따라 광대역 다중모드 RF 소자 및 시스템을 설계하는 기술
바 이 오 네 트 워 킹 기 술	• 다양한 센서, 전술 객체들이 유기적으로 통합된 유비쿼터스망 운용환경에서 망 구성 객체들이 자체적으로 주변 운용환경·상황에 따라 임무 인식, 대처할 수 있는 기술
지도 및 지자계 센 서내장형 무전기 S W 기 술	• 통신서비스 제한지역, 지하 등 열악한 환경에서도 통화자의 위치를 상호 확인하면서 사용할 수 있는 무전기 제작 기술
차기소부대 무전기 (통 신 망) 기 술	• 패킷데이터 통신이 가능하고 전술통신체계 및 개인전투장비체계와 연결하여 분대장 이상이 운용될 수 있는 음성 및 데이터 소통이 가능한 전투통신망 구축을 위한 기술
융합 휴대단말용 미 들웨어 플랫폼 기술	• 다양한 하드웨어, 네트워크프로토콜, 응용프로그램, 통신망환경, 컴퓨터환경에서도 원만한 통신이 이뤄질 수 있도록 하는 융합 휴대단말용 미들웨어 플랫폼 기술
차 기 이 동 지 휘 소 용 적 응 형 S/W 개 발	• Wibro 상용기술 및 체계를 군 전술통신 적용을 위하여 적용성 연구를 통해 차기이동 지휘소용 적응형 S/W 개발 기술
휴대/내장용 지능형 다국어 자동번역 기 술	• 인터넷, 무기체계 기술자료, 연합체계 연동 등에 의해 수집되는 다양한 자료 및 정보를 자동으로 번역함으로써 실시간으로 정보를 관리 및 분석하기 위한 기술
대용량정보 전파 간 섭 내성보장을 위한 O F D M 기 술	• 대용량 무선전송에 적합한 OFDM전송기술은 재밍 환경에서도 간단한 동기 및 동화 구조를 갖고 시간·주파수 변환, 전파간섭 채널환경에서도 대용량 정보전송능력이 가능한 무선전송 기술

---

12) VoPN: Voice over Packet Networks 단일 패킷망상에 음성과 데이터를 통합하는 기술.

기　술　명	기　술　내　용
OTM 적용 MIMO 기　　　　　술	• 이동간 전술이동무선통신에 최적화된MIMO(Multi-Input Multi-Output)기술을 적용하여 주파수 사용 효율을 증대시켜고, 한정된 주파수자원으로 광대역 멀티미디어 통신을 가능하게 하며 다중경로 페이딩 및 비가시선 통신 환경을 극복할 수 있는 차세대 통신기술
저전력/초소형 RF 설　계　　기　술	• 초소형 무기체계(Smart Sensor, Ubiqutious)에 통신장비를 탑재하기 위한 저전력·초소형 통신시스템에 대한 RF 설계 기술
단일광자를 이용한 양자키 분배 기술	• 도청이 불가능한 암호화 통신체계 구현을 위한 단일광자(또는 얽힘 상태의 광자 쌍)를 이용한 양자키 분배기술
우주·공중 자원 적응형 IPv6연구	• 우주 및 공중(UAV, ACN) 플랫폼 등에 전송, 교환, 라우팅 등과 같은 통신모듈을 장착하여 해당 플랫폼간, 지상플랫폼과 공중 및 우주 플랫폼간 IPv6기반 인터네트워킹 능력을 제고하기 위한 기술
항　재　밍　　고　속 통　신　기　술	• 대전자전 및 신호은닉 성능을 극대화 하고 위협요소에 따라 가변제어 가능한 통신방식을 설계하여 개발함으로써 공중중계 등 통신 체계의 생존성 재고를 위한 기술
OTM 지원 이동 기 지 국　메 쉬 네 트 워 킹　기 술	• 상호 이동되는 기지국들간에 이동무선링크가 자율적으로 Ad-hoc망을 구성하면서 멀티홉으로 단말의 트래픽을 전송·중계해 주는 메쉬 네트워킹 형성기술
적응형 수직이동성 지　원　　기　술	• 서로 상이한 망들간에 망 대역폭 능력(전송능력)을 인지하여 상위계층 어플리케이션에 반영하여 성능이 급속도로 저하되는 현상을 방지하기 위한 기술
차기소부대 무전기 (통 신 망)　기 술	• 소부대급 전술 C4체계에서 패킷데이터 통신이 가능하고 전술통신체계 및 개인전투장비체계와 연결하여 운용이 가능한 전투통신망 구축을 위한기술
전술상황 적응형 수직 핸드오프 기술	• 다양한 무선접속 규격이 장착된 통합단말기로 이기종 망간을 이동하면서 작전 수행시, 사용자 개입 없이 전술상황에 맞는 망을 선정하여 이음새 없는 서비스를 제공하는 기술

3) 기동 분야

기 술 명	기 술 내 용
다목적 장애물 극복 시 스 템	• 장애물 극복능력을 획기적으로 극대화하고, 자차 견인이 가능한 장애물 극복 시스템 개발
하 이 브 리 드 동력장치 기술	• 정숙기동이 가능하고, 기계식 동력장치에 비해 IR 신호가 감소하는 하이브리드 동력 시스템 개발
다중터렛 구동장치	• 여러 개의 포탑을 장착하여 임무수행 능력을 증대하기 위한 구동 기술 개발 기술
무인체계 다기능 구 동 장 치	• 다기능 구동장치개발, 적용으로 임무수행 능력을 극대화
저에너지, 지능형 현 수 장 치	• 에너지 재생이 가능하며 능동화에 수반되는 에너지 소모를 최소화할 수 있도록 지능화된 현수 시스템 개발
전기식 동력장치 제 작 기 술	• 기계식 동력장치 및 하이브리드 동력장치를 완전 대체할 수 있는 차세대 전기식 동력장치 설계 및 제작 기술
운동에너지탄 능동 방 호	• 초소형・초고속 운동에너지탄의 물체를 탐지하여 신속하게 대응 체계를 이용하여 방호하는 기술
NBC 및 EMP 능 동 방 호	• NBC 및 EMP 신호를 탐지하는 센서체계 및 방호를 위한 소재 기술과 전자파 대응체계 기술 연구
독립 현수장치 기술	• 주행 진동 및 충격을 완충하고 노면 접지능력을 최대화하여 차량 주행 성능을 최적화하는 현수장치 설계 기술
전 술 타 이 어 제 작 기 술	• 타이어 공기압이 손실된 상태에서도 일정 속력으로 일정 거리를 주행하여, 위험지역을 신속하게 회피하여 생존성을 보장할 수 있는 타이어 기술
방탄복합소재 기술	• 방탄성능을 가진 복합소재 제작 기술로 방탄요구와 차량의 중량 조건을 고려한 소재의 설계 기술
자율주행용 실시간 공 간 지 도 처 리	• 실시간 월드모델링 및 3차원 공간 정보를 활용하여 고속 야지 자율주행을 위한 경로계획, 자율판단 처리 기술
자율추론 및 진화학습 엔 진 기 술	• 임무를 상황에 맞도록 추론하고, 동특성 및 환경정보 등의 학습을 통해 자율추론 시스템의 성능 향상 설계 기술
UGV / UAV 통합월드 모델링	• 고속 야지 자율주행을 위해 UGV/UAV의 다중센서 기반 실시간 융합 및 통합 월드모델링 기술
고 밀 도 하 이 브 리 드 전 원 기 술	• 지휘/정보/통신, 생존/보호 및 개인화기 등 개인휴대 장비 전체의 소요전원을 추가 공급 없이 운용하기 위한 소형, 경량화된 고밀도의 하이브리드형 전원 기술

4) 화력 분야

기 술 명	기 술 내 용
고성능 추력제어 고체 추진 기술	• 미사일 내부의 협소한 공간에서 추진기관의 추력을 제어하여 사거리를 증대시키는 기술
가변기능 탄두	• 지역 제압표적에 사용 가능한 다양한 기능을 선택적으로 적용하여 사용하는 탄두 개발 기술
고성능 이중 모드 탐색 기술	• 양 방향 데이터링크를 통하여 표적정보를 획득하고 이중 모드를 이용한 정밀타격 가능한 체계를 개발하는 기술
레 이 저 점 화 기 술	• 기존의 기계식 뇌관을 내제하여 레이저로 점화 격발하는 기술
고발사 자동장전 기 술	• 발사 속도 증대에 따라 포탄, 추진장약의 자동 이송 및 장전하는 기술
스 마 트 탄 설 계 기 술	• 탄두에 탐색기를 장착하여, 표적을 자동 탐지/식별한 후 목표물을 폭파시키는 기술
주 퇴 복 좌 능동제어 기술	• 짧은 시간 내에 주퇴복좌 운동을 안정화시키는 능동제어 기술
포열 강제 냉각 기 술	• 포신온도 냉각을 위하여 포신 벽에 강제로 냉각수를 순환시키는 통로를 제작하는 기술
이중 구조 포열 설 계 기 술	• 초내열강 소재, 현용 포열 소재의 외부에 특정 부위를 경량 복합재로 와인딩하여 이중구조의 포열 개발 기술
탐 지 센 서 소 형 화 기 술	• 20㎜탄의 탐색기 역할을 하는 초소형 열탐지·추적 센서에 의한 표적 획득 및 추적 기술
저 충 격 유 연 발 사 기 술	• 인체 충격한계, 충격전달 경로를 고려하여 2단 추진에 의한 팔 부착 휴대방식의 유연발사 기술 연구
보 존 형 전 원 기 술	• 장기 저장에도 전지의 성능손실이 없고 사용 시 충격에 의해 0.1초 이내에 활성화되는 리튬계열 앰플형 비축전지 개발 기술
대구경 도트사이 트 기 술	• 입체시를 적용, 조준선 정렬의 시간단축과 광점에 의한 조준으로 사격의 신속성 및 정확성을 향상시키는 기술 * 신속한 조준사격 및 양안 시로 조준 시 눈의 피로로 인한 조준의 제한 사항 극복 가능
보 존 형 전 원 기 술	• 장기간 보관하더라도 성능손실이 없고 충격에 의해 0.1초 이내에 활성화 되는 리튬계열 앰플형 비축전지 개발 기술
불 균 형 하 중 제 어 기 술	• 장 포신과 대용량의 하중을 갖는 포탑의 선회 및 고저 방향을 정확히 제어하는 기술

5) 방호 분야

기 술 명	기 술 내 용
방사능 탐지소자 정밀/소형화 기술	• 방사선, 핵 전자기파 차단을 위하여 전자장비에 탑재 가능한 반도체 탐지소자 제작 기술
항공용 화생방 탐지 센서 기술	• 탐지데이터 자동전송, 전술C4I 체계와 연동하에 운용할 수 있는 화생방 센서 통합 및 원격제어 기술
무인 원격 방사능 탐지 기술	• 원거리에서 방사선 핵종을 분석하여 테러, 고의적 방사선원 유출을 방지할 수 있는 무인 원격 방사능 탐지 기술
다기능 방사능 탐지기 술	• 알파, 베타, 감마선 및 중성자를 하나의 측정기로 동시에 측정할 수 있는 차세대 방사능 측정기 개발 기술
생화학 작용제 해독/예방제 기술	• 신경작용제 등 생화학 작용제의 치료해독과 중독예방 및 뇌 보호가 가능한 신약 개발 기술
생체 내외 효소 활성화 기술	• 수포작용제 분해, 피부 보호용 변이효소를 포함한 각종 효소를 생체 내외에서 활성화시킬 수 있는 해독 및 예방제 개발 기술
보호의용 반응성 보호재질 제조 기술	• 나노 소재를 적용하여 화학, 생물작용제를 동시에 제거할 수 있는 보호의 재료를 개발하는 기술
치료용 나노 약물 전달 체계 연구	• 나노 물질을 적용한 비주사형으로 나노 약물 해독제 휴대로 해독이 가능한 기술 개발
핵 및 방사능 차폐 물질 연구	• 핵폭발 및 방사능 낙진 등으로부터 차폐할 수 있는 재료를 연구 개발하는 기술
차기 가스입자 여과기 술	• 장기간 운용하며, 생물포자의 완벽한 제거, 무중독 공기 제조, 여과기 고장진단 기능, 운전제어 기능, 플라즈마 반응기에 적정 전력 공급을 할 수 있는 가스 여과 기술 개발
차세대 중성자 차폐기 술	• 경량으로 중성자 방사선을 차폐할 수 있는 차세대 중성자 차폐 라이너를 개발하는 기술
흡탈착 순환식 여과기 술	• 화학작용제 및 독성 산업물질을 동시 제거 가능한 재생 흡탈착 순환식 여과 기술 개발
핵폭발 피해 예측 모델링 기술	• 핵폭발 피해 예측 및 방사선 정찰작전에 필요한 주요 매개 변수 산출을 위해 모델링 개발 기술
원거리 제독 및 차단기 술	• 원거리에서 투발 가능한 제독제와 인원 및 시설의 오염을 차단하기 위한 재료 등을 개발 하는 기술
예방 및 신생 미지 작용제 해독 기술	• 미래 출현 가능한 화학 및 생물학 작용제에 대한 해독 및 제독, 예방을 위한 기술

6) 지속 지원 분야

기 술 명	기 술 내 용
u - 물류관리 서 비 스 기 술	• 데이터 처리, 저장, 통신기능을 갖는 능동형 초소형 RFID 태그 및 네트워크에 의한 유통·물류관리 서비스로 RFID의 칩(chip)화, 저가격화로 활용의 다양화, 활용지역의 글로벌화, 지능화로 발전
지 능 형 텔 레 매 틱 스	• 위치측정시스템(GPS)을 기반으로 이동 중인 자동차에서 정보를 교환하는 텔레매틱스 차량과 정보센터 연계, 차량의 진단 및 제어, 차량위치 추적 및 실시간 교통정보 제공 등에서 지능화된 기술
지 능 형 차 량 주 행 시 스 템	• 주행 시 안전상황을 감지/경고하거나, 에어백 작동, Stop - and - Go, 차선변경, 군집운행 등을 가능하게 하는 자동 안전주행시스템이 발전하여 내비게이션 기능, 양방향 교통정보 기술, 인공지능 분석 기능 등을 통하여 목적지를 입력하면 자동으로 해당 지점까지 주행하는 자동운전시스템
스 마 트 더 스 트 센 서	• 센서와 이동장치를 장착한 1㎜ 이하의 초소형 고성능의 자율 센서로 고도의 지능을 갖추는 기술

▲ 해리포터에서 사용된 마법 도구/장비

그림 1-6 빗자루(이동수단)

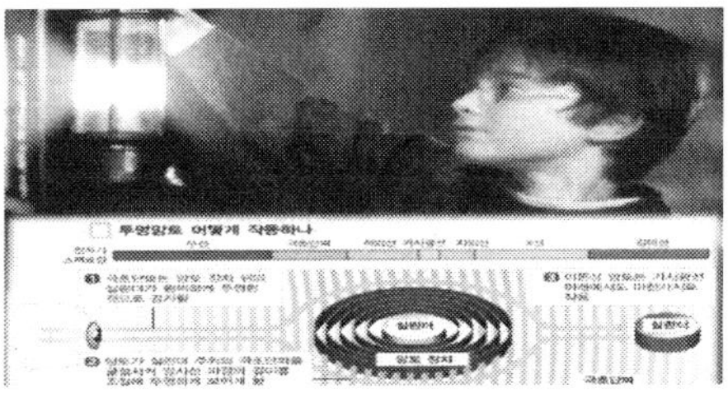

그림 1-7 투명옷

그림 1-8 마법 봉(요술지팡이)

그림 1-9 마법 텐트

※ 인류의 문명은 꿈과 상상력을 현실화하면서 발전되었다.

4. 신개념 무기체계 개발13)

가. 전자기파 무기(EMP: Electro Magnetic Pulse)

냉전시대인 1960년대에는 핵무기 개발을 위한 다양한 핵실험이 수행되었
다. 호놀룰루로부터 남서쪽으로 약 1,300㎞ 떨어진 존스턴 섬 상공에서 발
생한 핵폭발이 하와이 오아후 섬의 가로등들을 꺼트린 사건을 계기로 핵
EMP 효과를 발견하였다. 핵 EMP 효과는 핵폭발 시 발생하는 감마선에 의
해 강력한 전자파가 방사되어 폭발고도에 따라 물리적으로 핵폭발의 피해

13) Jaan's 연감, 국방과학기술조사서, 지상무기학술대회, 각종 세미나 자료를 종합한 자료이다.

가 미치지 않는 지역의 전자장비까지 마비되는 현상을 말한다. 핵 EMP 효과에 대한 연구를 통하여 1980년대 후반부터 미국에서는 핵폭발 대신 자장압축변환기를 이용한 전자파 발생 기술을 발전시켰으며 이라크전 개전 초기 이라크의 국영방송 및 위성TV 공격에 GW급 시제 EMP탄을 사용하여 약 24시간 동안 기능을 마비시킨 것으로 알려졌다.

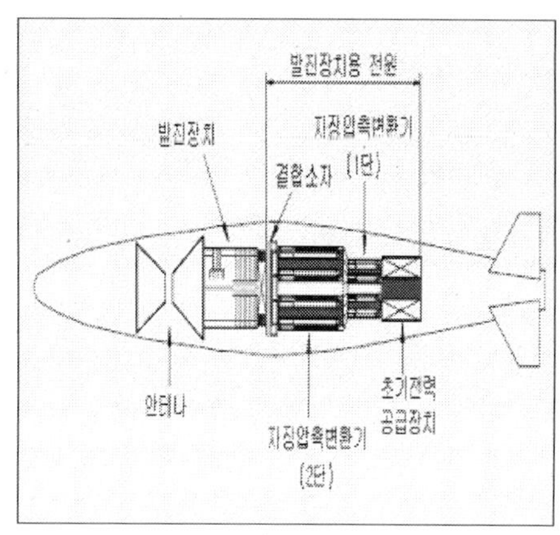

▌그림 1-10 EMP탄의 구성도

▌그림 1-11 EMP탄·탄두의 운용개념도

　핵무기를 사용하지 않고서도 핵무기 효과를 달성할 수 있는 무기가 전자기파 무기이다. 전자기파는 대기권 밖에서 핵무기가 폭발하였을 때 발생하는 현상이며, 전자기파 폭탄의 효과를 일반폭탄에 의해 발생시키는 개념이다. 이는 핵확산금지조약 및 기타 어떠한 국제 조약상으로도 핵무기에 해당되지 않아 사용상 제약이 없다. 대기권 밖에서 핵폭발 시 전자기파가 발생하는 구조는 1차적으로 핵폭발에서 생긴 고에너지의 감마선(광자)이 성층권의 대기분자와 충돌한다. 이때 튀어나오는 전자가 지구 자장에 포착되어 방향을 변경하여 펄스상(狀)의 전파를 방출한다. 전자기파는 적의 지휘통신체계, 감시체계, 사격통제체계, 컴퓨터, 미사일 등의 전투장비 및 군사시설을 마비시킬 뿐만 아니라 통신, 금융, 방송, 전기시설 등 적국의 국가기반시설을 단시간 내에 무력화가 가능하다. 직접적인 인명 피해는 적지만 재앙에 가까운 경제적 대혼란을 야기하는 새로운 개념의 무기체계로 미 하원 군사위 산하 'EMP소위원회'는 민간 및 군사 분야의 주요 인프라가 '불량국가'나 테러리스트들의 EMP 위협에 취약한 것으로 지적하였다.

지표면 40~400㎞ 상공에서 핵탄두가 폭발하여 고고도 전자기파가 발생할 경우 즉각적으로 미국 내 주요 전기·전자 인프라가 방해받거나 파괴될 수 있어 미국 사회를 재앙에 빠뜨릴 수 있는 몇 안 되는 위협 중 하나이다. 핵무기는 전략폭격기나 대륙간탄도미사일 등을 이용해 정확하게 목표물을 타격해야 목표를 달성할 수 있지만 EMP는 목표물을 정확하게 타격할 필요가 없고 상대적으로 저급한 수준의 핵무기를 이용해 광범위한 지역에 영향을 미칠 수 있다.

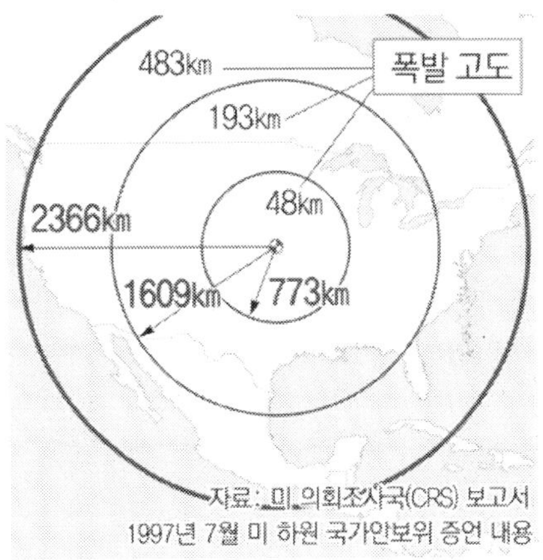

그림 1-12

미국은 Tomahawk 순항미사일 탄두에 적용하는 체계, JDAM 유도키트를 적용한 항공기 투하용 유도 EMP 폭탄, UAV에 탑재한 EMP 폭탄 등의 무기체계를 연구하고 있으며, 러시아에서는 EMP탄·탄두 연구와는 별도로 중·대구경 로켓용 EMP탄약도 연구하고 있다. 북한은 1970년대부터 핵무기를 개발하기 시작하여 7~8개의 핵폭탄을 보유하고 있는 것으로 알려졌으며 장거리미사일 등 투발수단도 확보하고 있다. 또한 핵무기의 변종이라고도 할 수 있는 EMP탄도 이미 개발하였을 것으로 판단된다. 국방부 핵심요원은 국회 답변에서 북한의 EMP탄 공격에 대비한 방호대책을 준비하고 있다고 답변하였는데 이는 북한도 초급수준일망정 EMP탄을 개발하고 있다는 증거로 해석된다.[14]

적의 EMP탄 공격으로부터 아군을 방호하기 위한 대비책을 강구하는 것도 미래전을 준비하는 핵심과제이다. 가전제품, 자동차 등 일반 상품은 생산비용 때문에 EMP탄으로부터 방호를 고려한 규격을 제정하고 생산한다는 것이 극히 제한된다. 즉 적이 EMP탄으로 공격을 한다면 국민들은 큰 혼란에 빠질 수 밖에 없다. 군인들과 전투장비만을 방호하는 수단을 강구하는 것보다는 국민들의 생명과 재산까지도 보호할 수 있는 대책을 강구하였으면 한다. 예로부터 전쟁은 민관군이 혼연일치가 되어 수행할 때 승리할 수 있었다. 국민의 안전을 최우선으로 고려하면서 전쟁을 준비하고 수행하는 것이 국민의 군대임을 자부하는 대한민국 국군의 올바른 자세이다.

나. 고출력 마이크로파 무기(HPM: High Power Microwave)

권총, 기관총, 단검 등을 제외한 현대의 모든 무기체계는 고출력 마이크로파에 취약한 전자부품들이 많이 내장되어 있다. 고출력 마이크로파는 정밀 유도무기, 대형/소형 항공기 보호용 장비, 무인 전투기에 탑재되는 초강력 전자공격 무기(Super Jammer) 등에 사용된다. 고출력 마이크로파 무기체계는 초고주파 영역에서 강력한 전자기펄스에너지를 이용하여 전자장비 및 전자파를 사용하는 장비를 물리적으로 파괴하거나 일시적으로 기능장애를 일으켜 적의 군사작전을 무력화시킨다.

---

14) 출처: 연합뉴스 기사(2008. 10. 8.).

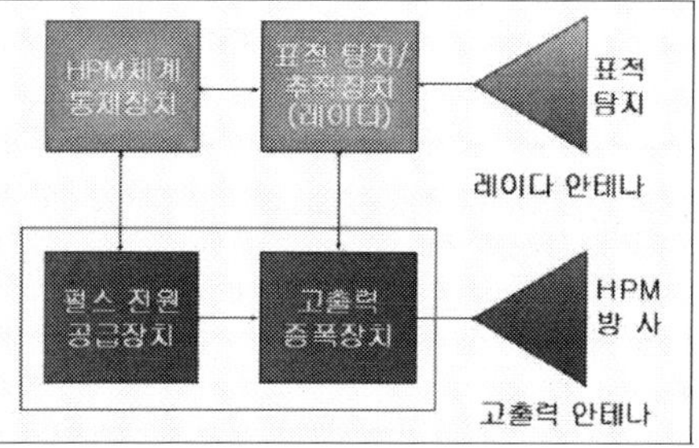

┃그림 1-13 **HPM** 무기체계 운용 개념도　　┃그림 1-14 **HPM** 무기체계 개략 구성도

　기존의 전자전장비(EW)가 비교적 낮은 출력의 마이크로파 증폭장치를 활용하여 레이더, 미사일, 통신장비를 교란시키는 데 목적을 두었다면 고출력 마이크로파 무기체계는 고출력전자파 발생장치를 이용하여 적 무기체계의 전자장치 및 시스템에 물리적 손상 또는 기능적 장애를 유발시키는 데 있다. 전자 및 컴퓨터 기술이 발전되면서 정밀 초고속 타격무기, 즉 미사일 공격의 위협은 치명적인 수준으로 발전하고 있으나 방어는 어려워지고 있다. 고출력 마이크로파 무기체계를 단독 운용 또는 전자공격 장비와의 연동을 통하여 효과적인 방어체계를 구축할 수 있다.

　고출력 마이크로파를 활용하면 발칸, 신궁, 비호, 천마 등을 대체할 수 있는 대공무기의 개발이 가능하다. 또한 토우, 펜저-3, 메티스 엠 등 대전차무기 대체용 전투장비로 개발할 수 있는데 고출력 마이크로파를 활용한 무기체계는 탄약이 불필요하여 운용유지 단계 및 전쟁비용을 대폭 절약할 수 있다는 장점이 있다. 전력공급이 지속되는 한 대전차, 대항공기 작전을 중단 없이 효과적으로 수행할 수 있다.

다. 탄소섬유탄

　미래 무기체계를 운용하기 위해서는 전력공급이 필수적이나 전력공급장치는 누전, 방전 등에 매우 취약하다. 탄소섬유탄은 전도성 및 흡착성이 우수한 Wire형 탄소섬유 및 Fiber형 탄소섬유를 살포하여 전력 공급시설과 공급장비에 단락, 누전, 방전현상을 일으켜 마비시키거나 파괴한다. 탄소섬유탄은 탄소섬유가 충전된 수백 개의 자탄, 분산탄두, 신관으로 구성된다. 탄소섬유탄은 전기시설 파괴용과 전자장비 파괴용으로 분류할 수 있다. 전기시설 파괴용은 가늘고 긴 탄소섬유줄(carbon wire)을 다량 살포하여 전력공급체계를 마비·파괴시키며, 전자장비 파괴용은 미세한 탄소섬유 분말(carbon fiber)을 다량 분무(噴霧)하여 전기, 전자장비의 작동을 마비시키거나 파괴한다.

▌그림 1-15 탄소섬유 결합체의 분해형상

▌그림 1-16 송전설비에 살포되어 거미줄처럼 부착된 탄소섬유

탄소섬유탄은 1985년 미군이 지대공 유도무기 레이더를 무력화하기 위하여 투하한 채프탄이 인근 발전소로 날아가 주변 6만여 가구의 전기공급을 중단시킨 사건을 계기로 연구되었다. 미군은 1991년 걸프전에서 이라크 변전소를 탄소섬유탄두를 장착한 토마호크 미사일로 공격하여 바그다드 시의 전기공급을 마비시키고 통신설비를 무력화한 것으로 알려졌다. 1999년 5월 유고전(Kosovo/Serbia 분쟁)에서 F-117A 스텔스 폭격기로 CBU-94/B를 투하하여 유고 전체 영토의 70% 지역에서 전기공급을 차단시켰으며 주요 시설의 복구에 7시간, 일반 시설의 복구까지 20시간 이상이 소요되었다.

라. 고섬광 발광탄

고섬광 발광탄은 폭탄에 고섬광 발생장치를 장착함으로써 광학장비의 센서, 적군의 시력을 파괴시키는 비살상 탄두로서 미래 전장에서 폭넓게 사용될 것으로 예상된다. 정보·전자전 및 복합타격장비로 대표되는 미래 첨단장비에 부착된 각종 광학장비들은 고섬광에 의해 파괴되거나 마비되어 성능을 발휘할 수 없게 된다. 고섬광 발생장치는 고폭화약 및 네온, 아르곤, 크립톤, 크세논 등의 불활성 기체로 구성되어 있으며, 고폭화약이 폭발할 때 발생한 충격파에 의하여 불활성 기체가 압축되어 고온-고밀도의 플라즈마가 생성되면서 수천만 촉광 이상의 고섬광을 발생한다. 고섬광 발광탄은 1950년대 중반 이후 플라스마에 의한 발광현상에 관한 광범위한 연구를 수행하면서 시작되었다. 폭발과 같이 순간적으로 진행되는 현상들을 연구하기 위한 고속카메라의 광원(光源)으로 응용하였으며 1980년대 이후에 무기체계에 적용을 위한 연구가 진행되어 실험실 규모의 고섬광 발생장치들이 공개되었다.

고섬광 발생탄은 전술적 운용을 위하여 다양한 형태의 무기체계에 적용할 수 있다. 화포탄약기능으로는 60밀리, 81밀리, 120밀리 박격포탄 및 중·대구경 화포 탄약에 장착하여 근거리에 위치한 적 집단군, 시설을 공격함으로써 적군의 시력 및 광학장비 센서를 파괴하거나 마비시킴으로써 적을 무력화할 수 있다. 또한 MLRS[15)]에 장착하여 적 집단군 및 시설에 투하하여 적을 제압할 수 있다.

---

15) MLRS: Multiple Launch Rocket System 다련장 로켓.

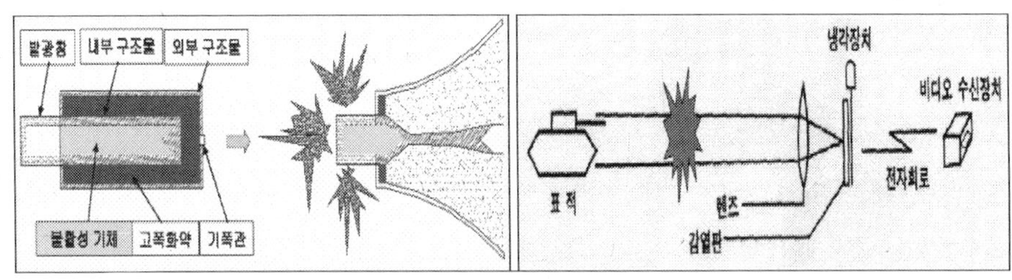

그림 1-17 고섬광 발광탄 원리 및 광학센서 마비 · 파괴 개념도

마. 고에너지 레이저 무기(HEL: High Energy Laser)

방공망은 정보 · 감시 · 정찰체계, 지휘통제체계, 통신체계, 대공포, 유도탄 등으로 구성된 종합체계이다. 방공무기의 핵심인 유도탄은 일반적으로 명중률이 90% 이하이며 유도탄을 완벽하게 조종할 수 있더라도 예측 불가한 전장상황 때문에 계획을 전면적으로 수정할 필요성이 자주 발생한다. 일반적인 전장환경에 의한 긴장감과 함께 적의 대항, 회피수단이 추가되면 방공 유도탄의 명중률은 50% 이하로 줄어든다. 세계 각국은 유도탄의 공격능력을 강화시키는 추세에 있으며 많은 군사전문가들은 현재의 방공체계를 대폭적으로 강화시키는 데 가장 적합한 무기가 HEL이라고 제안하고 있다. 미국은 '90년대부터 HEL 무기 개발을 본격적으로 추진하여 무장헬기, 항공무기, 유도탄 등을 요격시킬 수 있는 사업들이 진행되고 있다.

레이저 무기체계는 발생되는 레이저의 출력 및 표적에서의 에너지 밀도에 따라 저에너지 레이저(LEL: Low Energy Laser), 중에너지 레이저(MEL: Medium Energy Laser), 고에너지 레이저((HEL: High Energy Laser)로 구분된다. 고에너지 레이저는 가시권 밖에 있는 금속 구조물을 파괴할 수 있는 100KW 이상의 출력과 표적에서 $1kJ/cm^2$ 이상의 밀도를 보유한다.

┃그림 1-18 고에너지 레이저 무기 운용 개념도

바. 열 압력탄(Thermobaric)

열과 압력이 동반된 폭발현상은 생활현장에서도 가끔씩 발생한다. 대구 지하철 공사장 가스폭발사고, 가정용 가스폭발사고, 화학공장 폭발사고 등은 액체연료가 공기 중에 분산된 후 2차 점화장치에 의하여 폭발함으로써 열(온도)과 폭풍(압력)을 발생하여 막대한 인명손실과 재산피해가 발생하였다. 이 원리를 적용한 것이 연료기화탄[16]이며 한 단계 발전한 형태가 열 압력탄이다. 연료기화탄의 문제점을 극복하여 고폭탄(HE)과 연료기화탄의 특성을 동시에 보유한 것이 열 압력탄이다. 로켓탄, ATGM, MLRS, 포병탄두, 항공탄, 미사일 등 다양한 무기체계에 적용 가능하며 구조물, 벙커, 차량, 방공호와 같은 넓은 표면을 갖는 표적들에 대하여 재래식 고폭탄보다 약 12~16배의 파괴력을 보유하고 있다. 열 압력탄은 아프가니스탄전쟁, 이라크전쟁 등에서 미군이 사용한 사례가 있으며, 북한군이 곳곳에 구축한 갱도

---

16) FAE: Fuel-Air Explosives 연료기화탄.

화 포병 및 동굴진지에 대한 정밀타격 및 대화력전 보완수단으로 활용하면
전쟁초기에 적을 제압할 수 있다.

그림 1-19 열과 압력이 동반된 폭발 현장

사. 음향무기체계(Acoustic Weapon System)

현재까지 각국에서 공개한 음향무기체계는 비살상 수준이며 살상 수준의
음향무기체계는 공개된 자료가 전혀 없다. 음향무기체계는 고출력의 에너지
를 활용하는 방식, 와륜형 방식, 초저주파 방식으로 구분할 수 있다. 고출력
음향에너지를 이용한 방식은 고출력의 소리를 적에게 발사하여 적 인원으
로 하여금 두통, 질식, 충격, 감각기관 기능 저하 등의 육체적 또는 심리적
영향을 주어 활동을 무력화시키는 무기체계이다. 와륜형 방식은 도넛 형태
로 고압축된 소리를 발사하여 적을 제압하는 방식이며 초저주파 방식은 20
Hz 이하의 초저주파를 발사하여 적군의 신경착란 및 광증을 유발하여 무력
화시킨다. 음향무기체계는 '접근탐지→경고→제압' 절차에 의거 인명피해를
최소화할 수 있어 인명 중시의 미래작전 개념에 부합된 전투장비로 활용할
수 있다. 자세한 사항은 제2절 신개념의 소리총 개발 및 활용에서 알아보기
로 하자.

근접전투 양상을 바꿀 수 있는 세계 최초의 소리총 개발 및 활용방안[17]

> 과학기술의 발달에 따라 인명과 재산 손실을 최소화하면서 작전목표를 효과적으로 달성할 수 있는 무기체계의 사용이 요구되고 있다. 선진국은 비공개로 이런 유형의 무기체계를 개발 중이거나 이미 배치한 것으로 추정된다. 그동안 무기체계 개발은 선진국의 전투장비를 국산화하거나 성능을 개선하는 수준이었으며, 우리나라의 지형적 특성 및 전술적 소요를 고려한 새로운 전투장비의 개발은 미흡하였다. 여기에서 다루고자 하는 소리총은 소리의 전술적 가치와 극지향성, 열음향 기술 등 첨단과학기술을 접목한 신개념의 무기체계로서 한반도의 지형적 특성에 부합되며, 효과중심 및 인명중시의 미래전에서 최대의 효과를 발휘할 수 있을 것이다.
> ∴ 육군誌·전투발전誌 투고, ACTD과제 소요 제안

1. 개 요

갑자기 동남쪽에서 한 소리 포향이 울리더니 북소리 피리소리가 땅을 흔들고 봉화 불꽃이 하늘을 찔렀다. 강유는 깜짝 놀라며 탄식했다. 우리가 등애의 계략에 말려들었구나!……(이하 생략). 군인이라면 두세 번은 읽었을 것으로 생각되는 삼국지에 자주 나오는 전투장면의 일부분이다. 소리는 청각기관을 자극(刺戟)하여 청각을 일으키는 주파수 대역을 갖는 파동을 말하는데 일상(日常)생활뿐만이 아니라 전투현장에서도 가장 중요한 의사소통

---

17) 2008년 5월 저자가 직접 식별하여 소요 제안한 무기체계로 소리의 전술적 가치와 최첨단과학기술을 접목한 세계 최초의 신개념 무기체계이다.

수단으로 활용되고 있다.

전쟁의 본질은 적군(敵軍)을 무력화하고 아군의 의지(意志)를 적에게 강요하는 것이며, 전쟁을 잘 준비한다는 것은 적의 인원과 장비를 가장 효과적으로 무력화할 수 있는 방안을 강구하는 것이다. 지금까지의 전쟁은 강력한 파괴력을 바탕으로 수행되었으나 미래전쟁은 인명·재산의 손실을 최소화하면서도 군사적 목적을 효과적으로 달성할 수 있는 새로운 무기체계를 선호할 것이다. 급속한 과학기술의 발전과 더불어 기존 무기체계 범위에는 포함되지 않지만, 전투목표 달성에 필요한 신규 무기체계 개발이 증가하는 추세이며 선진국들은 비공개적으로 개발하여 운용시험 중이거나 실전배치를 완료한 것으로 알려졌다. 소리를 이용한 음향무기도 이러한 신특수 무기체계 범주에 포함하는 것으로 파나마 독재자 Noriega 체포작전 등 다수의 군사작전을 효과적으로 수행하는 데 크게 기여하였다.

최근, 과학기술은 기하급수적으로 급속하게 발전되고 있는데 18~24개월마다 기술 혁명이 발생하고 기술반감기가 3~4년으로 단축되고 있다. 이러한 추세를 고려할 때 앞으로 50년간 진행될 과학기술의 발전은 역사 이래 축적된 모든 과학기술의 성과를 뛰어넘을 것이다. 과학기술발전은 국방 분야에서도 일대 혁신을 불러오고 있으며, 미래전쟁은 전장 공간 및 전투수단, 전투형태 등 전 분야에서 큰 변혁이 예상된다. 여기에서 소개하는 소리총은 소리의 전술적 가치와 첨단과학기술을 접목(接木)한 것으로 네트워크 기반의 무기체계로 개발할 수 있다. 근접전투에서 주도권을 확보하는 데 크게 활용할 수 있으며, 성공적인 국방개혁 추진에 필요한 신개념의 무기체계이다. 급변(急變)하는 안보 및 전장환경에 대처할 수 있는 비대칭무기(Asymmetric Weapon System)로 발전시키는 데 우리의 지혜를 모았으면 한다.

2. 소리의 특성 및 전술적 가치

가. 소리의 일반적 특성(特性)

국어사전에는 소리란 물체의 진동에 의하여 생긴 음파가 귀청을 울리어 귀에 들리는 것이라고 정의(定意)하고 있다. 즉 탄성적인 매질의 진동에 의해 전파되는 파동을 말한다. 소리는 음향, 소음과는 구분되는데 음향은 물체에서 나는 소리로서 귀에 들리지 않는 것까지도 포함한다. 소음은 원하지 않는 소리, 듣기 싫은 소리를 의미한다. 소리는 높이(pitch), 세기(intensity), 음색(timber)에 따라 달라지며 이를 소리의 3요소라고 한다. 높이는 진동수에 따라 결정되는데 진동수가 클수록 높은 소리이며 데시벨(dB)이라는 단위를 사용한다. 세기는 진폭에 따라 달라지는데 진폭이 클수록 센 소리이며 주파수(frequency)로 표시한다. 주파수가 낮으면 저음이고 높으면 고음이다. 음색은 파형(波形)과 관계되는 것으로 주파수가 동일한 피아노 소리와 바이올린 소리를 구분할 수 있고, 어둠 속에서도 누구의 목소리인지를 식별할 수 있는 것도 이 때문이다.

소리의 전달속도는 온도가 높을수록 빨라지는데 0℃에서는 331m/sec, 20℃에서는 340m/s의 속도이다.[18] 매질 밀도가 높은 물속에서는 1,500m/sec, 금속에서는 약 5,000m/s로 고체>액체>기체 순서로 전달된다. 소리는 희로애락(喜怒哀樂)을 가장 잘 표현할 수 있는 수단이며 공포, 불안, 긴장, 흥분, 좌절감을 발생시키고 심한 경우에는 공황(恐慌)에 빠져 전투를 할 수 없는 상황에 처하게 된다. 또한 소리는 심장박동 증가 등 생리적인 문제 야기, 의사소통 제한, 인식능력(認識能力) 저하 등을 일으킨다. 사람에 따라 다르지만 보통 20~20㎑ 범위에서 130dB 이하의 소리를 들을 수 있다. 전

---

18) 공기 중에서의 음속은 온도가 1℃ 증가할 때마다 0.6m/s의 비율로 증가한다. v = 331 + 0.6t(m/s)

술적 활용이 가능한 소리의 크기는 일반적으로 100dB 이상이며 160dB 이
상에 노출되면 호흡기관이 파괴되어 현장에서 즉사(卽死)한다. <표 1-8>
은 소리가 인체에 미치는 영향을 정리한 것이다.

▌표 1-8 소리가 인체에 미치는 영향19)

소리 크기	소리 원인 및 사건	인체에 미치는 영향
30dB	벽시계 소리	쾌적한 상태
35dB	조용한 공원	수면에 영향 없음
40dB	냉장고 소리	수면 깊이 낮아짐. (소음도 35의 40% 정도)
50dB	사무실, 식당, 백화점의 소음	호흡, 맥박수 증가, 계산력 저하, 수면 저하(소음도 35의 88% 정도)
55dB	도시 주택지	
60dB	보통 속도로 달리는 자동차 소리	생리적 한계점 도달, 수면상태 저하
65dB	큰 음성	집중력 저하, TV/라디오 청취 장애
70dB	타자기, 전화벨 소리, 도로변 소음	말초혈관 수축, 부신피질호르몬 감소, 청력손실 시작
80dB	철도 변 소음	양수막 조기파열의 출현
90dB	방직 공장 내	소변량 증가
100dB	F/A-18 이륙 2,400피트 지점	
105dB	경찰차 사이렌 50피트 지점	
110dB	풋볼경기장 응원 함성	
115dB	F/A-18 이륙 1,600피트 지점	영구적인 청력 손실 시작
120dB	마하1.1전투기 12,000피트 지점	
125dB	F/A-18 이륙 470피트 지점	
130dB	TNT 30파운드 폭발 1,000피트 지점	고막통증 시작
~160dB		청각기관(고막) 파괴
160dB~		호흡기관(허파) 파괴, 현장사망

---

19) 자료 출처: Operational Noise Manual(USACHPPM, 2005).

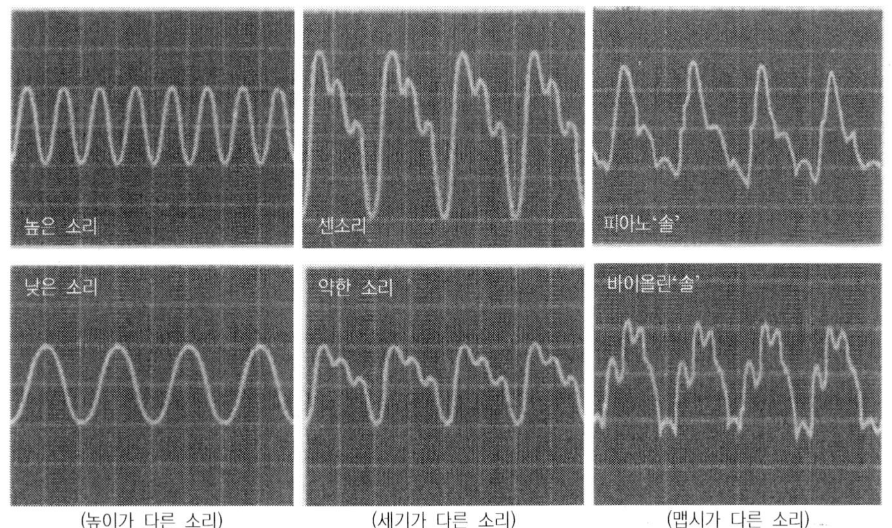

그림 1-20 다양한 소리 형태표 27

나. 과학기술 발달에 따른 소리의 패러다임 전환

잔잔한 호수에 돌을 던지면 위아래로 흔들리면서 파문(波紋)을 만들어 낸다. 이 파문은 마루와 골이 규칙적인 형태의 동심원을 그리며 나아간다. 빛이나 소리도 동일하게 일정한 마루와 골을 갖는 파동(波動) 형태로 공간 속으로 골고루 퍼져 나간다. 넓은 연병장에 운집한 장병들이 힘찬 구령 소리에 맞춰 일사불란한 제식동작을 할 수 있는 이유는 소리가 동심원(同心圓)처럼 퍼져 나가기 때문이다. 그러나 이제는 마치 레이저로 한정된 영역에 빛을 쏘듯이 소리도 보내고 싶은 영역에만 발사할 수 있다. 소리도 빛과 같은 성격의 파동이기 때문이다.

최근에 개발된 극지향성기술(極指向性技術)[20]은 소리를 특정 방향으로 직진하게 하는 기술이다. 발사 각도는 작전지역의 특성 및 전술적 용도에 대한 연구를 통하여 얻어진 최적의 결과를 무기체계 개발에 반영할 수 있다. 극지향성기술은 코카콜라 자판기 선전, 미술관·박물관 등의 전시품 설

---

20) 극지향성기술이란 소리가 특정 방향으로만 직진할 수 있도록 조정하는 첨단 기술이다.

명을 위한 상업용도로 먼저 개발되었다.

그림 1-21 소리에 관한 패러다임 변환(출처: 조선일보 '07.12.13.)

구분	기존 개념	변화된 개념
내용	· 소리는 360° 로 퍼져 간다. · 모든 사람이 듣는다. · 가청지역이 짧다	· 레이저 빛처럼 직진할 수 있다 · 특정인만 듣게 할 수 있다 · 가청지역 확장이 가능하다
모형	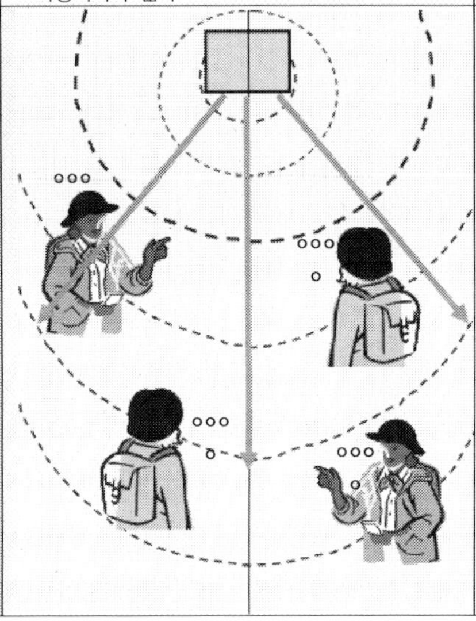	

다. 전술적 가치

소리의 전술적 가치는 ① 근접전투에서 적 인원 직접 살상 ② 적 인원의 심리적 마비(痲痺) ③ 생리적 이상현상 유발(誘發) ④ 적 의사소통 방해로 즉응능력 저하 및 지휘체계 와해(瓦解) ⑤ 친환경적인 전투장비 개발 ⑥ 전투근무지원의 혁신적 변화를 주도할 무기체계 개발 등으로 구분할 수 있다. 심리적 마비를 위한 수단으로는 고대전투에서도 사용되었으나 적 인원 직접 살상 등의 전술적 가치는 과학기술 발전에 따라 추가 식별된 내용이다.

1) 동시 대량살상(大量殺傷) 무기체계

근접전투에서 적 인원을 직접 대량 살상하여 적을 무력화할 수 있다는 사실은 인체의 호흡기관(呼吸器官)을 심층적으로 연구하여 파악하였으며, 소리총 개발에 대한 동기를 부여하고 착안(着眼)할 수 있게 하였다. 소리는 청각기관(聽覺器官)을 통하여 뇌에 전달되기도 하지만 에너지로 변환하여 허파 등 호흡기관에 심각한 영향을 미칠 수 있다. USACHPPM[21]에서 발행한 Operational Noise Manual에는 140dB 이상의 소리에 노출되면 인체에 영구적인 손상(損傷)이 올 수 있으므로 모든 활동을 중지할 것을 명령하고 있다.

극지향성기술을 활용하면 사용자가 원하는 방향으로만 고압(高壓)의 소리에너지를 보낼 수 있다. 가청지역에 위치한 적군들의 청각·호흡기관을 동시에 파괴하여 현장사망 또는 무력화(無力化)한다. 숲 속에 숨어 있든지, 나무 뒤에 숨어 있든지 관계없이 소리총에서 발사된 소리에 노출되는 즉시 무력화된다.

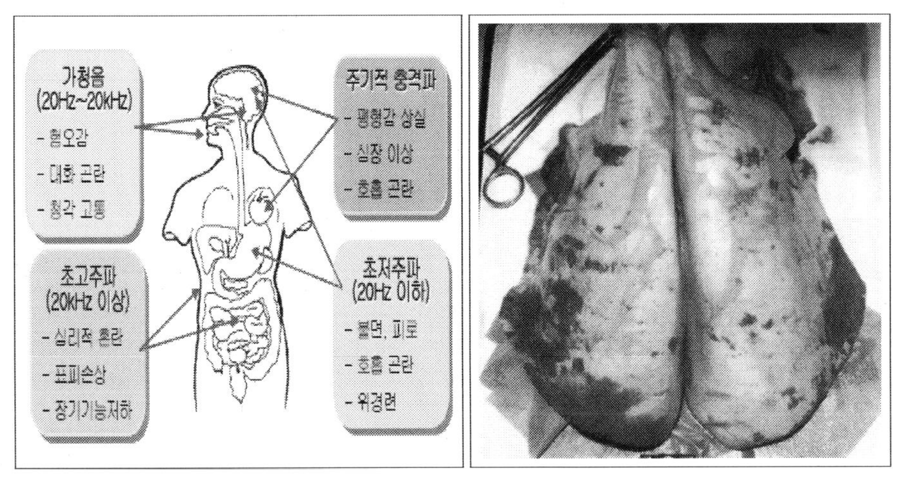

▌그림 1-22 소리 종류별 인체영향 및 굉음으로 파괴된 폐(肺) 모습

---

21) USACHPPM: U.S. Army center for Health Promotion And Preventive medicine 미 육군 건강증진 및 예방의학 센터.

2) 심리적 마비(痲痺) 유발

  인간은 희로애락(喜怒哀樂)을 표현하는 방법으로 아주 오래전부터 소리(음악)를 사용하였다. 소리를 통하여 마음의 평정(平靜)을 되찾기도 하고 슬픔에 빠지기도 한다. 각급 지휘관들은 적에게 패배의식, 공포, 불안, 긴장, 흥분, 좌절감을 유발시키고 심한 경우에는 공황(恐慌)에 빠져 무력화할 수 있는 심리전 방법을 찾아야 한다. 손자병법의 '怒而撓之, 卑而驕之' 원칙과 일맥상통한다고 할 수 있다. 첨단 극지향성기술을 채택한 소리총은 원거리까지 선명한 원음(原音)을 도달시킬 수 있다. 울림현상이 극심하였던 아날로그 방식의 대형 스피커와는 비교할 수 없을 정도의 깨끗한 소리를 들을 수 있다. 소리총은 컴퓨터와 연동하여 심리작전에 가장 효과적인 최적의 주파수, 음색을 생성할 수 있으며 선진국에서는 이미 극지향성기술을 활용한 음향장비를 심리전 및 의사소통 장비로 활용하고 있다.

3) 생리적 이상 현상 유발(誘發)

  인간은 대체로 60~70dB 크기의 소리에 노출되면서부터 생리적(生理的) 이상이 발생하며 일반적으로 소리의 크기가 커질수록 생리적 이상 현상은 증가하게 된다. 생리적 이상 현상은 자율신경(自律神經系) 기능의 변화가 원인이 되어 발생하는데 순환기계통에서는 혈압상승, 맥박증가, 말초혈관(末梢血管) 수축 등이 발생하고 호흡기계통에서는 호흡 횟수의 증가 및 호흡의 깊이가 감소한다. 또한 소화기계통에서는 타액분비량 증가, 위액산도 저하, 위 수축운동 감소 현상이 발생하고 혈당도 상승, 백혈구 수 및 혈중 아드레날린이 증가되어 전투임무 수행에 제한을 받게 된다.

4) 적(敵) 즉응능력 저하 및 지휘체계 와해(瓦解)

  美 육군연구소 연구자료에 의하면 전차승무원이 55~60dB 크기의 소음에 노출되면 승무원 사망률이 7~28% 증가하고, 목표물 식별능력은 무려 68~98%나 감소된다고 기록되어 있다. 전쟁수행에 필요한 의사소통은 청

각기관(聽覺器官)을 사용하여야 하는데 고출력 소리로 인하여 고막이 파괴되면 육성, 무전기 등을 활용한 지휘통제는 사실상 불가능하게 된다. 전투현장에서 지휘통제체계가 와해(瓦解)된 부대는 오합지졸(烏合之卒)에 불과하다. 최전방에 소리총이 배치되어 우리와 대적(對敵)하고 있는 적군을 무력화시키는 모습을 상상(想像)하는 것도 나쁘지는 않을 것 같다.

5) 친환경적인 전투장비

전쟁은 인마살상뿐만 아니라 아름다운 금수강산을 순식간에 파괴시켜 버린다. 승자든 패자든 삶의 터전을 송두리째 빼앗겨 버리는 참상이 수없이 발생하였다. 소리총은 파괴 위주의 전투장비가 아닌 적 인원의 청각기관·호흡기관에만 치명상(致命傷)을 줄 수 있는 친환경적인 무기체계로 발전할 수 있다. 토끼, 멧돼지 등 야생동물의 가청 주파수를 고려하여 설계한다면 오로지 적군만을 살상할 수 있다. 종전 후 산림복구, 폐허된 건물 복구를 고민할 필요가 없는 청정장비(淸淨裝備)의 개발이 가능하여 지금까지의 전쟁 양상과는 다른 새로운 개념의 지상전을 전개할 수 있다.

6) 탄약이 불필요한 경제적인 무기체계

기존 무기체계는 항상 탄약, 유류 등의 후속지원 가능성을 고려하여 작전계획을 수립하여 왔다. 전투근무지원이 제한되면 작전임무 수행을 제대로 할 수 없다는 것은 상식에 속한다. 칭기즈칸은 전투근무지원을 위하여 군인가족을 동원하였으며, 고대전투뿐만 아니라 최근의 이라크 전쟁, 아프가니스탄 전쟁에서도 전투근무지원은 전쟁 수행의 기본요건이 되어 왔다. 소리총은 전력(電力) 공급에 제한이 없으면 어디서든지 운용이 가능하고 탄약이 전혀 불필요한 신개념의 전투장비로 개발할 수 있다. 소리총은 탄약지원 임무를 수행하는 병력을 전환하여 활용할 수 있는 장점과 전투근무지원을 고려하지 않은 전투 위주의 작전이 가능하다는 장점을 가지고 있다. 전원(電源)으로는 최근에 각광을 받고 있는 연료전지를 활용하면 무소음 상태에서 장시간 공급이 가능하다.

3. 소리총 개발 형태

가. 소리 유형에 따른 개발 형태

1) 고출력 방식

고출력의 소리를 지역단위 표적(標的)에 발사하여 적 인원의 청각 및 호흡기관을 파괴하여 무력화시키거나 경고방송 등 심리전을 수행할 수 있는 형태이다. 팔레스타인 군중소요 진압작전 및 아프가니스탄에서 전투장비로 사용하였다. 살상 수준의 무기체계에 관한 자료는 각국에서 특급비밀로 관리하여 목표성능 및 운용 개념 파악이 제한되고 있으나 각종 자료를 종합하여 본 결과 병사 휴대형, 지상 고정형, 차량 탑재형, 헬기 탑재형으로 개발하는 것으로 추정된다. 출력되는 음압의 크기를 조절하여 살상무기 또는 비살상무기로 활용할 수 있다.

2) 와류형(渦輪形) 방식

소리를 차량바퀴 또는 도넛 형태로 고압축하여 발사하는 방식으로 직접 조준 사격할 수 있는 장비로 개발할 수 있다. 충격 와류은 노즐 직경의 100배 이상 되는 유동구조의 발사가 가능하여 작은 크기의 음원장치로도 원거리에 있는 목표물에 직접 타격할 수 있다. 다만 전파 과정에서 주위의 매질을 유동구조 안으로 유입시키는 성질 때문에 와류의 형태가 점점 커져 속도가 느려지는 단점이 있다. 미국의 ARDEC[22] 및 美 육군연구소에서는 <그림 1-23>에서와 같은 와류형 초음속 제트 스트림을 개발하였으며 25m 이내에서는 공진현상으로 실신을 유발하는 것으로 알려졌다. 국내에서

---

22) ARDEC: US Army Armament Research and Development Center 美 육군 무기연구개발본부.

도 수중장비에 사용할 충격와륜 발생 기술 연구를 활발하게 진행하고 있으며 지상장비 개발에도 적용할 수 있을 것으로 판단된다.

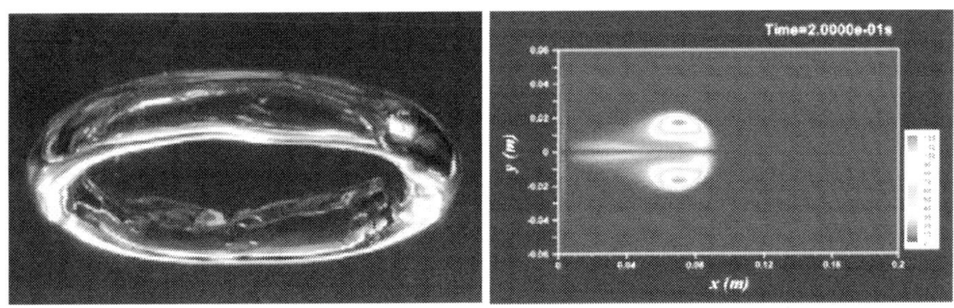

그림 1-23 와륜 형상(Vortex Ring)

3) 초저주파(Infrasonic) 방식

초저주파 방식은 인체의 고유진동수와 유사한 20Hz 이하의 초저주파 소리를 발사하여 적 인원을 무력화하는 장비로 신경형 초저주파 무기와 내장기관형 초저주파 무기로 분류한다. 신경성 초저주파 무기는 대뇌와의 공진현상(共振現狀)을 통하여 신경착란 및 광증(狂症)을 유발함으로써 무력화한다. 내장기관형 초저주파 무기는 인간의 오장육부(五臟六腑)에 격렬한 고통을 야기하고 사망에까지 이르게 한다. 초저주파 방식의 무기체계 연구는 1960년대 초 美 항공우주국(NASA) 과학자들에 의하여 시작되었다. 로켓엔진에서 방출되는 초저주파가 우주비행사들에게 어떤 영향을 미치는가를 연구하였으며, 심장 벽의 진동, 호흡계통의 리듬 변화, 화상, 두통, 기침, 시각장애 등을 일으키는 것을 확인하였다.

인체와 공진현상을 일으킬 수 있는 초저주파수를 야지(野地)에서 생성한다는 것은 쉽지 않다. 대규모의 장비가 필요하고 가동에 필요한 대용량의 전력이 준비되어야 한다. 이를 해결하기 위한 방법은 2개의 초고주파(Ultra High Frequency)를 동시에 발생시켜 이들의 차주파수음파(Difference Wave)를 이용하는 방법이 있다.

나. 휴대방법에 따른 개발 형태

1) 개인휴대형

영화의 한 장면처럼 근거리에 위치한 적을 제압할 용도로 개인이 휴대할 수 있도록 소형·경량화된 형태이다. 현재 연구되고 있는 개인휴대형 소리총은 소리를 차량바퀴 또는 도넛 형태로 고압축하여 발사하는 방식이다. 탄약이 불필요하여 전투근무지원 제공 없이 일정기간 동안 작전을 수행할 수 있다. 과학기술 수준이 발달함에 따라 소리총이 도달하여야 할 목표이다.

2) 지상고정형

GP 및 GOP전투, 고수·체류전투, 주요 시설물 등 전략상 중요지역을 방어할 때 사용할 수 있는 형태로 지상구조물에 소리총을 고정한 형태이다. 감시카메라와 연동하여 접근하는 적을 원거리에서부터 탐지하여 제압할 수 있다. 제압 이전에 수차례의 경고를 통하여 접근하는 적이 철수하도록 하는 등 인명 살상보다는 작전목표 달성 위주의 미래전 개념에 부합된 새로운 패러다임의 무기체계로 운용할 수 있다. 장비배치 현장에서 직접 조작하지 않고 원격으로 조정할 수 있는 방식으로도 개발할 수 있다.

3) 차량·헬기 탑재형

고음압을 원거리까지 발사할 수 있는 소리총의 무게는 수십 킬로그램에 이르러 병사들이 직접 손으로 운반하기에는 다소 무거울 것으로 판단된다. 따라서 원거리에 위치한 적군을 제압하기 위해서는 소리총을 기동성이 있는 차량 또는 헬기에 탑재하여 작전을 수행하는 것이 효과적이다. 특히 전투병력을 수송하기 위한 장갑차에 소리총을 탑재한다면 수색, 격멸작전 등 다양한 용도로 활용하여 아군의 피해는 최소화하면서 적군을 제압할 수 있다.

▌그림 1-24 소리총 개발 형태

4. 소리총 개발 소요 기술

가. 인체영향 분석에 따른 음원(音原) 발생 기술

청각기관의 특성은 비선형적이며 청각 및 신체 구조상 주파수별 반응이 달라진다. 인식 가능한 주파수 범위는 동물에 따라 상이하며, 인간도 연령에 따라서 차이가 있다. 코끼리나 고래는 5∼50㎐의 초저주파를 인식하고, 박쥐는 2만∼10만Hz의 초음파를 인식하며, 고양이는 30∼60㎑, 개는 20∼40㎑의 범위에서 가청이 가능하다. 사람의 청력은 20대가 지나면 퇴화(退化)하여 통상 30대는 16㎑, 40대는 14㎑, 50대는 12㎑ 이상을 듣기 어렵다. 이를 활용한 상품이 틴벨(Teen Bell)이라 부르는, 10대용 휴대전화 벨소리이다. 17㎑의 고주파로 설정된 벨소리를 어른, 특히 수업 중인 선생님들은 전혀 들을 수 없다. 소리총은 동일한 에너지를 공급하여도 어떠한 주파수를 사용하는가에 따라서 효과가 상이(相異)하다. 따라서 사람에게 가장 민감한 주파수와 혐오하는 소리에 관한 연구도 필요하다.

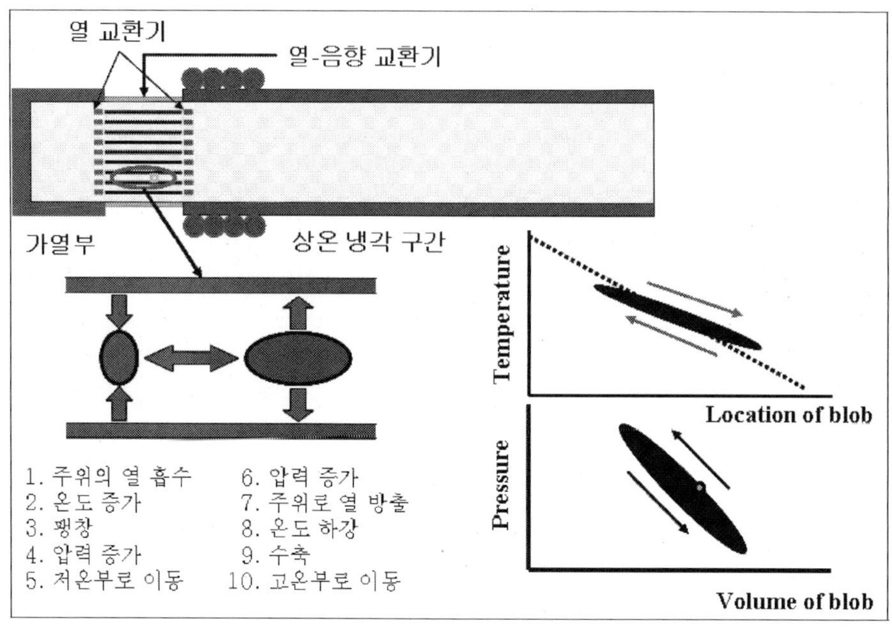

그림 1-25 열음향 기관 구조도[23]

또한 기존의 스피커를 고압의 음압 발생장치로 채택하면 장비의 부피와 무게가 증가할 수밖에 없으며 전투부대에서 활용하는 데 많은 제한 사항이 발생할 것으로 판단된다. 여기에 대한 해결방안은 열음향기관이 효과적일 것으로 판단된다. 열음향기관은 스피커와 같은 기계적인 가동 부속품을 사용하지 않고 열에너지를 음파로 변환하는 장치로 스피커보다 훨씬 강력한 음파를 발생할 수 있다. 산·학·연에서는 열음향 발생 기술을 이용하여 구동음압이 180dB인 친환경적인 우주왕복선용 열음향 냉동장치, 태양에너지를 이용한 열음향 발생 장치 등을 개발하였다.

나. 음압집중(Sound focusing) 기술

음압집중 기술의 핵심은 원하는 좁은 영역 혹은 제어가 가능한 영역에

---

23) 출처: 제4회 신기술소개회('08.9.25, 방위사업청).

높은 음향에너지를 집중시키는 것이다. 이는 공간 좌표에 대해 선별적으로 파워를 전달한다는 개념뿐만 아니라 에너지를 집중시켜 효율을 높이는 것이다. 또한 사용자를 보호하기 위하여 측후면(側後面)에는 집중된 음향에너지가 방사되지 않도록 보호하는 기술까지도 필요하다. 전투장비로 활용하기 위해서는 아군에게 피해가 발생되지 않도록 정면(正面)으로만 음향에너지가 발사되도록 설계하여야 한다.

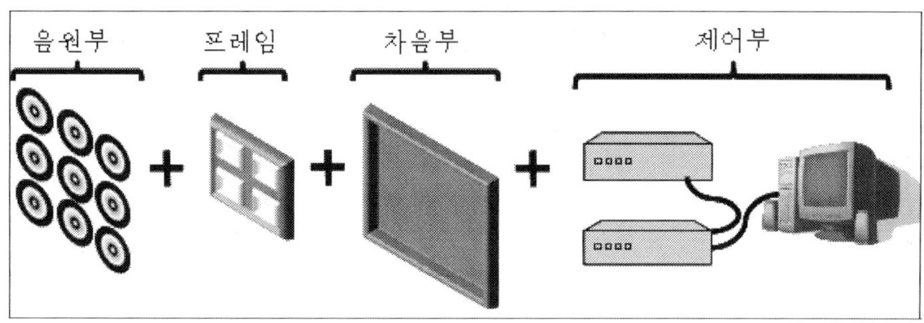

그림 1-26 음압집중 장치 구성도[24)]

다. 극지향성 제어 기술

극지향성(directivity)이란 음원의 에너지가 어느 정도 원하는 방향으로 전달되는가를 나타내는 것으로 음원에서 발사되는 전체 에너지와 원하는 방향으로 전달되는 에너지의 비율(比率)로 정의(定意)한다. 음향에너지의 전달 범위는 작전환경에 따라서 변화한다. 연구되고 있는 극지향성 기술은 빔포밍(Beamforming)[25)] 방식으로 안테나 등의 '센서 어레이 시스템'에 널리 적용되고 있으며, 음원 개수, 음원 배치, 개별 음원의 지향성, 개별 음원 제어 등을 고려하여 설계하여야 한다. <그림 1-27>은 소리의 극지향성기술을 표시한 것이다. 개별적인 F1, F2 음원이 합쳐져서 하나의 극지향성 파형이

---

24) 출처: 국방혁신기술 과제계획서(한화, '08.7.8.).
25) 빔포밍(Beamforming)이란 무대 위의 배우에게 스포트라이트를 비추는 것과 같이 해당되는 단말기(장소)에만 자료를 전송 또는 수신하는 기술.

생성되는 원리이다.

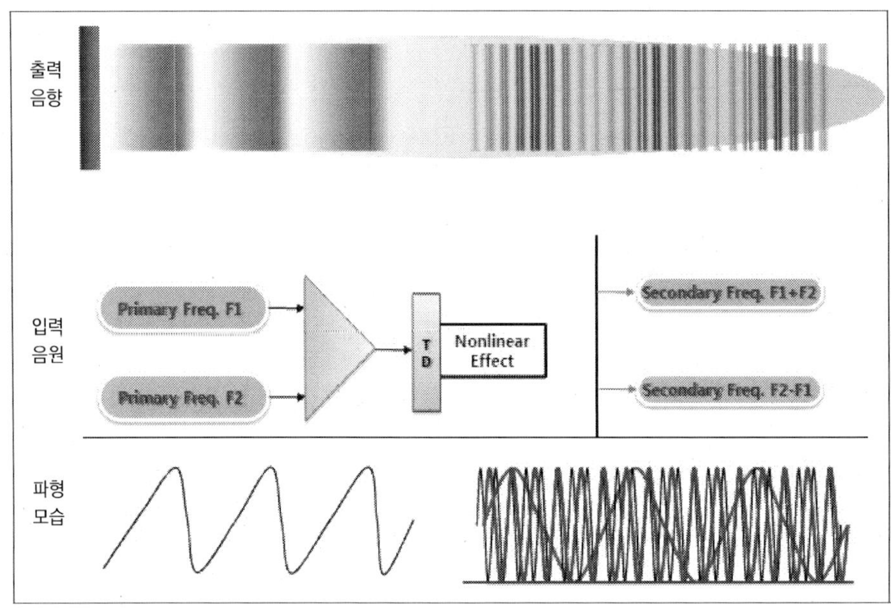

그림 1-27 극지향성기술 원리[26]

5. 소리총의 전술적 활용방안

가. 전투력 집중·분산 강요를 통한 주도권 확보

적의 강점은 회피하고 적의 약점으로 전투력을 신속하게 집중하여 적을 무력화하는 방법이 가장 효과적인 전투방법이다. 호흡기관이 파괴되어 막대한 살상효과를 발휘하는 소리총의 유효살상지역으로 적군이 접근한다는 것은 자살행위(自殺行爲)와 다름없다. 적들은 소리총이 설치되지 않은 지역을 선택하거나 소리총 파괴를 시도할 것이다. 병력들이 전혀 기동할 수 없도록 장애물이 설치된 지역을 선택하는 어리석은 지휘관들은 존재하지 않을 것이다.

---

26) 출처: 경원훼라이트 지향성 음파 송신기('08.7.).

소리총을 적절하게 활용하면 아군에게 유리한 지역으로 적의 전투력을 집중 또는 분산하도록 할 수 있다. 전투력 집중 및 분산 강요는 공격작전 및 방어작전에 각각 적용할 수 있으며 유리한 환경에서 주도권을 확보함으로써 필승이 보장된 작전을 수행할 수 있다. 작전지역 全 정면에서 소리총을 운용하면 적군이 침투할 공간은 사라지게 된다.

▌그림 1-28 소리총의 살상·영향 지역

나. 난공불락(難攻不落)의 고수·체류진지 확보

고수작전(固守作戰)은 강력한 방어편성과 결전의지를 기초로 방어지역 상실을 최대한 억제하면서 적의 공격을 저지·격퇴하기 위하여 실시한다. 전략상 중요지역을 방어하거나, 작전 근거지(根據地) 혹은 공격의 발판으로 사용하기 위한 거점(據點)에서 주로 실시된다. 고수작전에 필요한 요새지역 축성(築城)은 화력장비, 통나무 흙, 암석, 콘크리트 등 가용한 모든 자재들을 활용한다. 요새지역은 군사작전 전반에 심대한 영향을 주는 요소로서 전쟁수단의 중요한 몫을 차지하고 있다.

일거에 다수의 적군을 살상하거나 무력화할 수 있고, 유효지역 안으로 적이 접근하는 것을 전혀 용납(容納)하지 않는 신개념의 소리총을 요새지역에 설치한다면 고수방어 진지는 난공불락의 요새화가 가능하다. 아군의 의지(意志)에 맞추어 작전을 수행할 수 있는 여건의 조성에 크게 기여함은 물론 지상전에서 승리할 수 있다. 부득이하게 체류진지를 운용하여야 하는 경우에도 소리총이 위력을 발휘하여 적의 접근을 허용하지 않는 작전효과를 기대할 수 있다.

다. 완벽한 선제압(先制壓) 개념의 탐색격멸작전 수행

우리의 국토는 75% 이상이 산악으로 구성되어 기계화 부대의 작전활동이 크게 제한된다. 산악지형이 배제된 전술교리는 생각할 수 없으며, 전술은 산악지형의 이해에서 출발한다 하여도 과언이 아니다. 지구 온난화 현상에 의하여 한반도지형은 더욱 울창한 수풀로 뒤덮여 가고 있어 관측, 사격, 기동 등 군사작전 수행을 더욱 어렵게 하고 있다. 6·25전쟁과 강릉무장간첩 침투사건에서도 산악작전의 중요성과 제한 사항이 확인되었지만 한반도 전쟁에서 승리하기 위해서는 철저하게 준비하여야 한다. 소리총을 조준사격보다는 특정지역에 대한 지향사격용으로 개발하여 산악지형에 은거(隱居)한 적군을 일거에 제압하는 전투장비로 활용할 수 있다. 적이 어디에 숨어 있는지도 모르고 공격하거나 수색정찰 활동을 하다가 인적·물적 피해가 발생하는 것이 기존의 전투 양상이었다면 새로운 전투개념은 소리총을 활용하여 수풀지역, 바위 틈새에 은거한 적군을 완벽하게 무력화한 이후에 병력을 투입할 것이다. 적군을 완벽하게 무력화하고 아군의 피해는 최소화하는 비대칭무기의 효과를 만끽하는 작전을 기대해도 좋을 것 같다.

그림 1-29 소리총 운용 개념
① 개인화기 ② 지상고정형 ③ 차량탑재형 ④ 헬기탑재형

라. 인명중시의 미래전 핵심무기로 활용

미래전쟁은 국가의 총역량을 투입한 전면전보다는 국지전 양상이 될 가능성이 크며 도시화와 인구집중 현상으로 단기간에 많은 인명피해가 발생할 수 있다. 그러나 언론매체의 발달로 물리적인 대량살상이나 민간인 피해 발생 시 실시간대의 전파(傳播)를 통한 반전여론이 조성되어 국내외 여론의 지지를 얻을 것이 어렵게 될 것이다. 또한 아군 피해 역시 반전여론이나 사기저하에 영향을 미친다는 점에서 미래전쟁은 인명을 중요하게 여기고 피해를 최소화하는 개념으로 변화될 것이다. 바로 이러한 측면에서 '접근탐지→경고→제압' 절차에 의한 인명피해 최소화 및 용도에 따른 음압 조정이 가능한 소리총은 미래전에서 가치(價値)가 더욱 빛날 것이다. 또한 대인질 테러작전, 폭동집압작전 등에서의 활용도 기대된다.

6. ACTD제도를[27] 활용한 소리총 개발방안

전쟁 양상은 과학기술의 발달과 새로운 무기체계의 등장에 따라 진화하여 왔으며 조기에 첨단과학기술을 활용한 신무기체계를 개발한 나라는 상대적 전력의 우위를 차지할 수 있었다. 신개념기술시범(ACTD) 제도는 무기체계 획득의 장기화에서 발생하는 기술의 진부화(陳腐化)를 방지하고 예산절약을 위하여 개발되었다. '86년 미국 패커드위원회에 제시되었으며 '94년 美 국방성이 공식적 기술개발 프로그램으로 채택하여 감시정찰능력 확보를 위한 프리데터UAV, 글로벌호크UAV 등의 무기체계를 성공적으로 개발하였다. 소요제안으로부터 10년 이상 소요되었던 무기체계 획득기간을 4~6년으로 단축할 수 있으며 연구개발 비용도 50% 이상 절약할 수 있다. 우리나라는 방위사업청 개청 이후 소규모의 단일무기체계 및 핵심 구성품 위주로 추진하고 있다. 차후에는 복합무기체계까지 확대할 예정이다.

ACTD제도의 출발점은 무기체계로 전환할 수 있는 산·학·연의 첨단과학기술을 육·해·공군에서 식별하여 합참으로 소요를 제안하는 것이다. 합동전략회의에서 연구개발이 확정된 과제는 방위사업청에서 중기계획·예산편성에 반영한다. 연구기관(업체)과 용역계약 및 연구 후에 소요군의 군사적 실용성 평가를 합격한 경우에 한하여 본격적인 무기체계 개발을 시작한다. 국내에는 100여 명의 소리 분야 석·박사들이 활동하고 있으며 국내 기술 수준은 선진국의 ○○~○○% 수준으로 추정된다. 그동안 해군 무기체계를 중심으로 수중(水中)에서 적을 먼저 발견하고 먼저 공격하기 위한 음향신호 제어 기술을 연구하여 왔으며 다수의 전투장비를 전력화한 경험을 보유하고 있다. 소리의 극지향성에 관한 다수의 특허를 보유한 연구기

27) ACTD제도: Advanced Concept Technology Demonstration 성숙된 기술을 활용하여 새로운 개념의 작전운용성능을 갖는 무기체계, 핵심 구성품을 군사적 실용성 평가를 통하여 단기간(3년 내외)에 입증하는 제도.

관, 아랍에미리트공화국에 음향무기가 포함된 경계시스템을 납품한 벤처기업, 국방혁신기술과제로 음향무기 개발을 추진 중인 방위산업체 등 우리의 모든 능력을 합하면 ACTD과제로 추진이 가능하다.

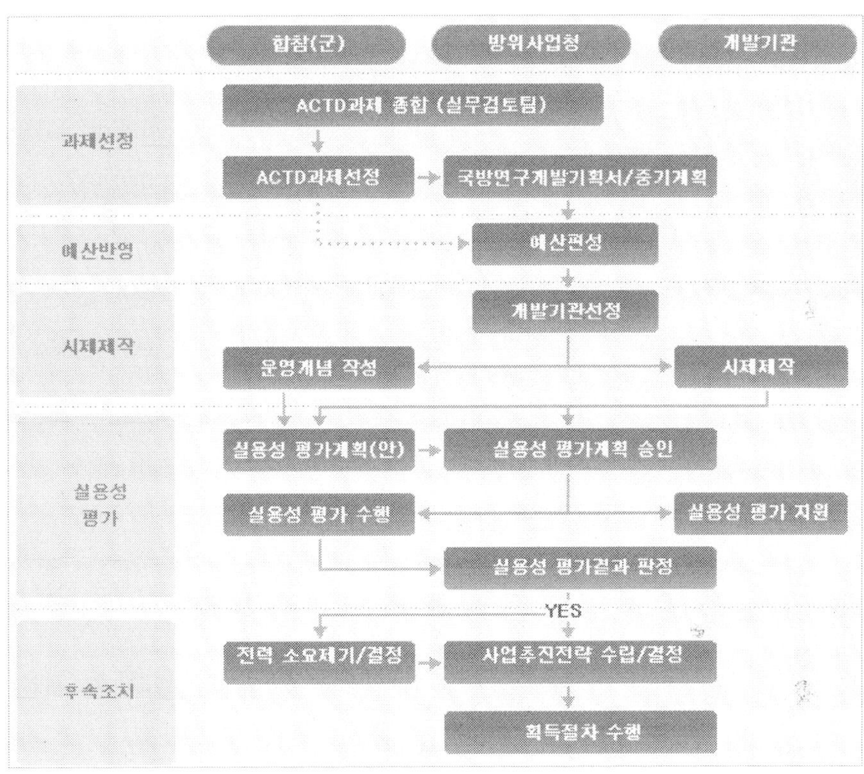

┃그림 1-30 신개념기술시범(ACTD) 제도 수행 절차[28]

7. 맺음말

우리는 전환기적(轉換期的) 안보상황 속에서도 현존하는 북한군의 위협 뿐만 아니라 새롭고 다양한 도전 및 위협에 직면하고 있다. 세계화·정보

---

28) 자료출처: 제2회 신기술소개회 참고자료(방위사업청, '08.1.).

화가 무서운 속도로 진전되면서 끊임없이 분출되는 국제적 갈등과 분쟁 속에서 테러, 대량살상무기의 확산, 재난재해 등 다양한 위협들이 도사리고 있다. 이러한 상황 아래에서 무기체계의 위력 증대, 초정밀, 초고속, 장사정화, 소형화, 경량화, 지능화, 자율화 구현을 위한 각축(角逐)은 필연적이라 생각한다.

각국은 첨단 군사과학기술을 접목하여 새로운 무기체계 개발, 부대구조 개편 등 군사혁신을 경쟁적으로 추진하고 있으며 우리도 국방개혁 2020안을 마련하여 미래지향적인 군사력 건설을 추진하고 있다. 혹자(或者)는 전쟁터는 군사변혁(RMA)[29]의 기말시험장이라고 하였다. 또한 군사변혁은 새로운 기술, 새로운 장비/무기(Device), 새로운 전술, 새로운 부대구조를 통하여 가능하다고 하였다. 소리총은 지금까지 전쟁터에 출현한 무기들과는 전혀 다른 개념의 전투장비로서 손자병법 시계편(始計編)에 나오는 "攻其無備, 出其不意(적의 무방비한 곳을 공격하고 적이 미처 생각지 못한 곳을 지향하라)" 원칙을 적용한 비대칭무기로 발전할 수 있다.

소리총은 국방과학연구소, KAIST, 방산업체, 벤처기업 등에서 보유한 기술을 활용하면 수년 안에 우리 기술로 개발할 수 있다. 적군의 청각·호흡기관 파괴 및 심리적 마비를 통하여 적 활동을 일거에 무력화 및 제압할 수 있는 핵심 전술장비로 조기에 전력화하여 다양한 형태의 국가안보 위협에 대처함은 물론 미래전 양상에 대비할 수 있는 신개념의 한국적 무기체계로 발전시켜야 한다.

풍전등화(風前燈火)에 선 조국을 지키기 위하여 이순신 장군은 거북선 제작에 심혈을 기울였으며 최무선 장군은 화약과 화통 발명에 몰두하였듯이 이제는 우리의 정열을 불태워야 할 때이다. 21세기 첨단과학화 육군건설을 위하여 우리 모두의 힘을 모은다면 어떠한 난관(難關)이라도 능히 극복할 수 있을 것이다. 수많은 애국선열(愛國先烈)들의 피와 땀으로 발전시

---

29) RMA: Revolution In Military Affairs 군사분야혁신.

커 온 조국 대한민국이 세계 속에 우뚝 설 수 있도록 소리총과 같은 신개념의 무기체계 개발에 지혜를 모으고 힘을 합쳐 나갔으면 한다.

그림 1-31 소리총 개발 시 추억으로 기억될 사격술 예비훈련 모습

육군 김도수 | 진해정비창

첨단 과학화 육군건설을 위한

신개념 소리총(Sound Gun) 개발 방향

1. 서론

2. 소리의 특성

3. 과학기술 발달에 따른 소리의 패러다임 변화

4. 소리의 전술적 가치

가. 적 인원 대항 실상(實狀)

나. 심리적 마비(痲痹)

다. 친환경적인 전투장비 개발

라. 인력이 불필요한 혁신적 무기체계 개발

5. 소리총 개발방향

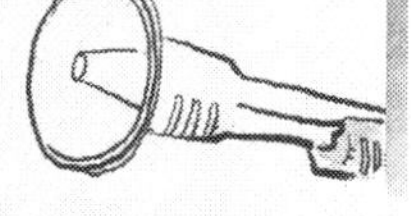

가. 고출력 방식

나. 외곤형(外間形) 방식

다. 초저주파(infrasonic) 방식

6. 맺음말

40년 후 석유 완전고갈에 대비한 차세대 전기식 동력장치를 개발하자

　　산업혁명과 더불어 본격적으로 사용된 화석에너지(석유)는 공해문제, 기상이변 등 인류의 생존을 위협하는 측면도 있으나 인류문명의 비약적인 발전과 지구촌문화의 탄생에 절대적인 공헌을 하였다. 석유매장량의 제한 및 편중은 국제적, 국가적, 사회적 핵심이슈가 되었으며 전쟁과 갈등의 원인이 되었다.

　　산업혁명과 더불어 본격적으로 사용된 석유를 완전하게 대체할 수 있는 새로운 과학기술 개발에 많은 사람들이 몰두하여 하이브리드 엔진이 상용화되었으며, 이 분야의 특허신청은 매년 기하급수적으로 증가하고 있다. 국가의 안전보장과 국민의 생명·재산을 지켜 줄 전투장비의 동력장치도 석유를 사용하지 않는 전기식 동력장치로 교체되어야 에너지환경이 악화되어도 지속적인 임무수행을 보장할 수 있다.

∴ 군수誌 투고, 중·장기핵심기술과제 소요 제안

1. 개 요

　　18세기 말 영국에서 시작한 산업혁명(産業革命)은 인류문명의 비약적인 발전을 가져왔다. 자동차와 비행기의 발명으로 일일생활권이 점차 확대되어 지구촌문화가 탄생되었고 기계류의 발명은 생산성을 크게 향상시켜 인류의 탄생 이후 가장 풍요로운 삶을 영위하게 되었다. 이와 같은 문명의 발전은 화석연료[30]를 사용한 동력발생장치의 발명이 가장 중요한 요인으로 작용하고 있다.

---

30) 화석연료란 석탄, 석유, 천연가스 등을 말하며 유기물이 오랜 시간 동안 땅속에서 탄화되어 연료로 변화된 것을 말한다.

그러나 현대문명의 근간(根幹)을 이루고 있는 화석에너지는 무한정하게 사용할 수 없다. 우리나라는 불행하게도 현대문명의 총아(寵兒)인 원유가 한 방울도 매장되어 않아 100% 해외수입에 의존하고 있다. 연간 수출액이 3,700억 달러에 이르고 세계 10위권의 경제대국이라고 자부(自負)하지만 항상 뉴스의 초점은 세계 원유가의 향방에 달려 있다. 유가 상승이 국내경제에 미치는 영향은 어떤 요인(要因)보다도 막대하기 때문에 기업들은 유가 변동에 관심을 갖지 않을 수 없다. 국가안보를 담당하는 군대(軍隊)와 에너지 문제가 무슨 관계가 있느냐고 항변(抗辯)할 사람도 있겠지만 군사작전을 수행하기 위해서는 유류확보가 필수적이며 에너지를 확보하지 않은 상태에서 전투력을 발휘한다는 것은 거의 불가능에 가깝다. 도보행군에 의존한 전투력만으로 국가안보를 책임질 수 있다고 큰소리로 답변하는 지휘관은 없을 것이다.

여기에서 소개하는 전기식 동력장치는 첨단과학기술을 활용하여 우리 힘으로 개발하여야 하는 전투장비의 핵심 분야이다. 민간연구소 및 업체에서도 전기식 동력장치 연구에 부단한 노력을 하고 있지만, 그들은 경제원리(經濟原理)에 입각하여 많은 돈을 벌 수 있는 180마력 이하의 승용차용 전기식 동력장치 연구에 골몰하고 있다. 이런 이유에서 전차, 장갑차 등 전투장비에 필요한 전기식 동력장치는 사용자인 군에서 소요를 제기하고 군 주도 연구개발 형태로 추진함이 타당하다.

2. 석유 매장량 및 소비 추세

가. 석유의 기원

석유는 지구상에서 플랑크톤이 등장하기 시작한 수억 년 전의 지질시대에서 만들어지기 시작하였다. 중동지역의 석유는 대부분 공룡의 활동무대가 되었던 쥐라기와 백악기 때 생성되었으나 북해유전[31]에서는 고생대층에서도 석유가 발견된다. 석유생성학설은 유기성인설(organic theory)과 무기성인설(Inorganic theory)[32]로 구분되는데 수생동식물의 유해가 물 밑바닥에 가라앉아 썩어서 된 것이라는 유기성인설이 일반적 견해이다. 유기성인설에 의하며 5억 년 전에는 지구의 표면은 오직 바닷물로 덮여 있었으며 바다에는 어류, 갑각류, 플랑크톤이 서식하고 있었다. 그러나 이들은 대규모 지각변동에 의하여 모두 사장(사장)되고 이질 퇴적물과 섞이면서 퇴적되었다. 많은 수의 생물의 사체는 공기와 접촉하지 않은 상태에서 이질퇴적물의 촉매작용과 특수 박테리아의 작용, 지층의 온도·압력으로 인하여 장기간에 걸쳐 탄화수소로 변성(變性)되었다는 것이다. 참깨에 열과 압력을 가하면 참기름이 짜여 나오는 것과 비슷한 원리이다. 유기성인설은 석유가 발견되는 곳이 대부분 퇴적암이고 석유 성분 속에 질소, 황 등 불순물이 함유되어 있다는 면에서 상당한 설득력을 가지고 있다.

---

31) 북해유전: 영국 – 노르웨이 앞바다에 위치한 유전지대.
32) 무기성인설: 지구 내부에 존재한 금속화합물이 물의 침투작용과 고온/고압 하에서 탄화수소로 변화되었다는 학설이다.

┃그림 1-33 석유 생성 모형도

나. 석유 매장량

석유 매장량이란 유층 내에 집적되어 있는 석유를 지표로 끌어올려 1기압 15℃ 표준상태에서의 용적을 말한다. 매장량의 개념은 유층 내에 있는 석유의 총량을 의미하는 원시매장량, 지상으로 끌어올릴 수 있는 석유의 전량을 뜻하는 가채매장량, 이미 발견된 매장량 중 현재의 기술과 비용으로 회수된다고 생각되는 확인매장량, 기발견매장량과 장래에 발견될 가능

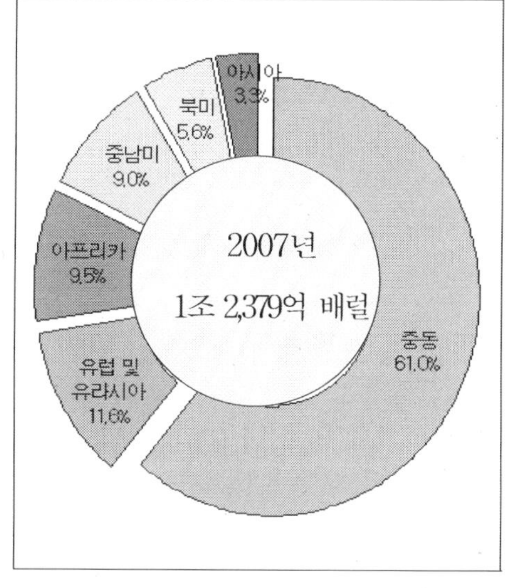

┃그림 1-34 지역별 석유매장량

성이 있는 미발견매장량을 합한 궁극가채매장량으로 구분된다. 원시매장량에 대한 가채매장량의 비율을 회수율이라고 하며 회수율은 기술이 발달하

고 유가가 상승할수록 높아진다.

BP(British Petroleum) 통계에 의하면 세계 원유 확인매장량은 '07.12. 기준으로 1조 2,379억 배럴로 추정되었다. 확인매장량 가운데 61%가 사우디아라비아, 이란, 이라크, 쿠웨이트, UAE 등 중동지역에 분포되어 있다. 세계 석유 소비의 46%를 차지하는 미국, 중국, 일본, 러시아, 독일 등 5대 국가에는 약 10% 정도만이 매장되어 있어 치열한 석유 확보 경쟁의 원인이 되고 있다.

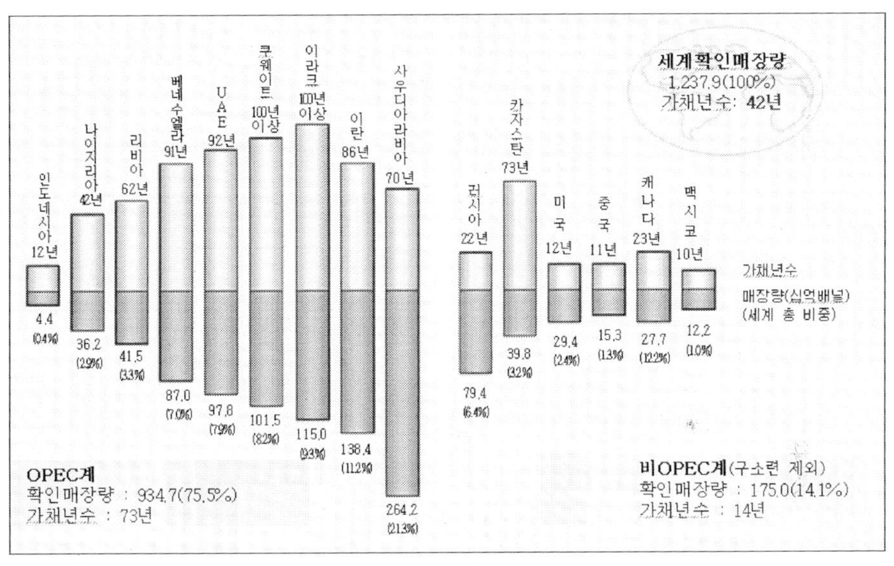

그림 1-35 석유 확인매장량 현황(출처: BP통계 '08년)

다. 소비 추세

지나간 20세기는 '석유의 시대'였다. 석유를 적극적으로 이용하여 놀라운 문명의 발전을 이룩하였다. 66억이 넘는 인류가 역사상 가장 풍요롭고 건강하고 안전한 삶을 살 수 있게 되었다. 먹을거리가 넘쳐서 비만을 걱정해야 할 형편이고, 누구나 깨끗한 환경에서 살면서 첨단 보건의료 혜택을 누릴 수 있게 된 것은 놀라운 변화였다. 물론 아직도 굶주림, 질병, 차별 등으로 고통받고 있는 사람들의 수가 적지 않지만 인류의 전반적인 삶의 질이 놀라운 수준으로 향상된 것은 명백한 사실이다.

우리나라의 상황도 비슷한데 지난 60년 동안 인구도 2배로 늘어났고, 평균수명도 30살이나 늘어나서 80세가 되었다. '60년에 79달러에 불과하던 1인당 국민소득이 2만 달러를 넘어섰고 경제력은 세계 10위권이 되었다. 국민 1인당 에너지 소비량은 세계 평균의 2배에 이르러 이미 선진국 수준에 도달한 상태다. 우리 국토에서 석유가 한 방울도 나지 않음에도 불구하고 우리 정유산업의 규모는 세계 6위에 이르렀다. 그러나 우리나라의 경제는 심각한 위기에 직면하고 있다. 원유 가격이 가파르게 치솟고 있기 때문이다. '70년대의 오일쇼크를 뼈저리게 경험하였듯이 원유 가격의 상승은 우리 경제에 견디기 어려운 부담이 되고 있다. 원유 가격이 가파르게 치솟는 이유는 수급, 투기, 정치적 요인 등 단순하지 않다. 하지만 가장 심각한 문제는 원유가 언젠가는 고갈될 수밖에 없는 자연자원이라는 것이다. 더욱 높은 수준의 기술 개발로 고갈의 시기를 늦추는 것은 가능할 것이다. 그러나 원유가 언젠가는 고갈될 수밖에 없다는 사실은 불변의 진리이다. 우리가 석유에서 벗어난 새로운 에너지원의 개발과 전기식 동력장치를 개발해야만 하는 것도 그런 이유 때문이다.

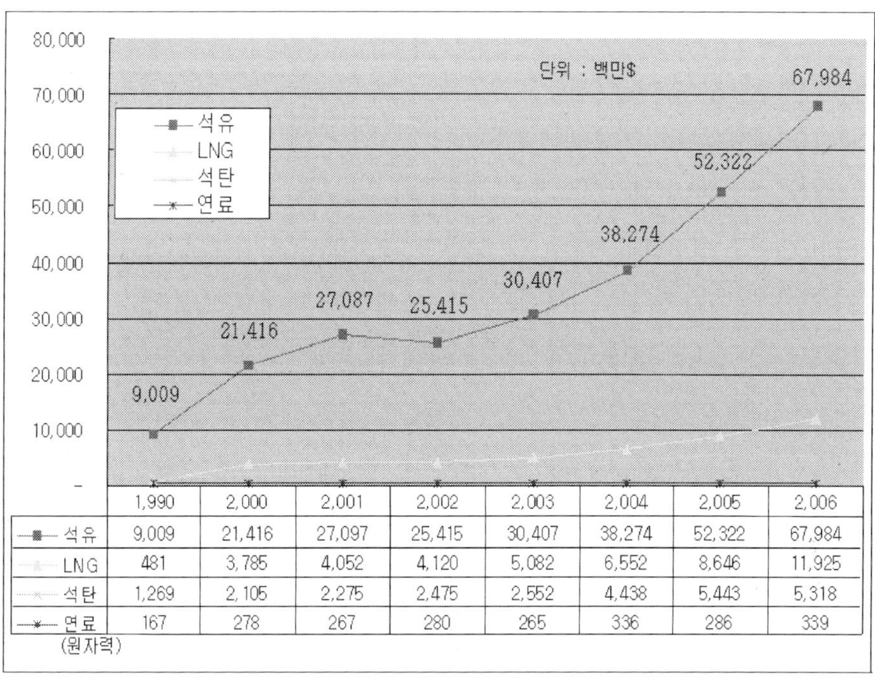

	1,990	2,000	2,001	2,002	2,003	2,004	2,005	2,006
석유	9,009	21,416	27,097	25,415	30,407	38,274	52,322	67,984
LNG	481	3,785	4,052	4,120	5,082	6,552	8,646	11,925
석탄	1,269	2,105	2,275	2,475	2,552	4,438	5,443	5,318
연료 (원자력)	167	278	267	280	265	336	286	339

그림 1-36 연도별 에너지 수입현황(출처: 한국무역협회, '08년)

라. 석유 사용량 증가에 따른 문제점

화석에너지의 사용으로 발생된 문제점은 크게 산성비, 스모그, 지구온난화 문제로 구분할 수 있다. 산성비는 대기 중의 이산화탄소(CO_2) 농도의 급격한 증가 때문에 발생된다. 산업혁명 이전에는 이산화탄소 농도가 280ppmv[33]이었으나 1960년 이후 급격히 증가하여 1990년에는 353ppmv이 되었다. 산성비는 지구 표면을 산성화시켜 농작물이 자라지 않게 하며, 건물과 인공건조물의 표면을 부식시킨다. 인간에게도 눈과 피부질환 등을 유발시키는 것으로 알려졌다. 스모그는 화석에너지의 사용량이 많은 도시, 공업지대에서 발생하며 시계가 나빠지고 인체에 해를 준다. 특히 자동차 배기가스 속에 함유된 올레핀계 탄화수소와 질소화합물의 혼합물에 태양광선이

---

33) ppmv: 1/1,000,000에 해당되는 부피농도 단위임. %를 ppm으로 바꾸려면 10,000을 곱하여 준다 (1% = 10,000ppm).

작용하여 생기는 광화학 스모그는 로스앤젤레스형 스모그라고 하는데 시정(視程)을 감소시키고 눈, 코, 호흡기의 자극 증상을 일으키고 식물성장에 장애요인이 된다. 지구온난화현상은 에너지를 얻기 위하여 화석연료를 연소할 때 대량 발생한 이산화탄소가 주원인이다. 지구의 기온이 상승하면 바닷물이 따뜻해져 팽창하고 남극 및 북극의 빙하와 고산지대의 만년설이 녹아 해수면이 높아지게 된다. 육상, 해양 생태계가 파괴되고 농작물 수확량이 감소되는 등 지구 전역에 광범위한 피해가 발생하고 있다. 산성비, 스모그, 지구온난화현상의 방지를 통한 자연환경을 보호하기 위해서는 화석에너지에서 발생하는 이산화탄소량을 급격하게 억제하여 하며, 전기식 동력장치 등 대체에너지 개발에 더욱 박차를 가하여야 한다.

그림 1-37 석유 사용량 증가에 따른 폐해 현상

3. 동력장치의 발전 경과

가. 자연에너지 사용

인류가 불을 사용한 것은 50만 년 전이었던 것으로 추정된다. 대부분은 낙엽이나 장작처럼 쉽게 얻을 수 있는 임산 연료를 사용하였다. 사냥으로

잡은 동물을 요리하고, 추운 겨울을 따뜻하게 지내고, 어두운 밤을 밝히고, 야생동물로부터 자신을 보호하기 위한 수단으로 불을 사용하였다. 많은 양의 열을 내고 쉽게 연소되는 숯과 같은 고급 연료를 사용하게 된 것은 신석기 시대 말이었을 것으로 짐작된다. 농경(農耕)과 목축생활이 시작되면서 자기 자신의 힘 이외에도 소나 말 같은 가축의 힘, 물이나 바람 같은 자연에너지를 사용하게 되었다. 그 이후에 인류가 새로 찾아낸 연료가 바로 석탄이었다. 우리가 석탄을 본격적으로 사용하기 시작한 것은 18세기부터였으며 이는 불과 300년 전이다.

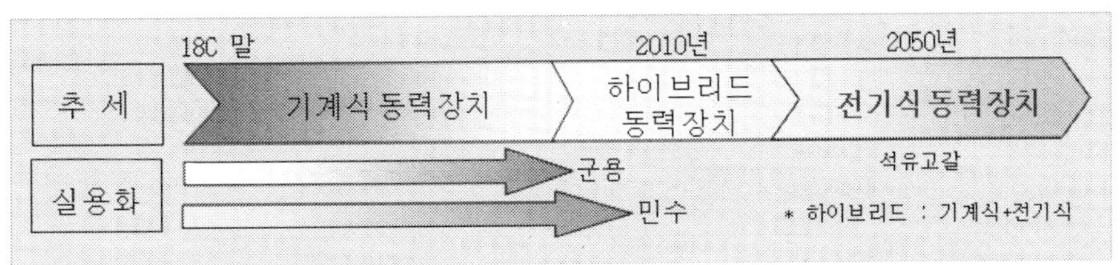

▌그림 1-38 동력장치 발전 추세

나. 기계식 동력장치 개발

기계식 동력장치는 17세기부터 연구되기 시작하여 프랑스의 르누아르(J. J. E'tienne Lenoir)가 1860년에 최초의 내연기관을 발명하였으나 구조가 복잡하고 연료 소모가 많아서 상업적으로는 성공하지 못하였다. 독일의 오토(Nikolaus A. Otto)는 상업적 가치가 있는 엔진을 탐색하여 흡입, 압축, 폭발, 배기의 4가지 행정으로 이루어진 오토 사이클이라는 개념을 정립하였고, 이에 입각한 내연기관을 개발하여 1867년 파리 박람회에 출품하였다. 오토는 1890년까지 내연기관의 제조를 독점한 오토 기관 약 35,000대를 판매하였다.

전투장비는 동력장치에서 발생된 기계적 에너지를 활용하여 구동한다. 연료의 연소과정에서 발생한 열에너지를 기계적 에너지로 바꾸는 장치를 열기관(熱機關, Heat engine)이라고 부른다. 열기관은 연료의 연소 장소에 따라서 외연기관과 내연기관으로 구별된다. 외연기관은 증기기관과 같이 밀폐되지 않은 외부에서 연료를 태워 에너지(동력)를 얻는 방식으로 설비가 크고 에너지 효율이 낮아 거의 사용되지 않고 있다. 내연기관은 자동차 엔진처럼 기관 내부에서 연료를 폭발, 연소시켜 동력을 일으키는 방식으로 사용하는 연료에 의해 가솔린기관, 디젤기관, 가스기관 등으로 분류된다. 가솔린기관은 실린더에 공기와 연료의 혼합기를 흡입해 8:1 정도로 압축한[34] 후 15,000~20,000V의 고압의 전기불꽃을 발생시켜 연소힘으로써 동력을 발생시킨다. 디젤기관(diesel engine)은 고온으로 압축된 공기 속에 연료분사노즐(fuel injection nozzle)에 의해 연료를 분사하여 연소시키는 방식이며, 가스기관(liquified petroleum gas system)은 LPG가스를 실린더에서 연소시킴으로써 열에너지(화학 에너지)를 피스톤의 왕복운동(기계적 에너지)으로 전환시켜 차량 구동에 필요한 동력을 발생토록 설계된 장치를 말한다.

다. 하이브리드 동력장치 개발

하이브리드 동력장치는 기계식 동력장치와 전기식 동력장치를 병행하여 구동하는 방식으로 기계식 동력장치와 전기식 동력장치의 기술적 제한 사항을 극복하기 위한 중간단계라 할 수 있다. 유해가스를 90% 이상 줄일 수 있고 대도시의 공기와 주변 환경을 개선할 수 있으며 교통통제·도로계획 등과도 잘 맞기 때문에 친환경적 동력장치라고 한다. 일본 도요타[豊田]의 프리우스(Prius)와 혼다[本田]의 인사이트(Insight)가 대표적인 차종으로, 프리우스는 2000년 말 세계 최초로 양산화에 성공하였다.

---

34) 압축압력=9.5~11kg/㎠, 연소압력=35kg/㎠.

 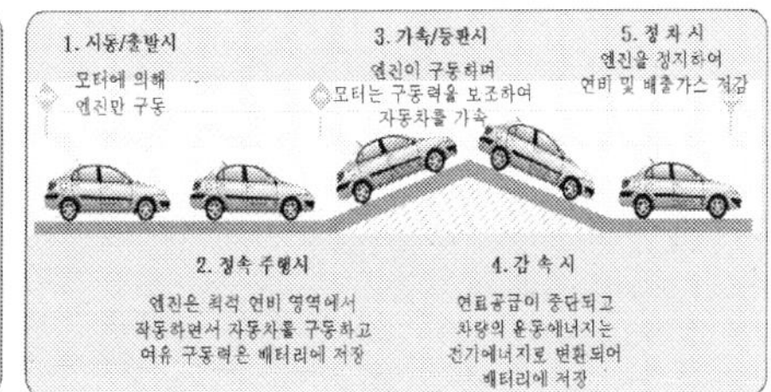

┃그림 1-39 하이브리드 자동차 구성 및 운행개념[35]

　기계식 동력장치는 시간이 지날수록 연료 확보가 제한될 뿐만 아니라 소형화 및 출력향상 기술도 한계점(限界點)에 도달하였으며, 전기식 동력장치는 기계식 동력장치를 대체할 수 있을 정도로 기술적으로 성숙되지 않은 상태에서 탄생한 미완성품이다. 운행방식은 <그림 1-35>에서같이 연료소모가 많은 시동 및 가속 주행 시에는 전기모터가 중심이 되어 극대화한다. 정숙 주행 시에는 엔진을 최적 연비영역에서 작동하면서 발생된 여유 구동력은 배터리에 저장한다. 감속 시에는 차량의 잉여 운동에너지를 전기에너지로 변환시켜 배터리에 저장하며 신호대기 등 정차 시에는 엔진은 정지하고 배터리모터로 가동하여 에너지 효율을 최대화한다.

4. 변화와 혁신을 위한 전투장비 동력장치 개발 추세

　동력장치는 전투 차량의 기동력을 제공하는 핵심기술로 연료의 화학에너지를 이용하여 동력을 발생시키는 엔진과 발생된 동력을 변환시켜 기계적으로 전달하는 변속기, 엔진과 변속기에서 발생되는 열을 식혀 기계효율을 극대화하는 냉각장치 및 동력장치의 효율적 운용을 위한 통합제어장치 등으로 구성되어 있다. 전투 차량에서 동력장치는 기동력의 일반적인 개념에서 출발하였으며, 엔진은 기동력 향상을 위하여 지속적으로 발전하여 왔다.

―――――――――――――

35) 출처: 국방부 군수기획팀 하이브리드 자동차 이해('08.7.5.).

주로 연료소모율을 개선하는 관점에서 소형·고출력화 노력을 경주하였으며 한발 더 나아가 화석에너지에 의존한 전통적인 기계식 동력장치를 지양하고 대체에너지를 적용하고자 하는 노력도 진행되고 있다.

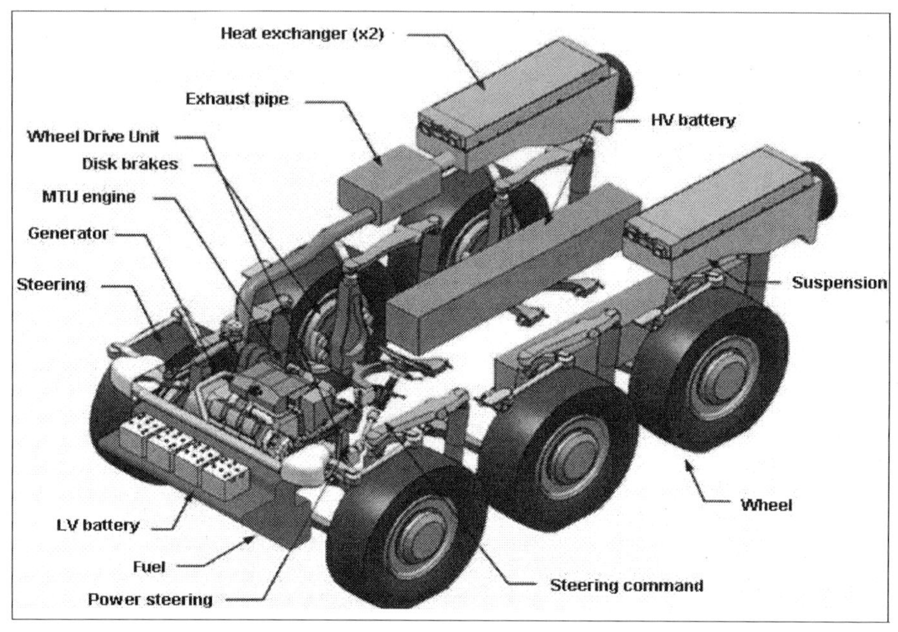

┃그림 1-40 하이브리드 전기구동 추진시스템 개념도[36)

가. 전차(戰車)

대부분 국가에서는 디젤엔진을 전차의 동력장치로 채택하고 있다. 미국과 러시아에서는 저온시동성, 사용연료의 다양성 등의 장점이 있는 가스터빈 방식의 엔진을 채택한 전차를 개발하였으나 디젤엔진보다 연료소모량이 과다하고, 생산단가와 정비비용이 비싸기 때문에 미국을 제외한 대부분 국가에서는 가스터빈 방식을 채택하지 않고 있다. 최근에는 엔진의 가동·정지에 따른 에너지 손실을 줄이기 위하여 하이브리드 동력장치도 연구하고 있

---

36) 출처: Jann's International Defence Review 2005.

76

다. 하이브리드 동력장치는 엔진의 출력을 전기에 연결하여 여분의 전력을 배터리에 충전하였다가 필요시 모터를 회전시키는 방식이다. 엔진을 일정 조건 하에서 회전시킬 수 있기 때문에 연비효율이 향상될 뿐만 아니라 질소산화물의 배출량도 약 20% 감소시킬 수 있다. 하이브리드 동력장치의 종류와 방식은 매우 다양하다. 동력배분방식에 의해 분류하면 직렬형과 병렬형으로 구분할 수 있다. 직렬형 시스템은 동력의 흐름이 한 방향으로만 되어 있어 시스템 제어가 간단하고 엔진의 최적운행이 용이하다. 엔진의 공간배치가 자유로운 장점도 있으나 시스템의 작동전압이 축전지에 의해 결정되므로 상시 고출력 특성이 좋지 않고, 모든 동력이 발전기에서 축전지를 거쳐야 하므로 동력전달효율이 떨어진다. 병렬형 시스템은 동력전달장치에 2개 이상의 동력원이 동시에 작동될 수 있는 구조로 되어 있으며, 엔진이 고효율로 작동되는 범위에서는 엔진동력배분이 크게 되고, 모터의 구동효율이 좋은 영역에서는 모터 동력배분이 크게 되며, 시스템 구조가 복잡한 단점이 있으나, 구동효율과 구동력 향상 및 축전기 용량을 작게 할 수 있는 장점이 있다.

나. 장갑차(裝甲車)

지금까지는 기계식 동력장치가 대부분 사용되어 왔으나, 미래 장갑차는 직렬형 하이브리드 동력장치 및 전기식 동력장치를 장착할 것으로 기대된다. 이 시스템은 장갑차의 모든 구동력이 전기에너지로 대체되고 대전력의 전기에너지 공급도 가능하다. 미래 전기·전자화 무기체계에 대한 충분한 전원공급이 가능하고 능동형 현수장치의 운용이 가능하여 기동성능의 여유(Redundancy) 설계가 가능함으로써 전투장비의 신뢰도를 크게 높일 수 있다. 전기에너지의 저장을 위하여 발전기와 배터리의 복수전원을 기본으로 구성한다. 필요시 배터리만을 이용한 스텔스 주행이 가능하며 차량이 감속 또는 하향 경사로 주행 시 전동기가 발전기로 작동하여 전력을 발생하는 회생발전 기능도 가능하여 에너지를 효율적으로 배터리에 저장, 활용할 경우 차량의 주행 연비를 크게 증대시킬 수 있다. <그림 1-40>은 하이브리드 동력체계를 갖춘 미래무기체계에 대한 기본 구성도로 전투력을 높이기 위해 전열 화학포 및 고출력 레이저총 등 무장을 장착하고 보호장갑을 구성하는 개념이 적용되었다.

직렬형 하이브리드 동력을 탑재한 전기구동장치는 기존 동력장치 대비 기동성, 생존성 및 전투 차량의 기능성 등에서 매우 우수한 특성을 가지고 있다. 직렬형 하이브리드 동력은 2개의 동력원을 가지고 있어 필요한 경우에는 두 개를 동시에 사용할 수 있다. 전기구동장치의 휠모터(Wheel-in-motor)는 순간적으로 정격 토크 대비 2배 이상의 큰 최대 토크로 구동이 가능하며, 이런 특성을 이용하면 기존 내연기관을 사용하는 동력장치 대비 2배 이상의 순간 기동성능의 발휘가 가능하다. 직렬형 하이브리드 동력장치는 휠 구동을 위한 기계적인 메커니즘 없이 유연한 전기케이블로 이를 대신할 수 있다. 엔진을 원하는 위치에 장착하거나 소형 엔진 2개로 나누어 장착하는 것도 가능하므로 공간 활용성이 좋으며, 자체적으로 대전력의 전기를 생성하고 있어 별도의 보조발전기 없이 자체적으로 APU 기능을 내장시킬 수 있는 설계가 가능하다. 따라서 대용량의 전기용량을 필요로 하는 전기/전자무기의 탑재가 가능하며, 대전력을 이용한 전자기 방호설계도 가능할 뿐 아니라 모듈화 설계가 용이하여 계열차량 구성이 용이하다.

미국은 FCS[37] 사업을 통하여 개발되는 모든 장비에 직렬형 하이브리드와 전기구동장치를 탑재하여 시제제작 및 시험평가를 실시한 바 있으며, 유럽도 하이브리드 동력 및 전기구동장치 개발에 많은 연구개발을 추진하여 최근 수년간 실험시제를 제작하여 많은 시험평가를 실시하였으며, 2007년 6월 스톡홀름에서 개최된 AECV[38]2007에서 하이브리드 동력 및 전기구동

---

37) FCS: Future Combat System 미래전투체계.
38) AECV: All Electric Combat Vehicle 완전 전기전투자량.

시스템의 개발 및 시험평가가 성공적으로 완료되었음을 발표하였고, 그간 장애기술로 인식되어 온 구동장치 및 배터리의 신뢰도에 대해서도 충분한 입증을 거쳐서 안정화되었으며, MTBF[39]는 기존동력장치 대비 2배 이상 우수한 것으로 확인되었다.

표 1-9 JLTV 전술 차량 개발 현황

구분	형상	중량	최고속도	엔진	배터리	비고
AHED		17~30	105	350	230	GDLS '00~'13
RST-V		3.8	120	110	100	GDLS '99~'01
CVED		28	120	420	미확인	남아공
DPE 6by6		18	110	420	120	Giatte 프랑스
VT-E		13	102	200	미확인	독일

출처: 국방과학기술조사서(국방기술품질원, 2007년).

유럽 국가들은 하이브리드 동력장치 주요 부품의 초기 개발비용 부담을 극복하기 위하여 공동개발/생산을 추진하고 있고, 2009년부터 생산에 착수

---

39) MTBF: Mean time between Failures 평균 무고장 시간, 시스템의 고장 발생 평균 시간을 나타낸다.

하여 2014년에 실전에 배치할 계획이다. 연구개발이 진행되고 있는 강력한 미래무기체계는 엄청난 전기에너지를 필요로 할 것이다. 기존의 동력장치를 이용한 차량에 미래무기체계를 탑재하는 것이 불가능하고, 연료전지 및 태양열 에너지의 활용이 실용화될 경우는 모든 구동장치가 전기구동방식이어야 하므로 하이브리드 동력장치는 필연적인 미래무기체계의 기술발전 추세로 판단된다. 그러나 국내에서는 군수장비에 하이브리드 및 전기구동을 적용한 사례가 없으며, 최근 국과연 주관으로 개발하고 있는 견마로봇 무인차량 체계에 하이브리드 및 전기구동체계를 최초로 적용하여 개발에 착수하는 등 하이브리드 및 전기구동 체계를 가진 전투체계 개발을 준비하고 있다.

다. 전술 차량(戰術車輛)

전술 차량은 주로 전투지원을 위해 병력 및 물자 수송을 주목적으로 하며, 기본 차체를 활용하여 화기탑재, 전술지휘 및 화력통제 등의 임무에 운용되는 차륜형 기동장비이다. 운용목적에 따라 대전차, 정찰, 무기탑재 등의 임무를 수행하는 전투 차량, 전술지휘, 화력지원 임무 등을 수행하는 전투지원 차량 그리고 병력, 물자 지원 및 구급 임무를 수행하는 전투근무 지원 차량 등으로 구분할 수 있다. 미국 등 서방 선진국에서는 복합형 전기식 동력장치인 하이브리드 엔진을 개발하여 공간 활용성을 극대화하고 민첩성, 효율성 및 비닉성을 증대시켜 생존성을 향상시키는 연구가 활발히 진행되고 있다. 특히 미국에서는 운용 중인 HMMWV[40]의 제한 사항을[41] 극복하기 위하여 전술부대별 임무유형, 탑재장비 및 수송성 등을 세분화하여 2003년 개발을 시작하였다. 2010년 이후 전력화를 목표로 <표 1-9>와 같이 기본차량의 설계개념을 정립하였으며, 기계식 동력장치와 전기식 동력

---

40) HMMWV: High-mobility Multipurpose Wheeled Vehicle 고기동성 다목적 차량.
41) 제한 사항: ① 적재중량 제한으로 인한 신규무기체계 탑재 제한 ② 방탄성능(생존성) 열세로 국지전 및 대테러전에서 인명손실 발생 ③ 부대별 다양한 임무수행 제한.

장치를 병행하여 사용할 수 있는 하이브리드 동력장치를 적용하였다.

구분	정찰 차량	전투 차량	전투지원 차량
형상			
구동방식	기계식＋전기식 동력장치	기계식＋전기식 동력장치	기계식＋전기식 동력장치
공차중량	2,200㎏	5,500㎏	6,500㎏
방호	7.62㎜탄	7.62㎜탄	7.62㎜탄

전투 차량용 동력장치는 경량화, 고속 기동성, 발열 및 소음감소를 목표로 미래전투체계(FCS)와 연계하여 전기식 동력장치 개발에 중점을 두고 진행될 것이다. 우리나라는 민수 차량의 동력장치를 군 특성에 맞게 개조하여 활용하고 있으나, 야지 운용성, 군수지원성, 전투지원 효율성, 승무원의 안전성 등을 고려한 동력장치 개발을 추진하여야 한다. 특히 선진국에서 추진하고 있는 하이브리드형 동력장치 개발을 위하여 민간 분야의 첨단기술을 활용할 수 있는 역량도 키워 나갔으면 한다.

5. 차세대 전기식 동력장치

전기식 동력장치는 경유, 휘발유 등 화석연료를 전혀 사용하지 않고 연료인 수소(천연가스, 메탄올 등)와 산화제인 산소(공기)의 화학에너지를 전기화학적 반응에 의해 전기에너지로 직접 변환하는 발전장치로 전기와 열을

---

42) 출처: 국방과학기술조사서(국방기술품질원, 2007년).

동시에 생산하는 최첨단 동력장치이다. 산화·환원반응을 이용한다는 점에서는 보통의 화학전지와 같지만 닫힌 계내(系內)에서 전지반응(電池反應)을 하는 화학전지와는 다르게 반응물이 외부에서 연속적으로 공급되어 반응생성물이 연속적으로 계외(系外)로 제거된다. 가장 전형적인 전기식 동력장치의 형태는 수소-산소 방식이다. 원리는 1839년 영국의 W. R. 그로브가 발명하였으나 세상의 관심을 가지게 된 것은 '50년대 후반이며, 영국의 F. T. 베이컨이 '59년 5KW의 수소-산소 연료전지를 실증시험(實證試驗)함으로써 각광을 받아 '60~'70년대에 걸쳐 제미니 및 아폴로 우주선에 탑재하였다.

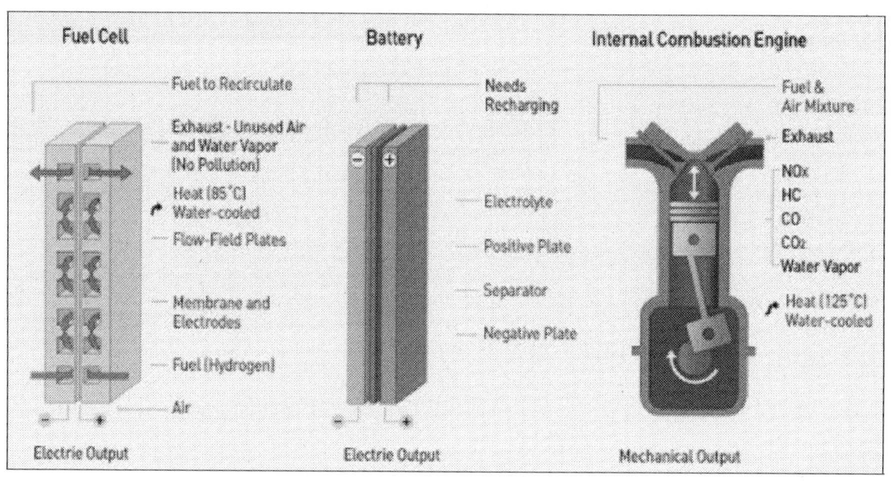

그림 1-41 유형별 동력장치의 차이점

전기식 동력장치는 공해배출이 거의 없는 무공해 에너지로서 획기적인 효율 향상으로 대량의 에너지 절약이 가능하며 작은 공간에 설치할 수 있다는 장점이 있다. 수소, 메탄, 천연가스 등의 화석연료(化石燃料)를 사용하는 기체연료형과 메탄올(메틸알코올) 및 히드라진과 같은 액체연료를 사용하는 것 등 여러 종류가 있다. 작동온도가 300℃ 정도 이하의 것은 저온형, 그 이상이면 고온형이라고 하며 발전효율의 향상 또는 귀금속 촉매를 사용하지 않는 고온형의 용융탄산염(溶融炭酸鹽)을 2세대, 보다 높은 효율로 발전을 하는 고체전해질 연료전지를 3세대라 한다.

가. 전기식 동력장치 유형

1) 알칼리형(AFC: Alkaline Fuel Cell)

'60년대 군사용(우주선: 아폴로 11호)으로 개발되었으며 수산화칼륨을 전해질로 사용한다. 수소를 연료로 사용하고 산화제로는 순수 산소를 쓴다. 운전 온도는 대기압에서 $60 \sim 120\,^{\circ}\mathrm{C}$이다. anode의 촉매는 니켈망에 은을 입힌 것 위에 백금-납을 사용하고, Cathode는 니켈망에 금을 입힌 것 위에 금-백금을 쓴다. 알칼리 동력장치의 고효율화의 기본적인 목적은 자동차 산업의 전원 공급용이다. 알칼리 동력장치는 알칼리가 이산화탄소에 민감하기 때문에 인산형 동력장치의 개발보다 늦게 개발되었다. 알칼리 동력장치 시스템에서 수소의 저장과 이산화탄소의 경제적인 제거는 알칼리 동력장치의 실용화에 가장 중요한 요소이다. 자동차의 경우에 알칼리 동력장치가 확보할 수 있는 시장 비율은 경쟁성 기술에 의하여 영향을 받을 것이다. 알칼리 동력장치 기술 전망은 수소 저장과 대규모 상업화를 시작하기 전에 유통망(distribution)의 개량을 필요로 한다. 과학자들에 의하여 오랫동안 주장되어 온 수소에 기초한 전기식 동력장치의 상업화를 선호할 것이다.

2) 인산형(PAFC: Phosphoric Acid Fuel Cell)

'70년대 민간 차원에서 개발된 1세대 동력장치로 병원, 호텔, 빌딩 등 분산형 전원으로 사용된다. 미국, 일본에서는 실용화 단계에 있으며 휴대용, 자동차용, 고정용 전원으로 활용할 수 있다. 전기 생산에 비교적 순수한 수소(70% 이상)를 요구하며 전극은 탄소 지지체의 표면적 위에 촉매로서 백금이나 백금 혼합물을 포함한다. 인산형 동력장치의 운전 온도는 약 $200\,^{\circ}\mathrm{C}$이며 인산 전해질의 안정도를 위하여 허용하는 최댓값이다. 현재까지 순수한 발전 효율은 $40 \sim 50\%$ 정도이며 보다 높은 효율을 갖기 위해서는 전지

와 스택 구성품의 지속적인 개발에 의한 종합시스템 제어에 의존하여야 한
다. 예를 들면 인산형 동력장치의 반응이 발열 반응이므로 동력장치를 20
0℃로 유지하는 것이 최적의 운전 조건이므로 생성되는 반응열을 이용하면
효율을 70% 이상 높일 수 있다.

3) 용융탄산염형(MCFC: Molten Carbonate Fuel Cell)

'80년대부터 연구된 2세대 기술로 대형 발전소, 아파트단지, 대형건물의
분산형 전원으로 이용된다. 미국, 일본에서는 기술개발을 완료하고 성능평
가를 진행하고 있다. 전해질은 낮은 용융점을 가지는 탄화리튬과 탄화포타
슘의 혼합물이며 전극은 다공성 니켈로서 부식성과 내구성 향상에 주안을
두고 있다. 용융탄산염형 기술의 장점은 일산화탄소, 이산화탄소 및 수소에
대하여 내성이 있다는 점이다. 일산화탄소, 이산화탄소의 분리공정이 필요
한 다른 방식보다 초기 투자비가 낮고 시스템 설계가 매우 단순해지는 결
과를 가져온다. 운전온도는 약 650℃이고, 전지스택의 열로 전지 내부의 탄
화수소 기체를 개질할 수 있다.

4) 고체산화형(SOFC: Solid Oxide Fuel Cell)

'80년대부터 개발된 3세대 기술로 MCFC보다 효율이 우수하여 대형 발전
소, 아파트단지, 대형 빌딩의 동력장치로 이용되며, 선진국에서는 가정용,
자동차용으로도 연구되고 있다. 탄화수소를 직접 전기로 변화시킬 수 있으
며, 전해질은 안정화된 산화이트늄으로 가스가 스며들지 않은 산 이온이 효
율적으로 접촉하고 있는 얇은 산화지르코늄 층이다. Cathode는 안정된 산화
이트늄으로 된 지르코늄으로 만들어졌고, anode는 니켈 – 지르코늄 세라믹
합금으로 만들어졌다. 고체산화물형 동력장치의 가장 독특한 특성은 운전
온도가 약 1000℃로서 매우 높다는 것이다. 이 온도에서 수소와 일산화탄
소의 전기 화학적 산화 반응이 일어나고 촉매 없이 연료가 개질된다. 운전
온도 1000℃에서 금속 재료의 적당한 열적 – 기계적 강도를 요구하기 때문

에 가스 누출 방지가 가장 중요한 애로 사항이다. 고체산화물형 전기식 동력장치를 실용화하기 위해서는 세라믹 재료 기술의 개발이 선행되어야 한다.

5) 고분자전해질형(PEMFC: Polymer Electrolyte Membrane Fuel Cell)

'90년대부터 개발되기 시작한 4세대 기술로 가정용, 자동차용, 이동용 전원으로 이용되며 현재 가장 활발하게 연구되는 분야이다. 고분자전해질형 동력장치의 전해질은 액체가 아닌 고체 고분자 중합체(Membrane)로서 다른 방식과 구별된다. 인산형 및 알칼리형 동력장치 시스템과 비슷하게 멤브레인을 이용하는 방식은 백금을 촉매로 사용한다. 멤브레인 동력장치의 개발목표는 최소 1.5g/KW의 백금 촉매를 쓰는 것이다. 백금 촉매는 일산화탄소에 의한 부식에 민감하므로 일산화탄소의 농도는 1000ppm 이하로 유지하여야만 한다. 고분자전해질형 동력장치의 소형화는 자동차용 동력장치 개발에 가장 중요한 역할을 한다. 개발사업은 인산형 동력장치보다 약 10년이 뒤져 있지만, 인산형에 비해 저온에서 동작되며, 출력 밀도가 크므로 소형화가 가능하며, 기술이 인산형과 유사하여 응용 기술의 적용이 쉽다는 장점이 있다. 현재 몇 개의 시범용 고분자전해질형 동력장치 실험에서 우수하다고 평가되어 더 많은 연구가 진행되고 있다.

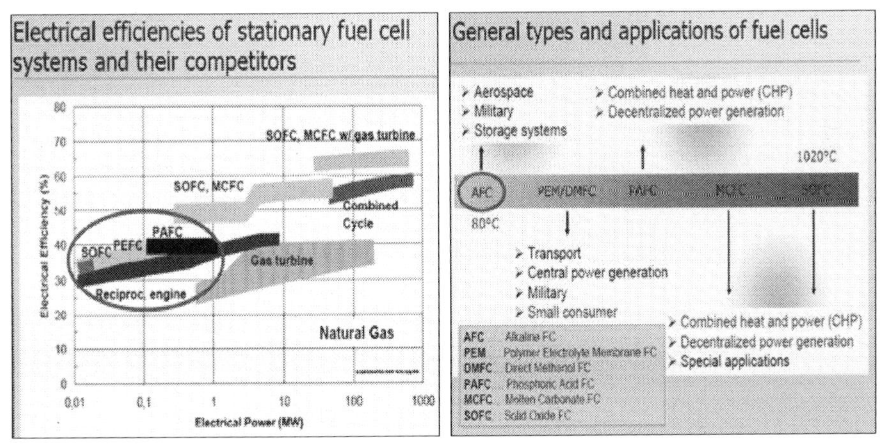

┃그림 1-42 유형별 전기식 동력장치 특성

6) 직접메탄올형(DMFC: Direct Methanol Fuel Cell)

메탄올을 직접, 전기화학 반응시켜 발전하는 시스템으로 전해질은 이온 교환막에 인산을 담지(擔持)시킨 것이다. 작동 온도는 150℃로 비교적 저온이며 PEFC와 비교하여 개질기를 제거할 수 있으며, 시스템의 간소화와 부하 응답성의 향상이 도모될 수 있는 장점을 갖고 있다. 그러나 반응 속도가 낮은 것에 의한 저출력 밀도, 다량의 백금 촉매의 사용과 메탄올과 산화제의 Cross Over(고체 고분자 막을 통과하는 것) 등의 단점도 있다.

나. 전투장비용 전기식 동력장치

영리를 목적으로 하는 민간업체는 소요량이 많고 이윤을 많이 낼 수 있는 동력장치 개발에 관심을 가진다는 것은 너무나 당연한 사실이다. 지금까지 기계식 동력장치를 생산하였던 실적들을 분석하여 보면 국내 사용량이 많은 승용차 엔진 위주의 연구개발 및 생산이 이루어졌다는 것을 알 수 있다. 국내 소요량이 적은 350마력 이상의 동력장치들은 수입에 의존하였다. 전차, 장갑차 등 전투장비의 동력장치는 야지에서도 일정 속도 이상으로 달려야 한다는 작전운용능력(ROC)을 충족하기 위해서는 대용량의 동력발생장치를 장착하여야 하는데 민수장비에서는 찾아볼 수 없는 크기이다.

따라서 전투용으로 개발될 전기식 동력장치는 민간업체에서 연구개발을 주저하는 대용량이 되어야 한다. 전투장비 중에서 가장 큰 동력장치를 장착하고 있는 장비는 전차이다. 전차의 동력장치는 세계적으로 1,500마력이 주류를 이루고 있으므로 전기식 동력장치도 1,500마력 수준으로 개발하는 것이 타당하다. 반면에 중량 및 부피는 기계식 동력장치의 1/3 수준으로 개발하여 전차의 기동력을 향상시켰으면 한다. 지구온난화 등 미래 환경을 고려하여 가동온도 등을 설정하는 것이 타당하며 10년 이상 장기간 연구 개발되어야 하는 측면을 고려할 때 현재의 기술 수준보다는 미래의 기술 수준을 고려하여 각종 요구 성능을 결정하였으면 한다.

6. 맺음말

인류문명은 생활에 필요한 도구를 제작하고 제한 사항을 극복하면서 발달되어 왔다. 어려움을 슬기롭게 해결한 민족은 번영이라는 월계관을 쓸 수 있었으나 극복하지 못하고 좌절한 민족은 지구상에서 사라져야 하는 패배의 쓴잔을 마셔야 하였다. 석유 한 방울 나지 않는 대한민국이 세계 10위권의 경제성장을 이룩한 것은 기적이 아니고 민족의 저력(底力)이라 생각한다. 40년 뒤 석유가 완전히 고갈되었을 때 대한민국은 어떻게 살아갈 것인가? 지금부터 준비하지 않으면 국가안전보장도, 경제성장도, 복지정책도 물거품이 될 것이다. 이러한 측면에서 전기식 동력장치 개발은 추진하여도 되고, 추진하지 않아도 되는 선택의 문제가 아니라 꼭 하여야만 되는 생존전략 차원의 필수과제이다.

새로운 과학기술을 전투현장에 접목하면 비약적인 무기체계의 발전이 이루어지고, 전략·전술도 새롭게 바뀌게 된다. 전기식 동력장치를 개발하여 무기체계에 장착하면 전차, 장갑차 등 기동무기체계는 물론 타 무기체계에도 일대 혁신을 일으킬 것으로 예측된다. 전차가 잠수도하를 하기 위해서는 엔진연소용 공기 흡입, 차내 승무원의 호흡을 위하여 스노클(snorkel)이라는 환기장치를 사용하는데 전기식 동력장치를 장착하면 스노클이 없어도 잠수도하 등이 가능하여진다. 이는 작전속도의 향상을 통한 적보다 기동의 우위를 차지함에 따라 전쟁에서 승리할 수 있는 핵심요인이 된다. 또한 기계식 동력장치에서는 심각한 소음이 발생하여 아군 기동이 노출될 수밖에 없으나 전기식 동력장치는 기도비닉(企圖秘匿)하 정숙기동이 가능함에 따라 전략·전술의 변혁도 발생하게 된다.

이처럼 전기식 동력장치는 산업혁명 이후 인류문명의 발전을 주도하였던 화석에너지가 고갈되어도 지속적인 인류문명의 발전을 보장할 수 있음은 물론 어떤 적군의 공격이 있더라도 삼천리 금수강산을 보호하고 국민의 생명과 재산을 지킬 수 있는 전투력을 건설하는 데 꼭 필요한 핵심연구라 할 수 있다. 어려움이 있더라도 개발에 필요한 인적 자원, 기술, 예산 등의 제한 사항은 우리 모두의 노력으로 극복하여야 한다. 많은 선열들이 피와 땀으로 지켜 온 조국 대한민국이 더욱 발전할 수 있도록 우리의 정성과 노력을 합쳐 나갔으면 한다.

　　대한민국 국군이 창설된 이후 무기체계 현대화를 위하여 수많은 노력을 경주하여 왔으며 때로는 대내외적으로 괄목할 만한 성과를 제시하였다. 그러나 야전부대에 배치된 전투장비의 성능 보장을 위한 주기적인 예방정비, 고장정비, 운용실적을 입력한 자료를 활용하여 현행 장비의 장단점을 분석한 결과가 신규 무기체계 개발에 반영되지는 못하였다. IT기술의 발달과 장비정비정보체계 개발로 인하여 정비·운용 데이터의 수집이 가능하게 됨에 따라 전투장비관리 백서(가칭)를 주기적으로 발행하여 새로운 무기체계 개발 및 각종 장비·정비정책 수립에 활용하였으면 한다.
　　∴ 전투발전 세미나 발표 주제, 병기병과 길라잡이 창간호 투고

1. 개 요

　　1946년 1월 15일 태릉에서 남조선국방경비대가 창설된 이후 우리 군은 북한 공산주의의 적화통일(赤化統一) 야욕에 대응하기 위하여 강력한 군사력 건설 활동을 추진하여 왔으나 부족한 국방비 및 과학기술의 낙후로 인하여 첨단 무기체계를 개발한다는 것은 꿈에서나 가능한 일로 여겨 왔다. '70년대부터 국제정세 변화 및 북한 위협의 증가로 인하여 자주 국방의 필요성을 절실하게 느꼈으며, 경제개발 5개년계획 추진으로 축적된 경제력을 바탕으로 '74년 2월 25일 율곡사업이라 명명된 '국방 8개년 계획'을 수립하여 83조 원 이상의 예산을 투입하여 전력증강 사업을 추진하였다. 사업

초기에는 총포, 탄약, 통신장비, 차량 등 기본 무기체계의 전력화에 중점을 두었으나, '80년대 이후에는 기 조성된 무기체계 개발 여건을 토대로 전차, 항공기, 유도탄, 함정 등 정밀무기의 국산화를 목표로 추진하였다. 이 시기의 무기체계 개발은 미국 등 선진국가에서 운용 중인 무기체계를 모방개발 수준으로 핵심 구성품 및 결합체는 수입에 의존하는 등 진정한 의미의 무기체계 개발이라고 표현하기에는 미흡하였다.

이제 우리의 경제력도 세계 10위권 수준으로 발전하였으며 과학기술도 빠른 속도로 발전하고 있어 새로운 전술교리에 의한 새로운 무기체계를 개발할 수 있는 능력을 어느 정도 갖추었다는 평가를 받고 있다. 지금까지의 관행(慣行)에서 벗어나 진정한 의미의 신규 무기체계를 개발하기 위해서는 선진국가 및 민간업체에서 채택하고 있는 시스템공학 등 최신 기법들을 과감하게 적용하여야 하며, 전투부대 및 정비부대에서 유사 무기체계를 운용하고 정비하는 과정에서 축적된 데이터를 적절하게 활용하여야 한다. 따라서 여기에서는 무기체계 획득환경 변화에 따른 최신 관리기법 소개, 정비·운용제원 관리 실태 및 발전방향에 대하여 살펴보고 마지막으로 정비·운용 데이터의 신규 무기체계 개발 환류 활성화 방안을 제시하고자 한다.

2. 안보 및 무기체계 획득 환경 변화

가. 안보환경 전망

최근 세계 안보환경의 두드러진 특징은 체제대립(體制對立)의 종식(終熄)에 따라 국가 간 전면전 가능성은 상대적으로 감소하고 있으나 테러, 국제조직범죄, 대량살상무기(WMD)[43] 확산, 자연재난 등 초국가적이고 비군사

---

43) 대량살상무기(WMD: Weapons of Mass Destruction)는 핵, 화학, 생물학 무기 등과 같이 대량 살상 및 파괴를 유발하는 무기들을 총칭한다.

적인 요소가 국가안보와 세계평화에 새로운 위협요인으로 등장하였다는 것이다. 이러한 상황에서 미국 주도의 대테러 국제공조를 통하여 강대국 간 협력을 강화하고, UN 중심의 테러 예방과 대량살상무기 확산 방지를 위한 국제협력이 활성화되고 있다. 이념대립에서는 벗어났지만 다양한 형태의 갈등으로 오히려 국지분쟁이 증가하고 세계평화와 안정에 대한 위협은 지속될 것으로 전망된다.

특히 동북아시아에는 세계 최대 규모의 군사력이 집중되어 있으며 대부분의 국가들이 적극적으로 군비확장이나 군사혁신을 통하여 군사력을 첨단화하고 새로운 안보환경에 대처하려는 노력을 강화함으로써 동북아지역 안보정세의 불안전성과 불확실성은 지속되고 있다. 중국은 '첨단기술 조건 하의 국지전 승리' 전략으로 신속대응능력 강화와 정보전 능력 향상에 주력하고 있으며, 일본은 '신방위계획 대강'을 기초로 정찰위성 조기 확보, 신형 이지스함 및 헬기모함 건조 등을 추진하고 있다. 강력한 러시아 재건을 모토로 내세운 러시아는 핵 강국의 위상을 유지하는 동시에 첨단화된 재래식 무기와 항공·우주 전력을 적극적으로 개발할 것으로 예상된다. 또한 우리와 대치하고 있는 북한은 극심한 경제적 어려움에도 불구하고 '선군정치(先軍政治)'의 깃발 아래 사회주의 강성대국 건설을 통한 체계강화에 주력하고 있으며, 우리와의 교류 및 협력증진을 추진하면서도 한편으로는 우리의 자유민주주의 체계를 전복하기 위한 노력을 계속할 것으로 판단된다. 따라서 국가의 최후 보루(堡壘)인 우리들은 투철한 국가안보 의식 고취 및 전투준비 태세 확립에 더욱 매진(邁進)하여야 한다.

나. 무기체계 획득 환경 변화

자유민주주의 국가진영과 공산주의 국가진영이 대립하였던 냉전체계가 붕괴되면서 무기 구매 소요도 크게 감소되었다. 무기수주량이 감소되어 생산공장 가동률이 떨어지자 선진국들은 정부 차원에서 무기 수출 지원, 국가

간 공통 연구개발 및 생산을 추진하고 있다. 영국은 '방산판매청(DESO)'[44] 이라는 무기수출 지원조직을 신설(新設)하였으며, 프랑스는 국방부 획득본부 산하에 국제협력국을 편성하였고, 미국은 FMS[45]제도 개선을 통하여 무기수출 활성화를 경주함으로써 국제 무기시장의 경쟁을 가속화하고 있다. 그러나 무기체계 선진국들은 전술적인 무기체계의 판매는 경쟁하면서도 전략적 차원의 무기체계 판매와 핵심기술 이전에는 매우 인색(吝嗇)한 정책을 유지하고 있다.

단순 기계식 전투장비가 다수를 차지하였던 우리의 무기체계 획득 소요도 군사과학기술의 발전에 따라 전술/전략적 차원의 첨단 복합무기체계로 바뀌어 가고 있다. 한반도 전략환경 및 지상작전 수행개념의 변화에 따라 전장감시장비, 네트워크중심 지휘통제 장비, 효과중심의 정밀타격장비, 결정적인 공세기동장비, 지속적인 방호 및 지원장비 등의 복합무기체계 소요가 창출되고 있다. 또한 수차례에 걸쳐 무기체계 획득 분야의 개혁이 있었음에도 불구하고 조직·의사결정 시스템 전반에 많은 문제가 있다는 점이 지적되어 민·관 합동위원회를 구성하였으며 Zero-Base 상태에서 근본적, 전면적 개혁방안을 모색한 결과 2006년 1월 2일 방위사업법이 시행되었다. 방위력 개선사업, 군수품 조달 및 방위산업 육성 사업을 관장할 방위사업청이 개청되었으며 이제는 그동안의 성과를 바탕으로 발전적인 대안(代案)을 검토하고 있다.

방위사업청은 주요사업 의사결정기구인 방위사업추진위원회에 외부 전문가를 참여시켰으며 내·외부 감시 시스템을 강화하여 투명성이 확보된 획득 시스템을 구축하였다. 사업추진 과정에서 발생하는 문제점을 신속히 파악, 관리, 시정하기 위하여 통합사업관리제도(IPT),[46] 시스템공학(SE),[47] 성

---

44) DESO: Defense Export Service Organization 방산판매청.
45) FMS: Foreign Military Sales 대외군사판매제도.
46) IPT: Integrated Project Team 통합사업관리팀.
47) SE: System Engineering 시스템공학.

과관리체계(EVMS),[48] 시뮬레이션 기반 획득체계(SBA)[49] 등의 최신 획득제도 및 관리기법의 도입도 추진하고 있다.

3. 시스템공학에 의한 무기체계 획득

가. 시스템이란?

시스템(System)이란 그리스어 'systema'에서 파생되었으며 'an organized whole' 즉 하나로 형성된 조직체를 의미한다. Webster 사전에는 어떠한 특정요구를 충족시키기 위해 주어진 공통목적을 함께 수행하는 상호 연관된 구성품(components)의 통합된 것이라고 기술하고 있다. 시스템 엔지니어링은 2차 세계대전 이후 무기체계 개발 비용 증가와 기술적 복잡성, 시행착오 최소화 등을 해결하기 위하여 강조되었으며, 무기체계의 全 수명주기를 통하여 적용하여야 하는 기술적·관리적 과정으로 기능 수행에 필요한 인적자원, 기술자료, 정비시설, 기술교육 등 다양한 요소(要素)들로 구성된다. 각각의 시스템은 하향식 프로세스(Top-down process)에 의한 계층구조(hierarchy) 형태로 구성되어 기능 및 복합도에 따라 하부 시스템, 결합체, 부품 등으로 구성하여 기능적이고 전체적인 목적을 효과적으로 달성할 수 있다.

---

48) EVMS: Earned Value Management System 성과관리체계.
49) SBA: Simulation Based Acquisition 시뮬레이션기반획득체계.

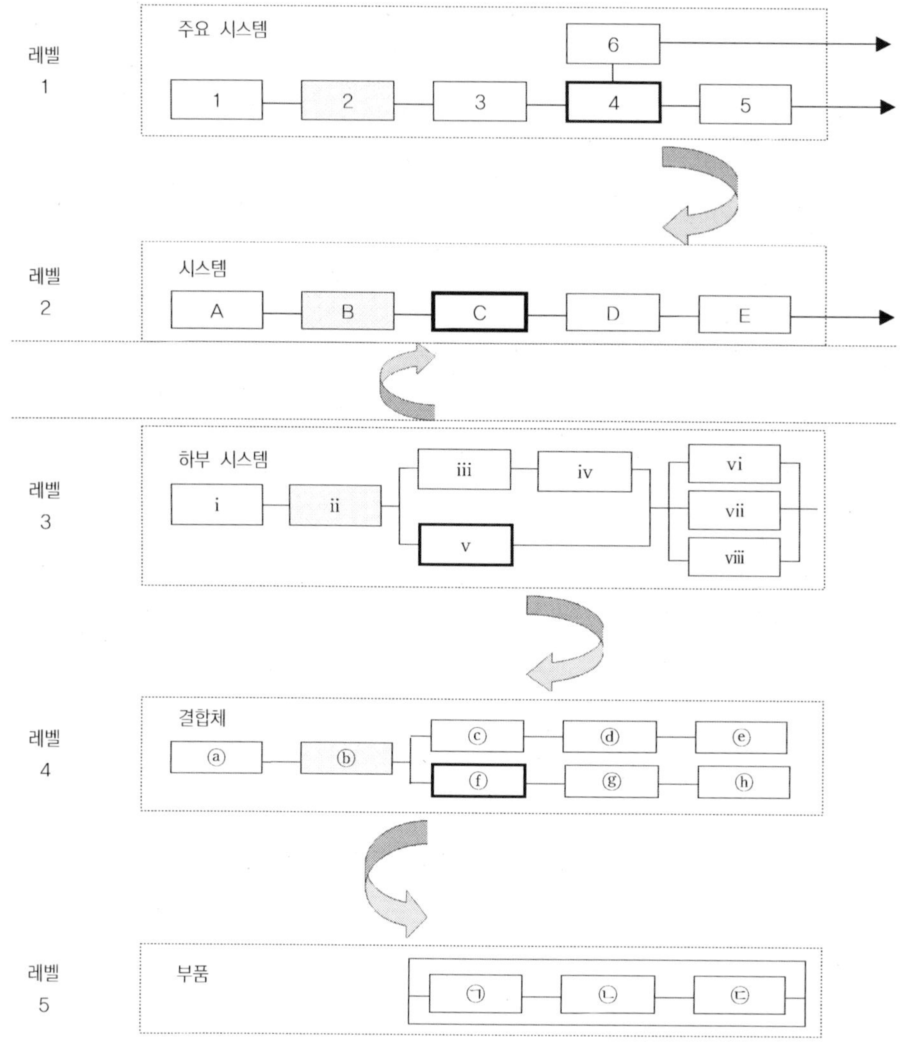

그림 1-43 시스템 구성 '예'

나. 시스템공학 프로세스

시스템공학은 고객의 요구사항을 만족시키는 상품(무기체계)을 만들기 위한 프로세스로서 전기, 전자, 기계 등 많은 분야의 학문 및 소요 제안, ILS, 시험평가, SW, 형상관리 등 많은 기능을 활용하여 무기체계 수명주기간 균

94

형 잡히고 통합된 설계 및 검증하는 점진적인 접근방안을 의미한다. 개발간 설계활동의 기준을 제시하는 개발단계화(Development Phasing), 설계활동을 통하여 문제점 해결 및 요구사항을 추적하기 위한 시스템공학프로세스 (System Engineering Process), 설계과정에 고객을 참여시켜 수명주기 동안 개발된 무기체계의 실용 가능성을 보장하는 수명주기통합(Life Cycle Integration) 활동으로 구성되며 시스템공학 절차는 ① 입력 ② 요구조건 분석 ③ 기능분석/할당 ④ 설계종합 ⑤ 검증 ⑥ 체계 분석 및 통제 ⑦ 출력 단계로 구분할 수 있는데 활동 단계별 중점은 표와 같다.

표 1-11 시스템공학 단계별 활동중점

구 분	주 요 활 동 중 점
입 력	• 요구(needs), 목적, 제한 사항 등 입력 • 향후 설계될 무기체계의 성능 특성과 직접 연관
요 구 분 석	• 고객의 목적과 요구사항 명확화 • 초기성능을 정의하고 성능에 대한 요구조건(Requirement) 명확화
기 능 분 석 할 당	• 요구조건 분석 결과를 기능으로 변환(Functional Architecture 작성) • 하위수준 기능 세분화, 내외적 기능 인터페이스 정의 • 기능블록선도(FFBD), 시계열분석(TLA), 요구조건할당서(RAS) 작성
설 계 종 합	• 기능분석/할당 결과를 기초로 형상을 문서화하는 과정 • 기능구조→물리적 구조 전환, 생산 절차 선정
검 증	• 설계/무기체계에 대한 체계 요구사항 및 조건 충족 여부 검증
체계분석 통제	• 설계대안, 비교분석, 위험분석, 경제성 분석 • WBS,[50] M&S,[51] Metrics, 기술검토 등 활용
출 력	• 각종 문서 생성(기술검토 자료 묶음, 규격서 등)

다. 무기체계 계층구조와 시스템공학 절차

무기체계 계층구조는 무기체계의 요구조건 분석→기능분석 및 할당→설계과정을 반복하면서 구성품, 결합체, 부분품의 모자관계(母子關係)를 구체화한 것이다. 민간업체에서는 BOM[52]으로 호칭하고 있으며 용도에 따라서

---

50) WBS: Work Breakdown Structure 작업분해구조.
51) M&S: Modeling And Simulation 모델링과 시뮬레이션.

설계BOM, 제조BOM, 계획BOM, 조달BOM, 원가BOM, 서비스BOM 등으로 구분하고 있다. 무기체계 개발이 진척(進陟)됨에 따라서 <그림 1 – 44>에서와 같이 주요 구성품·결합체 단위에서부터 볼트·너트까지 세분화되며, 무기체계의 복합도에 따라 차이는 있지만 보통 지상장비는 3∼5단계, 함정은 5∼7단계, 항공기는 10∼12단계까지 나뉜다.

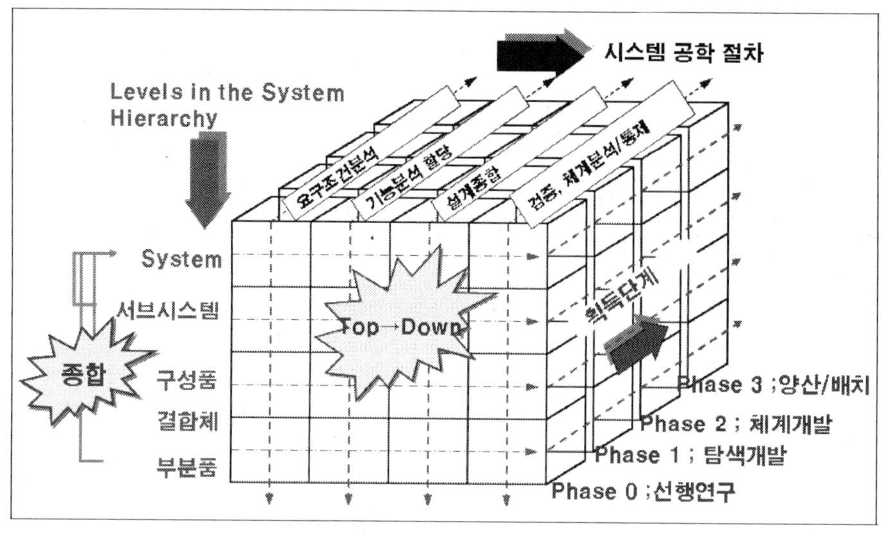

█그림 1 – 44 계층구조와 시스템공학 절차 관계도[53]

　　최근에 완료된 '방위사업청 획득업무 시스템 엔지니어링 적용방안'에 대한 용역연구[54] 결과 보고서는 새로운 무기체계 소요 요청 단계에서부터 시스템공학을 적용하여야 하며, 최소한 3단계까지의 구성품 및 결합체에 대한 요구성능을 구체화하여 제출하는 것을 권장하였으며, 시스템공학 절차에 의한 기관·부대(서)별 임무분장의 법률 및 규정 반영을 추진하고 있다.

　　국제시스템 엔지니어링협회는 시스템공학 절차에 의한 무기체계 개발은

52) BOM: Bill of Materials 자재구매신청서.
53) 출처: 국방대학교 무기체계사업관리 교재(2008년).
54) 방위사업청에서 발주한 용역연구 과제로 '07.8 – '08.1간 한국시스템엔지니어링협회(KCOSE)의 전문 연구요원들이 수행하였다.

기존 개발 절차와 비교하여 기초설계 단계에서는 10%의 비용과 시간이 더 필요하지만 상세설계 이후에는 오히려 비용·시간의 절약이 가능하여 개발 완료 시까지 25%의 개발비용 및 기간의 단축이 가능하다고 주장하고 있으며 다양한 사례들을 제시하고 있다. <그림 1-45>는 기존 개발 절차와 시스템공학 절차에 의한 개발비용·기간을 비교한 자료이다.

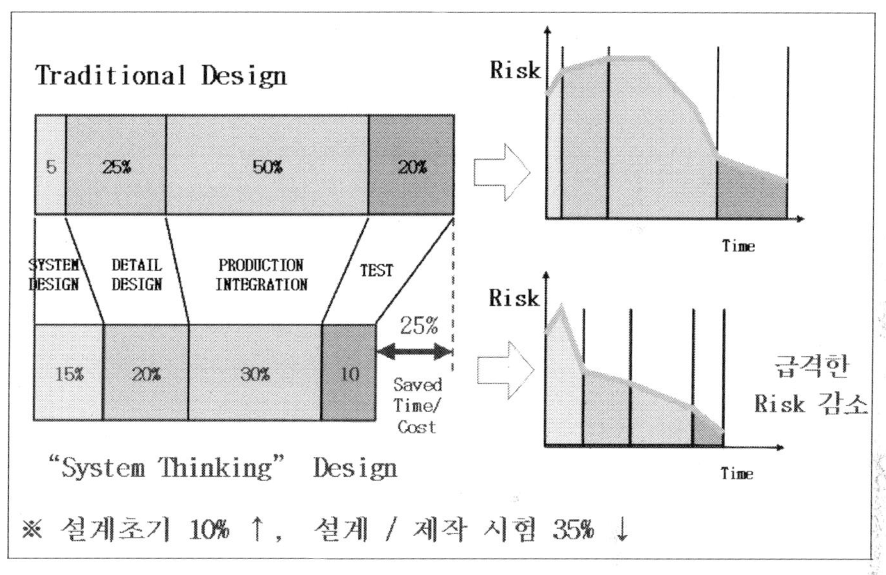

┃그림 1-45 기법별 개발 비용·기간 비교[55]

라. 시스템공학 절차 적용에 필요한 전투장비 정비/운용 데이터

백문(百聞)이 불여일견(不如一見)이라는 속담도 있지만 백지상태에서 새로운 무기체계를 설계하여 개발하기보다는 기존 유사장비의 정비 및 운용 간 축적된 각종 제원을 활용할 수 있다면 신규 무기체계 개발 성공률은 더욱 향상될 수 있을 것이다. 선진국 및 민간업체에서 많은 인력과 예산을 투입하여 정비 및 운용유지 데이터를 구축하고 있는 이유도 바로 거기에 있는 것이다.

---

55) 출처: 국방대학교 무기체계사업관리 교재(2008년).

시스템공학 절차를 적용하기 위해서는 Top-down 개념에 의한 계층구조 DB를 구축하고 정비 및 운용유지에 관한 기초자료 입력작업 시 활용할 수 있어야 한다. 수리부속의 계층구조는 아래 그림에서와 같이 ① 단독 장비 및 구성품에 적용되는 수리부속 ② 단독 장비, 다수 구성품(결합체) 적용되는 수리부속 ③ 다수 장비 및 다수 구성품(결합체) 적용되는 수리부속 등 세 가지 유형으로 분류할 수 있다.

(1) 단독 적용(구성품, 결합체)에만 적용되는 수리부속

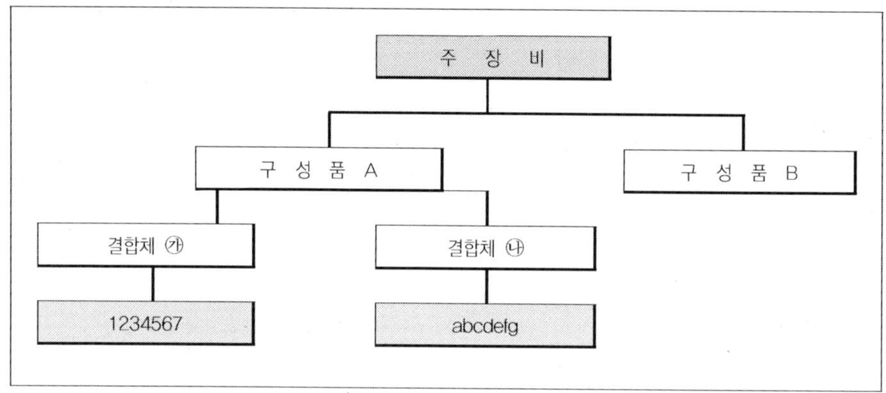

* 결합체 ㉮에는 부품 '1234567'을, 결합체 ㉯에는 부품 'abcdefg'를 기술

(2) 단독 장비, 다수 구성품(결합체) 적용되는 수리부속

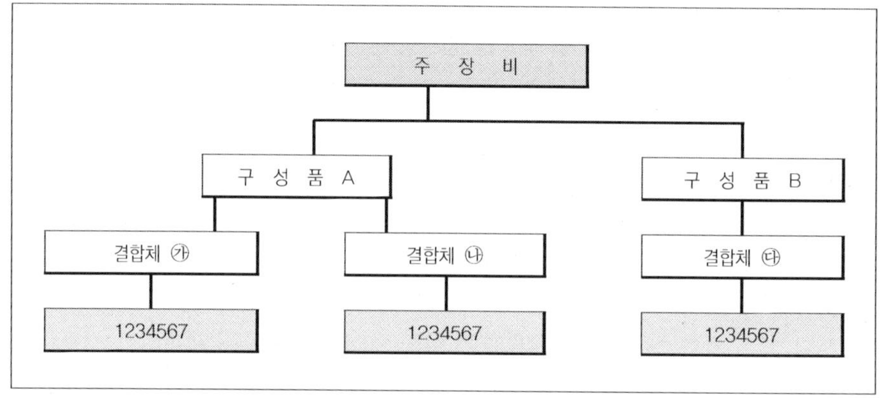

* 부품 '1234567'을 적용하는 결합체 ㉮, ㉯, ㉰ 모두에 기술

(3) 다수 장비 및 다수 구성품(결합체) 적용되는 수리부속

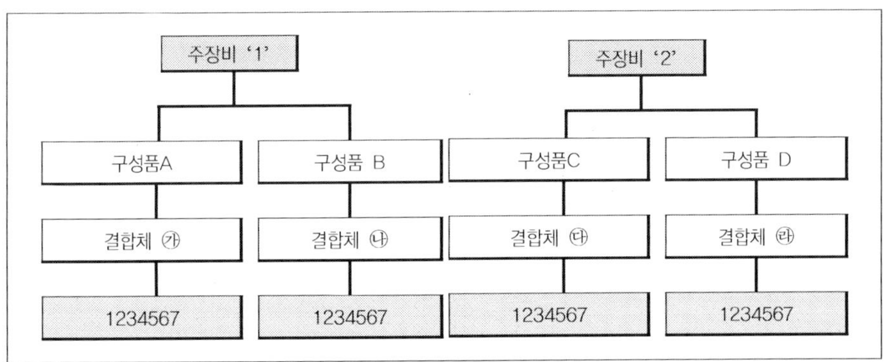

* 부품 '1234567'가 적용되는 장비(구성품)의 모든 결합체에 기술

    이러한 원칙 아래에서 20만여 종에 이르는 수리부속의 계층구조 DB 구축작업은 가용 인력의 제한, 시간 및 예산 부족 등 여러 가지 측면에서 제한이 되었으나 과학화·정보화 육군건설을 갈망하는 병과요원들의 헌신적인 노력 덕분에 비교적 단기간에 완성할 수 있었으며, 최근에 전력화된 신규 무기체계의 계층구조 DB는 설계 단계부터 적용한 자료를 직접 획득하여 구축함으로써 활용도를 크게 향상 시킬 수 있었다. 물론 정비기술이 향상되고 신규장비가 전력화됨에 따라 수리부속 계층구조 DB를 보완할 수 있도록 장비정비정보체계에 이러한 기능을 반영하였다.

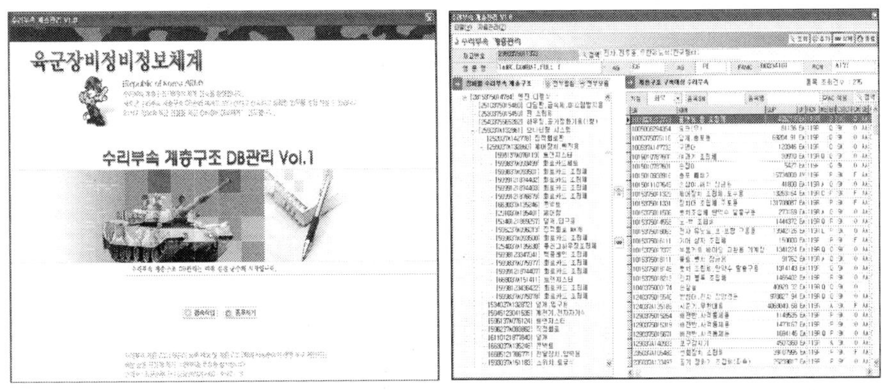

┃그림 1-46 수리부속 계층구조 **DB** 관리 프로그램

4. 장비정비 기초자료 관리 실태 및 발전방향

가. 정비기록관리제도 발전

장비 배치 시부터 폐기 시까지 장비이력, 운용, 정비에 관한 제원을 종합/분석하여 장비/정비관리 정책 수립 및 신장비 연구개발 자료로 활용하기 위한 정비기록관리제도의 중요성은 육군본부에 병기감실이 설치되면서부터 인식하였다. 초기에는 미군제도를 모방하는 수준이었으나 '70년대 이후에는 한국군 실정에 맞는 기록양식을 개발하고, 전산화를 추진하였다. 육군본부에서는 전투장비 이력, 정비, 운용제원 관리를 위한 육군규정을 제정하였으며 학교기관에서는 야전교범 및 팸플릿을 발간하였고, 정비부대에서는 전투장비지휘검사 등을 통하여 정비기록 양식 작성 실태를 확인하는 등 병과(兵科)적인 차원에서 정비기록 활성화 활동을 추진하였다.

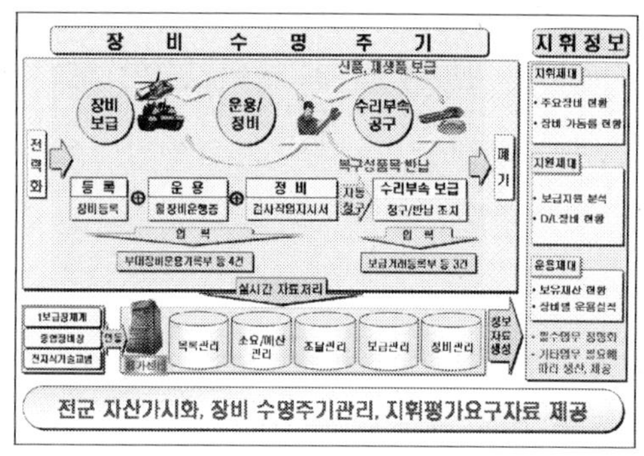

그림 1-47 장비정비정보체계 운용 개념도[56) 및 기초자료 입력 화면

그러나 '82년 4월 기능화 지원체계 전환 및 병기감실 해체 이후 신규 무기체계 개발업무는 기획관리(전력기획) 부서에서 담당하고 병기장교들은 야전 및 창정비 지원을 주로 수행하는 체계로 이원화(二元化)됨에 따라 정비부대 및 편성부대의 정비행정병의 편제표 반영, 정비/운용제원 입력용 컴퓨

---

56) 출처: 육군 장비정비정보체계 운용 개념기술서(2005년).

터 보급, 계량적·통계적 방법에 의한 전투장비관리 기법 개발, 장비가동률과 수리부속 구매예산의 상관관계 정립 등의 업무를 체계적·종합적으로 수행하는 것이 매우 제한되었다. 다행스럽게도 지난 10여 년의 준비기간을 걸쳐 100억 원의 예산과 수십 명의 인력을 투입하여 개발하고 있는 장비정비정보체계 개발방향에 사용자대기시간(CWT[57]), 정비기간(RCT[58]), 장비가동률 등을 입력된 자료에 의하여 자동으로 계산하여 사용자에게 제공하는 시스템 개발요소가 포함되었다.

나. 장비정비 기초자료 축적

창군과 더불어 중요성을 인식하여 각종 규정과 방침에 반영하는 등 부단한 노력을 경주하였으나 정비기록관리제도에 의한 정비기록을 체계적으로 관리하는 조직과 제도의 발전은 매우 더디게 발전되어 왔다. 정비기록의 중요성은 인식하면서도 1,700여 편성부대별로 분산 입력한 자료를 종합 관리하기 위해서는 제대별 조직과 인원편성이 필수조건이지만 전투 위주의 군 구조 편성 및 운용에 중점을 두었기 때문에 제대로 관리할 수 있는 형편은 아니었다.

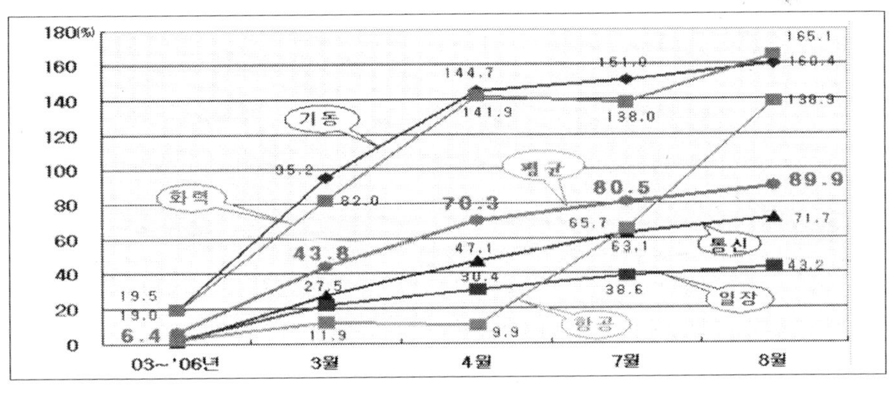

┃그림 1-48 월별 장비정비 기초자료 수집 현황('03 ~ '07년 8월)

57) CWT Customer Wait Time 사용자가 군수품을 청구하여 수령하기까지 소요되는 시간.
58) RCT Repair Cycle Time 상급 정비부대에 입고한 장비를 정비 완료하여 불출하기까지 소요되는 시간.

첨단 정보기술을 접목한 장비정비정보체계 개발이 본격화되면서 차츰 기초자료의 중요성을 인식하게 되었으며 2004년 후반기부터는 편성부대자원관리제도에 의하여 입력된 검사작업지시서, 월장비운행증 등의 기초자료를 군수사령부에서 관리하도록 하였다. 그러나 <그림 1 - 48>에서 보는 바와 같이 입력실적은 평균 6.4% 수준으로 정비정책 및 예산편성의 기초자료로 활용하기에는 턱없이 부족하였을 뿐만 아니라 정상적인 데이터를 입력하지 않은 경우도 다수 발견 할 수 있었다. 예를 들면 ○○사단 ○○대대에서는 개인화기 1정을 정비하는데 5,000인시가 투입되었다고 입력하였으며, ○○사단 ○○연대에서는 화학자동경보기 1대에 1조 원의 정비비용이 투입되었다고 입력하였고, ○○사단 ○○대대에서는 M60기관총 1정에 7,146,787원의 정비비용과 개인화기 1정에 216점의 수리부속이 투입되었다고 입력하는 등 자료의 신뢰성에 의문을 가질 수밖에 없는 수준이었다. 아무리 좋은 프로그램을 개발하더라도 이런 자료를 그대로 활용한다면 결과는 어느 곳에서도 사용할 수 없는 쓰레기 결과를 출력하여 또다시 군수업무에 대한 불신을 초래할 수밖에 없을 것이다. 따라서 장비정비 기초자료 구축에 대한 체계적인 수집체계 구축, 분석, 환류에 대한 전군적인 공감대 형성이 필요하다고 판단하였으며 군단단위 소집교육, 월간단위 분석평가 및 자료 배포, 주요 지휘관 이메일 발송 등의 업무를 지속적으로 추진한 결과 <그림 1 - 48>에서와 같이 입력 자료가 폭발적으로 증가하였으며 50여 개 항목에 이르는 신뢰성 검토결과 착오율도 0.0001% 이하로 감소하여 당장 활용할 수 있는 수준에 도달하였다.[59]

다. 장비정비 기초자료 관리 향상방안

최근 들어 정책부서 및 연구기관에서는 무기체계 정비/운용에 관한 자료

---

59) 100%가 초과되는 현황은 예방정비 실적 및 고장정비 실적이 통합하여 집계된 경우이다.

를 수집하여 관리하는 다수의 정보체계를 개발 및 운용하고 있다. 육·해·공군에서 개발 중인 장비정비정보체계, 국방기술품질원의 RAM-D 기반의 야전운용제원 DB체계, 방위사업청(국방과학연구소)의 솔로몬체계 등이 그것이며 국방연구원에서도 수리부속 소요 예측을 위한 별도의 시스템 개발을 고려하고 있다. 각 기관(부서)에서 개발(운용)하고 있는 정보체계는 각 기관(부서)에서 수행하는 업무와 필요한 정보의 수준 및 종류에 따라 설계하고 프로그램화하였기 때문에 상호운용성 측면에서는 좋은 점수를 받을 수 없는 실정이다. 기초자료 입력자가 상이하다면 별도의 정보체계를 개발하여 운용하는 것이 타당하겠지만 동일한 야전정비부대 및 운용부대에서 입력하여야만 하는 경우에는 통합 설계하고 자료를 공유하는 방향으로 발전하여 나가야 할 것이다.

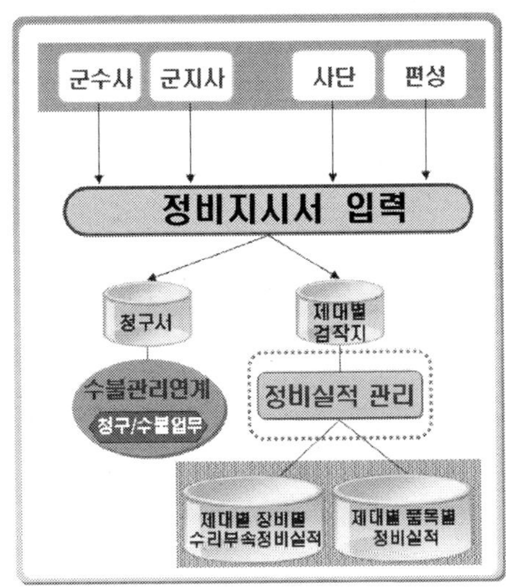

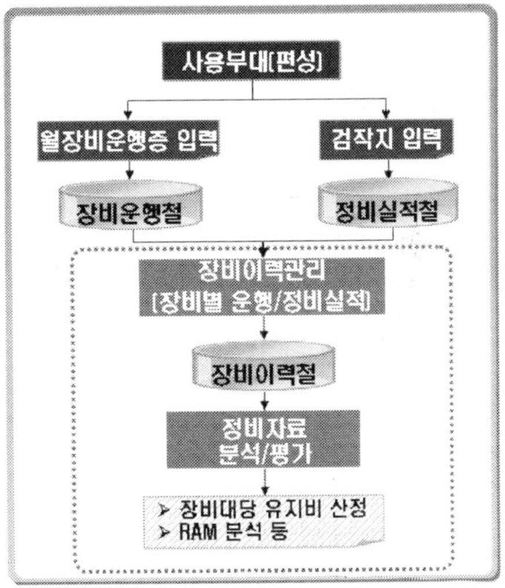

┃그림 1-49 장비정비 기초자료 관리 모델[60]

또한 정비활동 결과를 입력하는 즉시 수리부속이 자동적으로 청구되고 소모·삭제될 수 있는 정보체계의 개발도 필요하다. 지금까지 개발된 정보

---

60) 출처: 육군 장비정비정보체계 개발계획서(’05.12.).

체계는 정비활동과 수리부속 청구를 각각 별개의 업무로 수행할 수밖에 없어서 동일 유형 부대별 청구·소모실적 및 고장발생 유형 분석이 제한되었으며 연간소요량의 2배 이상의 수리부속 재고를 보유하게 되는 현상이 발생하였다. 따라서 검사작업지시서(정비지시서) 입력 자료를 활용하여 수리부속이 자동으로 청구되는 체계를 개발하고 시스템공학 차원에서 구축한 계층구조 DB를 활용할 수 있도록 하여야 한다.

지금까지 서류형 장비종합이력부를 수기(手記) 관리함으로써 투입된 노력에 비하여 활용도가 매우 미흡하였다는 것은 주지(周知)의 사실이다. 첨단 IT기술로 무장한 21세기형 육군에서 사용하기에는 진부하므로 정비실적과 운용실적을 통합한 통장식 장비종합이력부를 개발하여 사용하는 것이 타당하다고 판단된다. 자동적으로 대당유지비 산정 및 RAM 값을 제공할 수 있는 수준이어야 한다.

5. 장비정비 DB의 신규 무기체계 환류 발전방향

가. 체계적인 장비·정비 운용 인프라 확충

창군 이후의 군사력 건설은 북한군의 도발억제 정책에 의하여 전투병 위주로 추진되어 왔으나, 이제는 첨단 무기체계에 의한 미래전을 준비하는 방향으로 추진되어야 한다는 의견에 모두가 공감하고 있다. 병력감축계획 작성 시마다 전투근무지원부대(정비부대) 축소를 단골 메뉴로 활용하였기 때문에 전투장비 및 전투력 수준 향상 속도가 거북이 걸음이었다는 사실에 이제는 공감대가 형성되어 가고 있다. 과학화 육군건설은 구호로써 이루어지는 것이 아니라 강력한 실천으로 얻어지는 것이다. 첨단과학화를 주도할 수 있는 부대구조 확장과 인재양성을 통하지 않고서는 얻을 수 없다.

야전부대에서 전투장비를 정비하고 운용하는 현장에서 신뢰성 있는 기초자료를 입력할 수 있는 전문인력이 필요하고, 입력된 자료를 다양한 분석기법을 활용하여 사용자 눈높이에 맞는 자료로 가공하여 제공할 수 있는 전문인력이 필요하며, 야전제원을 활용하여 신규 무기체계 개발에 활용할 수 있는 전문인력의 양성, 보직, 관리가 필요하다. 당장은 어렵더라도 차분하게 준비한다면 우리의 저력(底力)을 고려할 때 가까운 장래에 목표달성이 가능할 것이다.

나. 전투장비관리 백서(가칭)의 주기적 발행

법무연수원에서는 1년 동안 발생된 각종 사건사고를 분석하여 정책수립, 범죄예방활동, 범죄수사 등에 활용하기 위한 범죄백서를 발행하고 있다. 과학화된 수치(數値)에 의하여 정책을 수립하고 시행한다면 보다 많은 사람들의 공감대를 형성할 수 있고 체계적인 관리를 통하여 예산절약, 사업기간 단축 등의 효과를 달성할 수 있다.

정비기록관리제도의 목적이 장비이력, 운용, 정비실적의 구축으로 효율적인 정비목표 달성 및 종합군수 지원의 기초자료 제공, 무기체계 개발 및 예산편성, 정비지원 능력판단 등에 활용하는 것이라면 구축 자료의 타당성 검증 및 보완을 통하여 각종 정책에 반영할 수 있는 수준의 전투장비관리 백서(가칭)를 발행한다는 것은 어떤 업무보다도 우선적으로 수행하여야 한다. 작전계획을 수립하면서 전사(戰史)를 연구하지 않는 우(愚)를 범하는 지휘관은 없을 것이다. 야전운용제원을 고려하지 않고 개발된 신규 무기체계나 수립된 각종 정책은 사상누각(砂上樓閣)에 불과하다. 선거철이면 온 국민의 이목(耳目)을 집중시키는 여론조사기관에서도 응답 자체보다는 수집된 자료를 분석하여 실제 값에 근접시키는 필터링기법 개발에 더 많은 시간과 노력을 투자하고 있다는 사실도 참고(參考)하였으면 한다.

전투장비관리백서(가칭)는 전투장비운용부대, 야전정비부대, 정비창에서 발생된 제반 운용 자료를 취합하고 분석하여 1년 주기로 발행하며 작성수 준은 종합군수지원, 무기체계 개발 및 예산편성, 정비지원능력판단 등의 업 무를 고려하여 관련 부대(서)와 긴밀한 협조를 통하여 결정하여야 한다. 전 투장비관리백서(가칭)를 발행하는 부서 선정 시에는 ① 장비정비 업무수행 에 직접적인 이해관계 여부 ② 각종 원인분석 및 자료 보완작업 수행 가능 여부 ③ 무기체계의 구조 이해, 고장원인 분석 능력 여부 등을 고려하여야 한다. 즉 직접적인 이해당사자는 제외하고 작성능력을 고려하여 선정하여야 한다.

다. 주기적인 전투장비관리 백서(가칭) 발표회 개최

아무리 좋은 자료를 작성하였더라도 사용자가 활용하지 않는다면 쓰레기 와 다름없다. 현대사회는 고객을 찾아서 뛰어다니는 자가 승리하는 사회이 다. 지식의 홍수 속에서 내가 만든 자료를 활용하겠지 하는 생각을 버려야 생존할 수 있다. 전투현장에서 수집된 기초자료를 바탕으로 오류사항을 보 완한 전투장비관리 백서(가칭)는 전투부대 지휘관·참모, 무기체계 획득담 당관, 정비정책실무자, 조달담당관들에게는 더할 수 없이 훌륭한 참고서가 될 수 있다. 그러나 훌륭한 참고서도 학생이 활용할 때 가치가 있는 것이 다. 활용할 수 있도록 고객을 찾아가서 수요자 특성을 고려한 맞춤형 자료 제공이 필요하다고 생각한다.

라. 시스템공학 차원의 DB 최신화 작업

앞에서 신규 무기체계 개발은 시스템공학 절차를 적용하여야만 하며, 시 스템공학 절차를 적용하기 위해서는 Top-down 개념에 의한 계층구조 DB 를 구축하고 정비 및 운용유지에 관한 기초자료 입력작업 시 활용할 수 있 어야 한다고 강조하였다. 수리부속계층구조 DB는 살아 있는 생물(生物)과 같아서 지속적으로 추가, 삭제 등 보완작업이 이루어져야 한다. 정비창 및 군지사 정비요원들이 심혈(心血)을 기울여 구축하였던 데이터베이스라 하더라도 정비기술의 발달 및 예상하지 못하였던 부품의 고장발생 등의 사유로 인하여 새로운 수리부속을 관리하여야 할 필요성이 발생되는 것은 불가피하다. 군수품의 재고번호 부여 요청 등 품목제원관리에 관한 임무는 군수사령부 품목담당관들에게 부여되어 있다. 또한 장비정비정보체계는 메가 센터 개념을 적용하여 전군이 통합된 DB를 사용하도록 설계되기 때문에 군수사령부는 모든 부대에서 활용할 각종 DB의 최신화 작업을 지속적으로 수행하여야 한다.

신규 전력화 장비는 최초 ILS 단계에서부터 관리하고 최초 장비납품 2개월 전까지 LCN－FT[61] 자료가 추가된 품목기본제원철을 제출하도록 계약서에 반영하여야 하며, 방위사업청, 국방기술품질원, 국방과학연구소, 해·공군의 정보체계 DB와 연동하여 운용하여야 한다.

6. 맺음말

오늘날 우리는 전환기적 안보상황 속에서도 현존하는 북한군의 위협뿐만 아니라 새롭고 다양한 도전과 위협에 직면하고 있다. 즉 세계화·정보화가 무서운 속도로 진전되고 있으며, 끊임없이 분출되는 국제적 갈등과 분쟁 속에서 테러, 대량살상무기의 확산, 재난재해 등 다양한 위협들이 도사리고 있다. 각국은 군사과학기술의 혁신적 발전에 능동적으로 대응하고자 새로운 무기체계의 개발, 부대구조 개편 등 군사혁신을 경쟁적으로 추진하고 있으며 우리도 군 구조 개혁 2020안을 마련하여 미래지향적인 군사력 건설을 추진하고 있다.

창군 이후 지금까지 군사력 건설을 추진하면서도 군사력 건설의 핵심인

---

61) LCN－FT: Logistics Control Number－Family Tree 군수지원분석 관리번호 계통도.

신규 무기체계를 과학적·체계적으로 개발하려는 노력은 크게 부족하였다. 미국 등 선진국가에서 기 개발하여 운용하고 있는 무기체계의 모방개발 수준에서 벗어나야 한다. 이제는 우리의 힘으로, 우리를 위한, 우리의 무기체계를 연구 개발할 시기가 되었으며 야전정비 및 운용제원은 신규 무기체계 개발의 시금석(試金石)이 되어 나침반의 역할을 감당하기에 충분한 가치를 가졌다고 판단된다. 선진국 및 민간업체에서도 적용하고 있는 시스템공학 등 최신기법들을 더욱 효과적으로 적용하고 발전시키는 데에 주저하지 않았으면 한다.

오랜 세월 동안 사용된 규정방침이라 하더라도 업무혁신을 위해서는 과감하게 폐지하거나 보완·대체하여야 한다. 명실상부(名實相符)한 디지털시대에 부응하는 체계 정착을 위하여 모두가 더욱 노력하여야 한다. 지금까지 방치(放置)하였어도 표창받고, 진급하는 데에 전혀 지장(支障)이 없었는데 꼭 하여야 하느냐고 항변(抗辯)할 사람도 있겠지만, 민족의 미래를 생각하고 자라나는 후배들을 생각한다면 지금부터라도 추진하여야 할 분야(分野)라 생각한다.

미래전투의 승패는 첨단 무기체계가 좌우할 것이며, 첨단 무기체계의 성능은 무기를 다루는 우리의 노력에 따라 결정될 것으로 판단된다. 21세기 첨단 정보화·과학화 육군 건설을 위하여 부단한 노력을 경주하고 있는 우리들의 힘을 모은다면 어떠한 난관(難關)이라도 능히 극복할 수 있을 것이다. 수많은 선배장교들의 피와 땀으로 발전시켜 온 조국 대한민국이 세계 속에 우뚝 설 수 있도록 지혜를 모으고 힘을 합쳐 나갔으면 한다.

┃그림 1-50 운용 DB의 신규 무기체계 환류 개념

　　IT기술의 비약적인 발전에 힘입어 M&S 분야는 과학적인 분석, 가상세계를 활용한 교육훈련, 무기체계 개발 등에서 모의를 통하여 구현할 수 있는 수준으로 발전하여 왔다. 지금까지의 전쟁은 미지(未知)의 전쟁터에서 어디에서 나타날지 모르는 적과의 싸움이었으나, 앞으로는 정밀하게 묘사된 전장환경을 컴퓨터 화면으로 보면서 부대별, 개인별 이동경로 및 행동절차 등을 숙지한 후 작전을 개시함으로써 인명중시사상에 부합된 미래전을 수행할 것이다.

　　신규 무기체계 개발 및 전력분석업무에도 M&S 기술을 접목하면 여러 측면에서 엄청난 효과를 얻을 수 있다. 사용자 요구사항에 맞추어 시제품을 제작한 후 시험평가 과정에서 문제점을 식별·보완하는 기존의 무기체계 개발방식은 과다한 시간이 소요되어 장비의 진부화가 발생되었다. 그러나 시스템엔지니어링에 기초한 모델을 소요제안 과정에서 사용한다면 시간단축은 물론 전략·전술에 부합된 전투장비를 경제적으로 획득할 수 있다.

1. M&S 정의(定意)

　　M&S란 모델링 및 시뮬레이션(Modeling & Simulation)의 결합어로 워게임모델, 시뮬레이터, 마일즈장비와 같이 현실 또는 가상세계를 모델화하여, 복잡한 상황이나 문제를 분석하여 해결수단을 제공하는 것이라고 정의한다. 모델링이란 수학적, 물리적 절차나 과정을 묘사하여 모의에 필요한 도구를 제작하는 과정을 말한다. 워게임, 시뮬레이터, 마일즈장비는 모델링의 산출물이다. 모델링을 하기 위해서는 현실세계, 또는 가상세계에 대한 자세하고 정밀한 분석작업이 필요하다. 수행 절차와 데이터의 누락, 왜곡, 삭제, 추가

가 포함된 모델은 신뢰성이 미흡하기 때문에 적용할 수 없다. 따라서 모델
링 작업은 실제상황의 모든 요소를 포함하는 것이 바람직하다.

그림 1-51 모델 제작 절차

　시뮬레이션이란 모델링의 산물인 워게임, 시뮬레이터, 마일즈장비 등 도
구를 활용하여 훈련, 분석, 획득 분야에 적용하는 것이다. 어느 시스템이나
공정의 기능을 모델이라는 수단을 활용하여 모의 구현함을 의미한다. 즉 실
제 또는 가상의 동적 시스템 모형을 사용하여 연구하는 것으로 모의실험
또는 모사(模寫)라고도 한다. 물리적 모형을 사용하는 실험으로서는 풍동(風
洞)을 써서 항공기의 비행 중 상태를 조사하거나 물탱크 안에서 선박의 항
해 상태를 분석하는 경우가 있다.

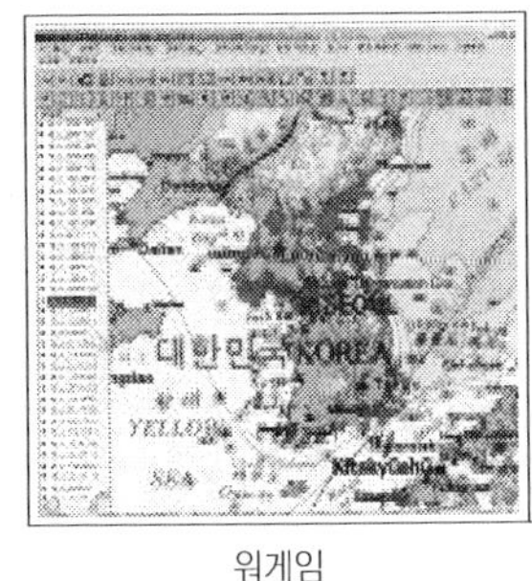

워게임　　　　　시뮬레이터　　　　　마일즈

그림 1-52 시뮬레이션의 종류

2. M&S 분류

가. 인간의 참여 정도에 따른 분류[62]

1) 실기동(Live) 시뮬레이션

전쟁을 제외한 모든 것을 실전 시뮬레이션이라고 할 수 있다. 지상, 해상, 공중에서 실병력, 전투장비를 가지고 운용하는 것으로 시험장의 하드웨어까지도 포함한다. 다양한 형태의 전투장비의 상호작용과 상호운용성을 평가할 수 있다. 많은 병력과 장비를 투입한 실전 시뮬레이션을 수행하기 위해서는 시간, 인력, 예산이 과다하게 소요된다. 실기동 시뮬레이션을 수행하기 이전에 가상 시뮬레이션, 또는 구성 시뮬레이션을 사용할 수 있다. 이때 미흡사항은 꼭 해결한 다음에 실기동 시뮬레이션을 실시하여야 한다.

2) 가상(Virtual) 시뮬레이션

가상 시뮬레이션은 컴퓨터에 의하여 시뮬레이션되는 체계를 의미한다. 전사들은 시뮬레이션에 있는 인공물과 상호 작용하면서 종합모의환경에서 싸우고 훈련한다. 전투기, 헬리콥터, 전차 시뮬레이터나 가상시제(Virtual prototype)가 좋은 사례이다. 가상 시뮬레이션은 종합모의 환경 속에서 주체계, 부체계, 사용자가 구성되며 사용자 숫자에 따라서 일대일(One to one) 시뮬레이터, 다대일(Multi to one) 시뮬레이터, 다대다(Multi to multi) 시뮬레이터로 구분된다. 일대일 시뮬레이터는 가장 보편적인 형태로 사용자 한 명이 한 대의 시뮬레이터를 이용하여 훈련을 실시한다. 시스템은 공간적으로 독립되어 다른 시뮬레이터와 정보교환은 가능하지만 각자 독립적으로 작동한다.

다대일 시뮬레이터는 놀이공원 등에서 볼 수 있는 형태로 여러 사용자가 한 대의 시뮬레이터에 탑승하는 경우이다. 운전자를 제외한 사용자는 수동적인 상태에 놓여 있는 경우가 대부분이나 보조 운전자 개념으로 각각 임

---

62) 1992년 미국 국방과학위원회에서 결정한 분류 방법.

무를 부여하는 방식도 있다. 다대다 시뮬레이터는 네트워크 기술을 활용한 최근의 시뮬레이터 경향이다. 시뮬레이터 개발단계부터 표준 연동 데이터를 사용하여 동시훈련을 실시한다. 여러 명의 훈련자가 각자 시뮬레이터를 조작하면 네트워크에 연결되어 있는 다른 시뮬레이터에 영향을 주게 된다. 대부분의 전술훈련용 시뮬레이터들은 DIS[63] 또는 HLA[64]기술을 이용하여 다대다 시뮬레이터 기능을 실현하고 있다.

3) 구성(Constructive) 시뮬레이션

국방 M&S의 대부분은 구성 시뮬레이션으로 워게임 등이 포함된다. 운용자는 시뮬레이션의 반응을 관찰하고 평가하기 위하여 입력을 할 수는 있지만 출력내용을 결정할 수 없다. 구성 시뮬레이션은 공학적 설계, 비용분석, 기술사양 등의 한정된 용도로 사용되는 경우도 있지만 연합군, 합동군 등의 전투력을 포함하는 전역 시뮬레이션 수준으로 활용된다. 인간과 상호작용이 없는 경우에는 시뮬레이션 결과의 신뢰성 향상을 위하여 수차례 반복적으로 진행될 수 있으며, 상호작용이 있는 경우에는 워게임 시뮬레이션으로 전투지휘자 전술숙달이나 전술개발에 사용된다. 또한 무기체계 획득과정에서 설계 및 공학적 절충(trade - off), 비용, 전력화 지원, 운용/기술적 요구 정의, 운용효과도 평가에 활용된다.

나. 상세 수준에 따른 분류

1) 공학(Engineering) 모델

공기역학, 유체유동, 유체동역학, 열전달, 음향학, 탄성학과 같은 기본 현상학, 설계, 성능, 비용, 제작 및 군수지원을 위한 수리부속, 부체계 등을 포함한다. 비용모델은 개발, 생산, 운용 및 군수지원 비용을 산출하고 군수

---

63) DIS: Distributed Interactive Simulation 분산연동 시뮬레이터.
64) HLA: High Level Architecture 고수준의 표준 아키텍처.

지원 모델은 신뢰성(reliability), 가용성(availability), 정비도(maintainability), 정비수준과 보급지원(provisioning) 해석을 포함한다. 공학 M&S의 결과는 성능척도(MOP)로 레이더탐지거리, 주행거리, 유효적재량, 속도 등이 포함된다.

2) 교전(Engagement) 모델

교전 모델은 일대일, 일대다, 다대다의 제한적인 시나리오를 구현하는 체계이다. 공학 모델에서 산출된 체계 성능, 운동학, 센서 성능 등을 활용하여 특정한 표적, 적 위협에 대한 각각의 전투장비나 무기체계의 효과도를 평가한다. 추진기, 전투체계, 센서, 유도제어 등 상세한 성능이 포함되어 있어야 시뮬레이션을 할 수 있으며 생존성, 취약성, 치명성 등을 산출한다. 교전 모델의 결과는 교전 시나리오에 의한 체계, 부체계의 살상, 상실, 임무중단 확률이 이에 해당된다.

표 1-12 모델별 차이점 분석65)

구 분	공학 모델	교전 모델	임무/전투 모델	전역/전쟁 모델
전 투 력	단일 무기체계	단일/소수의 피아 무기체계	다종 무기체계 전투부대	합동/연합군
묘사수준	부품, 체계, 부체계	체계, 부체계	무기체계	무기체계의 집합체
시간범위	월간~초	분, 초	시간, 분	주간
산 출 물	탐지거리, 사거리 명중률	살상확률, 생존율	조우확률, 손실률	제공권, 전력손실
용 도	무기체계 설계	대안분석, 전술 개발	전술개발, 통합운용방안	전투력 배치 지휘관 훈련

3) 임무/전투(Mission/Battle) 모델

임무/전투 모델에는 공격작전, 방어작전, 제공권, 지연전 등 수 시간에 걸친 특정한 임무수행에 필요한 다수 무기체계가 포함된다. 전투기, 함정, 지상군 부대 등 합동작전에 소요되는 모든 전투력이 묘사되어야 한다. 운용자

---

65) 출처: 국방 M&S 개념 연구(국방과학연구소, 2001년).

114

가 참여하면 임무/전투수준 M&S는 손실률, 교전확률, 특정임무 달성 확률
을 출력하여 워게임, 전술, 교리 개발 등에 사용할 수 있다.

4) 전역/전쟁(Theater/Campaign) 모델

전역/전쟁 모델은 연합군 운용을 나타내고 주요 전역이나 전쟁 결과를 결
정하는 데 사용하며 전투능력 및 부대배치의 약점을 식별할 수 있다. 이 모
델은 장기간의 전투를 묘사하기 때문에 지속성을 표현할 수 있는 수단이
포함되어야 한다. 운용자와의 상호작용을 통한 시뮬레이션이 가능하여 전투
지휘관 훈련이나 전술개발을 위한 워게임으로 사용한다. 전역/전투 모델은
전력 손실, 전멸, 제공권, 전투력 이동 등을 출력한다.

3. M&S의 군사 분야 적용

가. 교육훈련 분야

세계 최고수준의 인구밀도를 자랑하는 대한민국에서 제대로 된 군사훈련
장을 확보한다는 것은 매우 어렵다. 주한 美 공군이 사용하던 매향리 사격
장이 환경단체의 강력한 요구로 '05년 7월 폐쇄되고 군산 앞바다의 직도사
격장이 '06년 9월 승인되었으나 인근지역 주민들과의 마찰은 끊이지 않고
있다. 무건리 훈련장 확장, 수기사 원평훈련장, 양평종합 훈련장, 기계화교
전차포사격장, 신불산 사격장, 승진훈련장, 현가리 공용화기훈련장, 신론리
훈련장, 매봉산 훈련장 등등 전국 곳곳에서 훈련장 확보문제로 지역주민과
의 갈등이 빚어지고 있다. 도시화가 진행될수록 훈련장 확보문제는 사회적
이슈로 발전하고 있다. 전투부대가 훈련을 하지 못한다면 전투력 향상은 기
대하기 어렵다. 도시화로 인한 훈련장 제한문제를 해결할 수 있는 유일한
수단은 M&S이다. 실제 전쟁터와 유사한 환경에서 자유롭게 훈련하여 전투

력을 향상시킬 수 있다. 각종 시뮬레이션에 첨단 정보통신 기술을 활용하고 3차원 전장환경을 조성하여 실전적인 훈련을 실시함으로써 전장체험 등 훈련효과를 극대화할 수 있다.

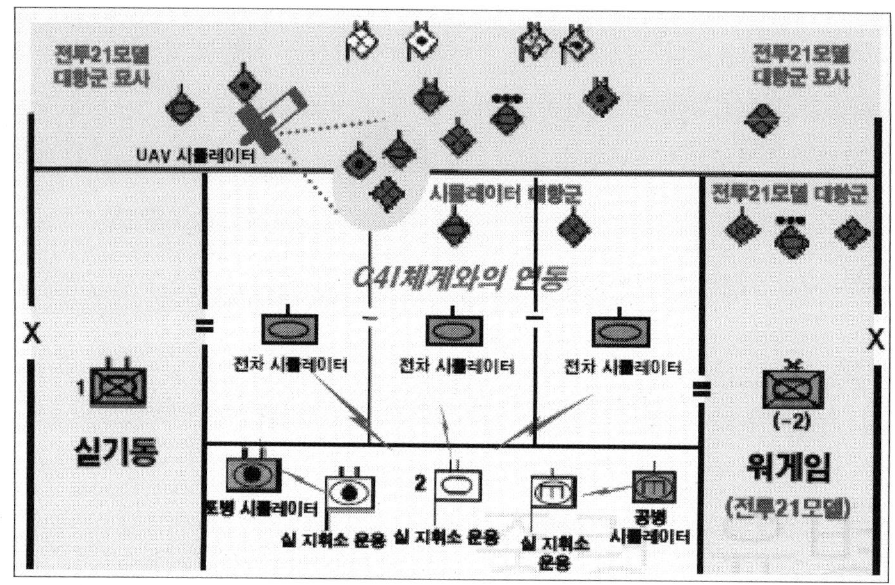

▌그림 1-53 LVC체계 구현 방안66)

나. 전력 분석 분야

탈냉전으로 국가안보에 대한 국민들의 관심도가 저하되고 국가재정 소요가 증가되는 상태에서 국방비의 적절성 문제가 제기되고 있다. 국가재정부서는 자본주의체계의 근간을 이루는 경제성의 원리에 의하여 '제한된 국방비를 사용하여 최대의 전투력을 확보할 수 있는 방안' 제출을 요구하고 있다. 국회로부터는 국방개혁2020 계획에서 제시된 군 구조 개편안에 대한 시뮬레이션을 통하여 타당성 검증과 보완대책 제시를 요청받고 있다. 방위력개선소요에 대해서도 전력화 시기, 물량, 예산, 전투력지수 변화에 대한 시뮬레이션

---

66) 출처: 육군 M&S 종합발전계획(2008).

결과를 첨부하도록 명문화되었다. 국방정책을 추진함에 있어서 과학적인 기법을 사용한 분석자료를 제출하여야만 하며 M&S가 이를 해결할 수 있다.

다. 무기체계 획득 분야

미래 전장운용 개념은 디지털화된 전장에서 합동·통합성을 보장하면서 적의 전략 및 전술적 중심을 선별 타격하여 전투효과를 최대화하여 상대의 취약점을 집중 공격하는 비대칭 개념으로 발전하고 있다. '80년대 이전의 무기체계들은 아날로그 개념의 단위 무기체계의 성능 위주로 개발되어 왔으나 '80년대 이후에는 전장에서 컴퓨터가 광범위하게 사용되면서 다양한 작전환경에 대한 단위 무기체계들의 적응력이 강화되는 추세를 보여 왔다. '90년대 이후에는 통신을 포함한 IT기술이 급격히 발전되면서 육상, 해상, 공중, 우주공간에 사이버 공간까지 합친 5차원 전장에서 통합전을 수행할 수 있는 무기체계의 성능을 요구하고 있다. 전쟁수행자(Warfighter), 개발자, 분석자, 시험평가자, 훈련자가 M&S기법/도구를 공유함으로써 각종 무기체계를 효과적으로 획득할 수 있다.

M&S 기술은 컴퓨터기술의 비약적인 발전에 힘입어 통합전에 사용되는 정밀복합무기체계를 전략 및 전술 C^4I 체계와 연동하여 사용하는 네트워크 중심전의 개념을 모의할 수 있는 수준으로 발전하고 있다. 국내 무기체계 개발 기술도 비약적인 발전을 거듭하여 왔고 이를 지원하는 획득/연구개발 프로세스 또한 지속적으로 개선되어 왔으나 여전히 여러 형태의 문제점들이 노출되고 있다. 소요군 및 합참은 소요 요청·결정 시 관련 기관 및 부서의 검토의견을 참조하여 합동전략회의를 개최하여 소요를 확정하고 있으나 과학적인 분석평가가 미흡하여 사업수행 도중에 작전운용성능(ROC)이 변경되어 사업지연, 예산증가, 전력화 시기가 지연되는 사례가 종종 발생하고 있다. 소요 요청 시 전투실험결과의 제시를 요구하고 있으나 인력 및 소요예산은 턱없이 부족한 실태이다. 이 같은 문제점을 해결할 수 있는 방법

이 M&S이다. 무기체계의 개념 형성 및 소요제안을 담당하는 육·해·공군 및 합참은 SBR[67] 체계를 구축하여야 한다. 소요가 결정된 이후에 본격적으로 무기체계를 획득하는 과정을 묘사하는 SBA[68] 개념과는 다소 차이가 있다.

▌표 1 - 13 국방 **M&S** 적용 분야표 80

구 분		적 용 분 야
무기체계 소요기획		미래전장환경, 무기체계 개념, 요구성능 분석,
무기체계 획득 분야	연구개발	가상 시제품 개발, 비용 대 효과 분석
	시험평가	개발시험(ROC검증), 운용시험(운용교리 개발)
	생산/군수	생산라인 능률 향상, 성능 개선, 수명주기 판단
전투력 분석 분야	소요검증	군사혁신/비전 검증, 전투발전요소 소요 검증
	작전지원	작전통제, 부대/군수관리, 전략전술/장차전 분석
	전력평가	교리/전략/전술 분석, 부대구조 평가, 작계방책 분석
교육훈련 분야	대부대 훈련	연합연습(UFL), 태극, 백두산, 필승, 웅비, 천자봉
	소부대 훈련	소부대 전술/교전절차 숙달, 지휘관/참모훈련
	장비작동숙달	개인 전술/전기 연마, 장비조작 및 절차숙달 훈련

4. 한국군 M&S 발전방향

가. 국방 M&S에 대한 인식 전환

과거에는 M&S에 대한 인식이 부족하여 모델을 돈 들여 개발할 필요성이 없으며 선진국에서 개발된 것을 무상으로 얻어서 쓰면 되는 것으로 생각하였다. '70∼'80년대에는 미국으로부터 무상으로 모델(SW)을 취득하여 제한된 목적으로 활용하였다. 세계적인 지적 소유권 강화로 무상획득이 곤란하게 되고 우리나라의 군사상황에 부합된 M&S체계의 필요성을 인식하게 되

---

67) SBR: Simulation based Requirement 시뮬레이션 기반 소요관리, 미래 전장환경과 현행 무기체계의 성능, 수량을 고려하여 새로운 개념의 무기체계의 소요를 도출하는 체계.
68) SBA: Simulation based Aquisition 무기체계의 소요 확정 이후 연구개발, 양산, 시험평가 등을 시뮬레이션한 후 최적의 결과를 획득정책에 반영하는 체계.

면서 무기체계 개념으로 관리하여야 한다는 인식의 전환을 하였다. '06년 국방전력발전업무규정을 신설하면서 M&S를 기타 무기체계로 분류하여 도약의 기반을 구축하였다. 앞으로 국방 M&S는 일부 특정인들의 전유물이라는 생각을 버려야 하며, 이를 위해서 누구나 쉽게 사용할 수 있는 모델을 개발하여야 한다.

나. 임무분장을 고려한 획득 소요 도출 및 단계화 개발 추진

국방 관련 조직은 각각 고유의 임무분장이 되어 있다. 육·해·공군은 교육훈련 및 신규 무기체계 소요제안의 임무를 수행하며 방위사업청 및 국방과학연구소는 소요가 확정된 무기체계를 고성능의 무기를 저비용으로 획득하는 임무를 수행한다. 방위사업청에서는 신규 무기체계의 작전운용성능(ROC)에 대한 검증 및 소요량에 대하여 재검증할 필요성이 없으며, 육·해·공군에서는 개발과정에 대하여 왈가왈부할 필요성이 없이 미래 전장환경을 고려하여 효과 위주의 전쟁수행에 필요한 무기체계에 대하여 일목요연하게 정리하여 제출하면 된다. 육·해·공군 및 합참은 'SBR' 개념의 M&S에 중점을 두고 방사청 및 국과연은 'SBA' 개념에 충실하여야 한다. 일부 중복되는 영역이 있을 수 있으나 본질에 충실하여야 정예 강군에 기여할 수 있다.

최근 각 기관에서 작성한 M&S 발전 계획에는 천문학적인 비용이 반영되어 있다. 타 기관보다 더 많이 제시하여야 한다는 경쟁심까지 작용한 상태이다. 제한된 국방비를 효과적으로 활용하기 위한 방편으로 M&S가 필요하다는 논리를 내세웠으나, M&S 개발 및 센터 건립에 수조 원의 예산을 요구하는 현상이 발생한 것이다. 가장 효과적인 방안은 무엇인지? 가장 적은 비용으로 사용부서에서 요구하는 모든 시뮬레이션을 수행할 수 있는 방안 찾기에 더 많은 고뇌와 시간을 투자하였으면 한다.

다. M&S 표준자료체계 구축

30여 년 전에 M&S가 도입되었지만 아직도 모의결과가 정책결정에 반영이 제한되고 있는 이유는 입력 자료의 신뢰성에서 기인하고 있다. 무기체계 선정 및 전투실험, 남북한 군사력 비교, 단독 전력 분석 및 중기전력계획 평가 등과 같은 미묘한 군사문제에 적용하기 위해서는 입력 데이터의 신뢰성이 확보되어야 한다. 그러나 지금까지 구축된 M&S 표준자료는 전무(全無)한 상태이다. 늦었지만 국방 M&S 무기체계 표준데이터 개발사업이 발주되어 각 기관(서)에 분산되어 있는 데이터를 집대성할 수 있는 여건을 조성하고 있다는 사실은 매우 고무적이다. M&S표준자료체계는 다양한 M&S체계의 입력 자료를 작성하는 데 필요한 전투체계와 전투에 영향을 미치는 요소들로 구성된 기초자료체계이다. 전투체계에는 병력, 전투장비의 제원 및 성능, 군수물자 등이 포함되고 전투에 영향을 미치는 요소에는 지형, 지상, 장애물 등이 포함된다.

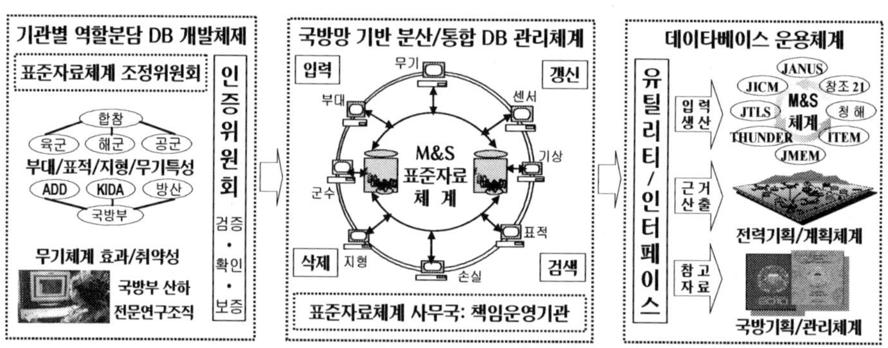

▌그림 1-54 **M&S** 표준자료체계 구축 범위

라. 고객이 직접 운용할 수 있는 운용환경 구축

컴퓨터 사용이 보편화되기 이전에 전산실은 통제구역으로 누구나 쉽게 접근할 수 없는 장소였으며 일반인들은 컴퓨터를 보는 것조차 제한하는 실태였다. 국방환경 및 작전환경 변화에 능동적으로 대처할 수 있는 수단인 M&S를 제대로 활용하기 위해서는 M&S 산출물 사용자가 근무하는 장소에서 시뮬레이션이 진행되어야 한다. 공간적으로 이격된 상황에서는 M&S 산출물을 정책에 반영하기가 쉽지 않다. 모든 정책부서 실무자 책상 위에 컴퓨터가 설치되어 있는 것처럼 M&S도 정책 실무자들이 원하는 시간과 장소에 쉽게 접근할 수 있는 환경이 구축되어야 한다. M&S 전문가들은 고객들이 쉽게 사용할 수 있는 모델 개발, 표준데이터 구축 등의 임무를 수행하고 모델의 운용은 사용자 몫으로 전환하여야 한다. M&S 관련 사항을 M&S 전문가들이 독차지하고 있을수록 그 발전은 지연될 것이다. 훈련·분석·획득 M&S의 산출물을 활용할 사람이 누구인지를 식별하고 어떤 형태의 산출물을 제공하면 활용할 수 있는지를 연구하여야 한다. 과학적인 기법이 그 자체의 가치로 돈좌되지 않고 활성화될 수 있는 방안을 강구하여야 한다.

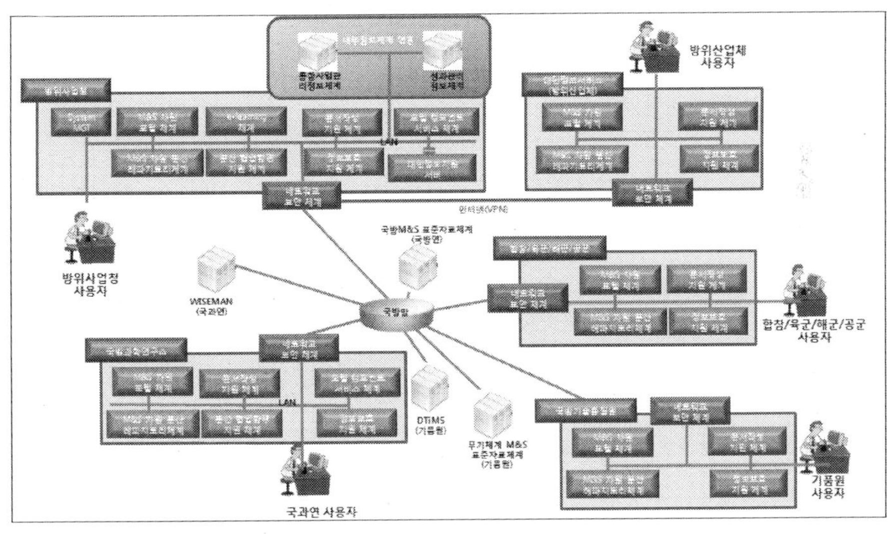

┃그림 1-55 SBA통합지원체계 운용 개념도[69]

---

69) 출처: SBA통합지원체계 구축사업 체계규격서(방위사업청, '08.12.).

제 2 장

전투장비관리의 패러다임 전환

미래전은 군수전쟁이다. 최고 성능의 전투장비와 군수물자, 유류, 탄약이 풍족하게 지원되어야 한다. 그러나 아무리 좋은 전투장비라도 관리를 제대로 하지 못하면 고철에 불과하다. 몇 개월 동안 50%의 수리부속 재고고갈이 발생하였던 부대에서도 전투장비 가동률은 항상 100%라고 보고하던 시절도 있었다. 이제는 나쁜 관행을 과감하게 버리고, 지금 전쟁이 일어난다는 생각으로 전투장비를 관리하여야 한다. 혹자는 사람도 아플 때가 많은데 어떻게 전투장비의 성능을 100% 보장할 수 있느냐 하겠지만 국가안보의 최후 보루로써 업무수행의 목표로 삼고 행동으로 실천하여야 한다.

One‒day System에 의한 군수물자 지원방안을 발표하였을 때, 실현성에 의문을 제기한 분들이 있었으나 수년간 실천경험은 우리의 능력으로도 충분히 감당할 수 있다는 결론을 얻었다. 바꾸지 않으면 도태되는 세상이다. 세상이 나를 버리기 전에 내가 먼저, 우리가 먼저 패러다임을 바꾸어 세상을 나의 것으로 만들어야 한다.

새로운 장비정비정보체계가 필요하다고 모두가 주장은 하였으나 앞에서 추진하는 사람은 없었다. 탄약정보체계, 물자정보체계가 개발되어도 누가 하겠지 하는 표정이었다. 단위부대에서부터 국방부까지의 모든 업무절차를 숙지하면서 전산 분야까지 속 시원하게 알고 있는 사람은 흔하지 않았다. 수년 전 밤을 지새우며 작성하였던 개발방향이 창고 속에서 잠자고 있었다. 사람보다는 조직이 중요하다고 하면서 10년 동안 변하지 않고 제자리걸음인 경우가 있다는 것은 애써 무시하는 경향도 있다. 제도를 바꾸고 업무방식을 첨단기법으로 바꾼 장비정비정보체계 개발사업은 힘들고 어려웠다. 정보·과학화 육군건설의 초석을 만든다는 자긍심으로 모든 정열을 바치면서 동고동락하였던 분들께 감사를 드린다.

1. 개 요

적과 싸워 승리하기 위한 구비조건 중에서 제한된 자원을 효율적으로 관리하고 활용하는 것이 무엇보다도 중요하다. 군에서는 1974년에 군수 전산시스템을 국내 최초로 도입한 이후 자원관리 시스템('95), 국방탄약시스템('99), 국방물자시스템('02)이 각각 연차별로 개발되어 열악한 환경 속에서도 군수업무 전반에 걸쳐 많은 발전을 거듭하여 왔으나, 전투력 발휘에 필수적인 전투장비의 운영 및 관리에 대하여 각급 제대 지휘관 및 참모들이 요구하는 지휘정보 제공과 국방예산 사용의 투명성 보장이 미흡하여 새로운 정보체계의 개발에 대한 필요성이 제기되어 왔다.

장비정비정보체계는 '96~'98년에 개발방향을 정립하였으나 개발범위 및 개발방식에 대한 육·해·공군, 국방부의 입장 차이를 조정하지 못하다가 '05년에 개념연구를 수행하여 운용 개념기술서, 체계규격서, 체계개발계획서를 작성하여 '05년 12월 공개경쟁입찰에 의거 대우정보(주)와 용역개발계약을 체결하였다. 해·공군에서 개발되는 정보체계와 연동되고 국방부/합참 차원의 지휘정보체계와 연계되어, 군수자산 가시화 및 3군 상호지원을 보장하는 사용자 중심의 국방군수통합체계의 핵심이 될 것이다. 이를 위하여 육군은 완성장비, 수리부속, 공구, 정비업무에 대하여 장비 도입으로부터 폐처리까지의 제반 업무를 BPR[70] 차원에서 재설계하고, x - internet 등 최첨단 IT기술을 활용하여 국방부에서 편성부대까지를 하나의 통합체계로 구축하고, 메가 센터 기반의 Web 환경으로 각종 장비 및 정비 관련 지휘정보 제공이 가능한 체계를 '08년 12월 말까지 구축하였다.

∴ 국방일보 '06.1.7.

사용자 중심 군수발전 모색

장비정비 정보체계 개발사업 착수 회의 개최

육군본부 군수참모부는 4일 군수회의실에서 군수참모부장(소장 김영후)과 정보체계 개발 업체인 대우정보시스템㈜ 부사장(임문택)이 참석한 가운데 육군 장비정비 정보체계 개발 사업 착수 회의를 개최했다.

육군은 적과 싸워 승리하기 위한 조건 중에서 제한된 자원을 효율적으로 관리하고 활용하는 것이 무엇보다 중요하다고 판단해 1974년에 군수 전산 시스템을 국내 최초로 도입했다. 이후 자원 관리 시스템(95), 국방 탄약 시스템(99), 국방 물자 시스템(02)을 연차별로 개발, 열악한 환경에서도 군수 업무 전반에 많은 발전을 거듭했다.

그러나 전투력 발휘에 필수적인 전투 장비운용·관리에 대해 각급 제대 지휘관·참모들이 요구하는 지휘정보 제공과 국방 예산 사용의 투명성 보장이 미흡, 새로운 정보체계 개발 필요성이 제기돼 왔다.

따라서 이번에 개발되는 '육군 장비정비 정보체계'는 지난해에 개념을 연구, 운용 개념기술서·체계 규격서·체계 개발 계획서를 작성했으며 향후 해·공군에서 개발되는 정보체계와 연동시키게 된다. 또 국방부·합참 차원의 지휘정보체계와 연계, 군수 자산 가시화와 3군 상호 지원을 보장하는 사용자 중심의 국방 군수 통합 체계의 핵심이 될 것으로 기대하고 있다.

이를 위해 육군은 완성 장비, 수리 부속, 공구, 정비 업무에 대해 장비 도입부터 폐처리까지 제반 업무를 업무 절차 개선(BPR:Business Process Reengineering) 차원에서 재설계했다. X-인터넷 등 최첨단 IT 기술을 활용, 육군본부로부터 편성 부대까지 하나의 통합 체계로 구축하고 각종 장비와 정비 관련 지휘정보 제공이 가능한 체계를 2008년 12월 말까지 구축할 예정이다.

계룡대=윤원식 기자

그림 2-1 사업 착수회 및 중간 검토회 모습

---

70) BPR: Business Process Reengineering, 업무절차 개선.

또한 하부체계인 1보급창의 WMS,[71] 종합정비창의 CIMMS[72]와 연동하고 군수 내·외부체계와는 국방정보통신망을 통하여 연동하여 장비수명주기 관리, 군수자산 가시화, 전·평시 효율적 정비지원, 군수정책 및 지휘정보 구현 등 미래 전장환경 및 정보화 시대에 부합되는 지식·정보중심의 정보 체계를 구축함으로써 군수업무의 신뢰성과 효율성을 크게 향상시킬 것으로 기대하고 있는데, 어떻게 장비정비정보체계가 개발되고 개발로 인하여 무엇이 달라지는가에 대하여 알아보고자 한다.

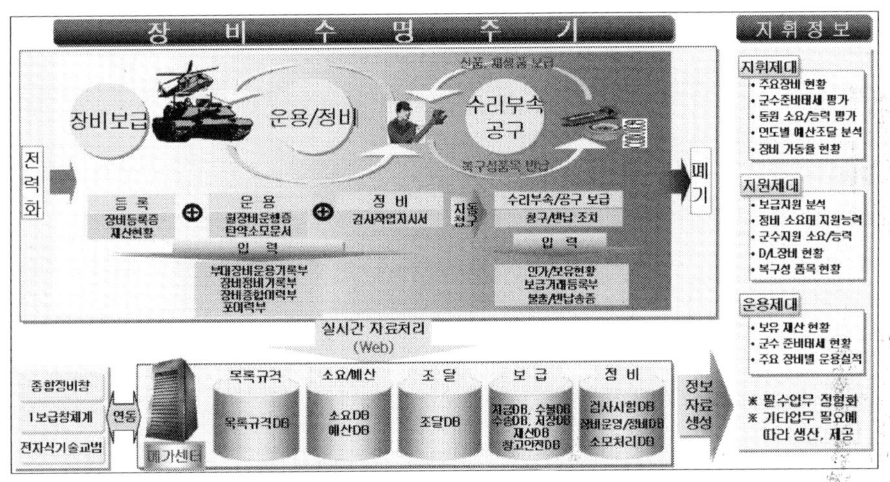

| 그림 2-2 장비정비정보체계 운영개념도[73]

2. 개발·사업관리조직

장비정비정보체계 개발에 관련한 조직은 사업관리조직, 군 개발조직, 개발업체로 구성되었다. 사업관리조직은 일정관리, 품질관리, 예산집행 등을 담당하였다. 군 개발조직은 현역 및 군무원으로 구성되었으며 체계개발 책

---

71) WMS: Warehouse Management System 창고관리 시스템.
72) CIMMS: Computer Integrated Manufacturing Management System 종합생산관리 시스템.
73) 출처: 육군장비정비정보체계 개발계획서('05. 12).

임이 부여되었다. 개발업체는 공개입찰 방식에 의거 선정된 IT업체로 군 개발조직과 함께 실질적인 개발을 담당하였다. 군 조직이 직접 대규모 정보체계 개발에 참여한 방식은 장비정비정보체계가 처음이었으며 참여한 인원과 업무분장은 육·해·공군별로 각각 상이하였다. 같은 제복을 입은 현역이지만 사업관리요원(갑 측)과 개발조직(을 측)이 구분되어 임무를 수행한다는 것은 생리상 갈등이 발생할 수밖에 없었다. 운용 개념규격서, 체계규격서에 기술된 동일한 내용도 입장에 따라 해석의 차이가 발생하였으며 '을' 입장에서 임무를 수행하는 요원들은 피해의식과 불만을 토로(吐露)하는 경우가 많았다. 정보화·과학군 육성에 기여하고 있다는 자부심이 없었다면 사업관리요원, 개발요원 누구나 할 것 없이 한 시간도 견딜 수 없었을 것이다.

3. 개발범위

장비정비정보체계는 무기체계별 통합관리를 통하여 전투력 발휘를 극대화할 수 있도록 완성장비(7종), 수리부속(9종), 정비용 공구(2종)와 정비활동을 패키지화 개발하였다. 장비정비정보체계는 제대별(군수사, 군지사, 군지단 등) 시스템을 개발하지 않고 14대 업무 주기별로 개발을 하고 있는데 그 이유는 ① 3군 공통품목의 통합군수 지원 ② 국방부로부터 전투부대에 이르기까지 One-stop 군수지원체계 달성 ③ 전투주체별 군수품 수명주기 동안의 통합군수 지원 및 복원 ④ 군수제대 간 종별 조직에 의거 업무처리가 종적으로 실시간 처리되기 때문이다. <표 2-1>은 장비정비정보체계 분야별 개발범위를 요약한 것이다.

표 2-1 장비/정비 14대 업무 분야별 개발내용

구 분	주 요 개 발 내 용	
목 록 규 격 관 리	· 목록제원관리 · 재고번호 변경관리 · 장비목록관리/단가관리	· 목록제원현황관리 · 대치품목 관리 · 규격서 관리
소 요 관 리	· 장비인가기준관리 · 보급수준관리 · 수요 집계/소요산정관리	· ASL/PL선정관리 · 공구배당표/인가관리 · 전시소요 기준/산정관리
계 획 예 산 관 리	· 중기계획업무 · 야전/창정비 예산 소요산정 · 전시예산 소요산정관리	· 장비획득예산 소요산정 · 수리부속 예산 소요산정 · 예산요구서/예산운영계획관리
조 달 관 리	· 조달요구량 판단 · 전·평시 조달계획관리	· 상업조달 기술검토 · 조달원/업체관리
자 금 관 리	· 야전자금 소요제기업무	· 야전자금 배정·결산업무
재 산 관 리	· 재산현황(장비, 수리부속, 공구)·이동 중 자산관리 · 주요 관심품목 재산현황(재고고갈품목, 시장성품목 등)	
수 불 관 리	· 장비보급업무·FMS 청구/자금관리 · 수리부속/공구 청구/불출/수입	
수 송 관 리	· 적송 제원/소요업무	· 적재/발송업무
저 장 관 리	· 수입관리, 입출고관리	· 창고이관/위치변경 업무
창 고 안 전 관 리	· 창고제원관리	· 소산관리업무
검 사 시 험 관 리	· 검사업무(계획, 실적)	· 하자 보고/후속조치업무
장 비 운 영 / 정 비 관 리	· 장비등록/이력관리 · 부대/야전/창정비업무 · 항공기 정비·군외 정비업무	· 외주, 해외정비업무 · 3군 공동 정비지원업무 · 정비실적 분석업무
소 모 처 리 관 리	· 장비도태업무	· 폐처리, 폐기율 작성
지 휘 평 가 관 리	· 정비/보급 지원 분석 * 국방부/합참 지휘정보 연계	· 재산분석업무

4. 육·해·공군 업무표준화

가. 표준화 배경 및 추진경과

장비정비정보체계는 단위부대~국방부까지의 장비, 정비, 수리부속, 공구 업무를 실시간 처리 및 자산가시화를 중점적으로 개발하였으나, 업무의 특성상 육·해·공군이 상호 연동되지 않으면 3군 상호지원 수행이 제한될 수밖에 없다. 물자·탄약정보체계는 육·해·공군이 동일한 정보체계를 사용하고 있으나 장비·정비업무는 육·해·공군에서 사용하는 용어 및 업무 절차가 매우 상이하여 통합된 정보체계를 사용한다는 것은 매우 어려워 분리 개발을 추진하게 되었다. 그렇지만 3군 상호지원, 국방부/합참 지휘정보 구현, 기 개발된 군수 내·외부 및 타 체계와의 상호운용성 달성을 위해서는 육·해·공군의 업무 표준화는 필수적이라 판단하였다. 따라서 이 분야에 대한 육·해·공군·국방부의 전문가들이 한자리에 모여 표준화 대상 업무를 선정하고 표준화를 추진하였다. 표준화 적용 우선순위는 ① 국제표준 ② 국가표준 ③ 국방표준 ④ 관련 법규 및 규정 순이며, 타 체계와의 연동 등을 고려하여 표준화하였다. 표준화는 업무분석·설계·구현·시험평가 및 유지보수와 전력화 운영 시에도 지속적으로 보완하고 신규소요 발생 시 추가 반영하며, 도출된 대상 업무 표준화 안건은 개발기관의 의견을 종합하여 정책실무회의를 통해 국방부 표준안으로 결정하였다.

표준화 대상 분야는 ① 군수제도 및 업무 분야 표준화 ② 자료구조/부호 표준화 ③ 재정정보체계 연계소요 표준화 ④ 정보기술 표준화이며 2~3주 이전에 토의할 주제를 선정하고 각 군에서 의견을 조율한 이후에 육·해·공군 대표가 국방부에 모여 토의하는 방식으로 진행되었다. 최종 정책실무 회의를 앞두고는 주요 군수지휘관 및 참모들이 모여 표준화 업무에 대하여 교리 등 여러 측면에서 심층 깊은 토의를 한 이후에 육군안을 제시하였으며 확정된 업무표준화는 다음과 같다.

나. 표준화 현황

구 분	주 제	내 용
1	용어 표준화	육, 해, 공군 각각 상이하게 사용하는 군수용어의 표준화
2	부대부호 표준화	각 부대의 식별부호 표준화로 상호운용성 보장
3	품목식별번호 기준/ 전산 키 표준화	군수품의 식별번호 및 전산 키 표준화로 육, 해, 공군 장비정비정보체계 및 타 분야의 정보체계의 연동성 보장
4	품목분류체계 표준화	장비, 수리부속의 분류체계 표준화로 청구, 재고통제, 분석 여건 조성 및 3군 상호지원 보장
5	계정과목 분류	군수품의 예산계정과목 분류체계 정립으로 재정정보체계와의 연동성 보장
6	수리부속 계정과목 분류	재정정보체계와의 연동을 고려 수리부속을 통상품으로 분류 * 전투장비는 전비품으로 분류 및 관리
7	재산계정업무 표준화	유동자산의 계정 기준점 설정으로 군에서 보유하고 있는 모든 자산의 실시간 계정 가능
8	자금관리체계와 예산 분류체계의 일원화	야전자금관리체계와 예산 분류체계를 통일하여 예산항목별 결산수행 여건 조성
9	자산관리체계 정립	용도별, 유형별 자산기준 정립으로 효율적인 관리 보장
10	장비대당유지비 산정 표준화	예산편성, 정책 수립에 필요한 장비 대당유지비 산정 기준 정립으로 일관성 있는 업무 수행 여건 조성
11	원천문서(입력양식) 표준화	정비지시서, 월장비운행증 양식 표준화로 현황 집계 및 효과적인 분석작업 보장
12	청구 및 불출 우선순위 표준화	제대별 임무 우선순위, 품목별 우선순위를 고려하여 육, 해, 공군 각급 부대에서 청구한 군수품의 지원 우선순위 결정으로 제한된 자원으로 최대의 전투력 발휘 보장에 기여
13	장비등록 업무 표준화	등록 대상 장비, 등록번호 구성체계, 등록절차 표준화로 업무 효율성 보장 및 체계적인 업무수행 여건 보장
14	장비종합이력부 양식 통합 및 개선	각종 통계자료로 활용할 장비별 등록제원, 이력변경, 운용 실적, 정비실적 관리 양식의 표준화로 현황집계 및 분석 여건 조성

▌표 2-3 용어 표준화

구분	육군	해군	공군	표준 용어
1	청구	부내/외 청구	신청	청구
2	불출예정	OB	후불	불출예정
3	D/O 해소	불출예정의 불출조치	후불해제	불출예정해소
4	품종	물종	품종	품종
5	품류(부호)	소모성(부호)	소모성(부호)	품류(부호)
6	복구성 품목	재생가능 품목	수리순환 품목	복구성 품목
7	획득건의 부호	획득조언 부호	획득건의 부호	획득건의부호
8	(특별)재물조사	재물조사	현수조사	(특별)재물조사
9	검사작업지시서	정비청구서	검사작업지시서	정비지시서
10	체촌	체적	척신	체촌
11	관리전환	관리전환	이관	관리전환
12	모델번호	모델번호	타입	모델번호
13	장비명 및 제형	장비명	품명	장비명
14	장비가격	도입가격	장비가격	취득가격
15	장비이동계획	장비소속변동	이관기록	이력기록
16	정비실적	정비실적	수리실적	정비실적
17	거래증	청구서	거래증빙서	거래증
18	동류전용	동류전용	부속유용	동류전용
19	인가(초과)	정수	과보유	정수
20	장비수명	장비수명	내용연수	내용연수

5. 효과적인 업무수행을 위한 BPR 분야

가. 인가 대 보유현황 가시화

1) 편제시스템 연동으로 장비인가량 자동산정

군수업무 중에서 가장 시간이 많이 소요되는 분야는 장비인가 대 보유 현황을 종합하는 일이다. 장비할당계획을 작성하거나 훈련 시 전투력을 판단하는 데 기초자료로 활용되지만 신뢰성에 대한 의구심은 항상 떨쳐 버리지 못하였던 분야이다. 출발이 잘못되면 결과 또한 잘못될 수밖에 없기 때문에 군수정보화 사업을 추진하면서 가장 중점을 두고 추진하였다. 탄약·

물자정보체계에서는 인가 분야를 편성부대에서 입력·수정하도록 하여, 동일유형의 부대임에도 인기량 차이가 과다하여 군수업무의 신뢰성을 저하시키는 원인이 되었다. 이러한 문제점을 해결하기 위하여 장비정비정보체계는 편제시스템과의 자동연계를 통하여 시스템관리자가 장비인가현황을 자동입력하고, 각급 부서의 사용자들은 조회·검색하여 활용할 수 있도록 함으로써 편성부대 실무자들의 입력요소를 최소화하고 신뢰성 있는 자료 관리를 할 수 있는 여건을 조성하였다.

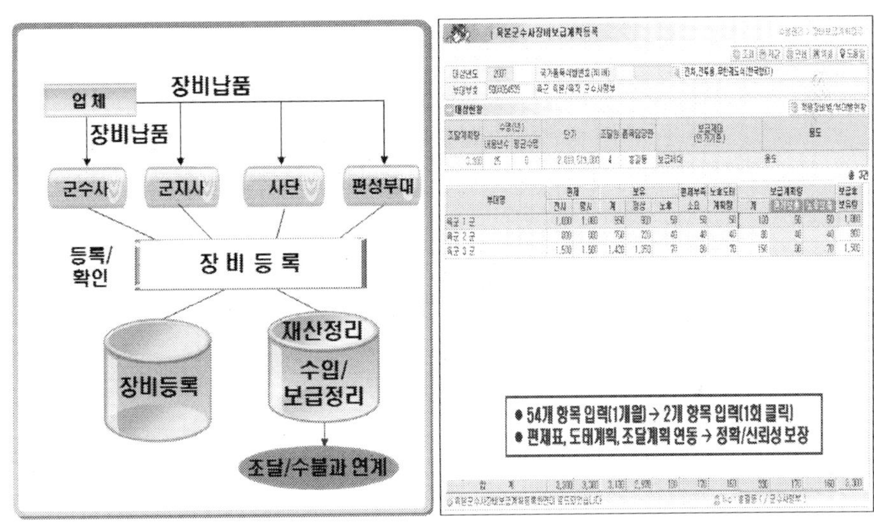

그림 2-3 장비인가산정관리 개선 체계 및 개발 화면

2) 유형별 자산가시화 체계 구현

지원부대 및 편성부대에서 장비·수리부속·공구를 청구, 수령, 정비입고, 반납, 폐처리할 때 발생하는 자산변동 현황을 자동적으로 집계되도록 하였다. 매년 각급 부대의 군수조직을 활용하여 수개월 동안 실시하였던 재물조사가 불필요하게 됨에 따라 막대한 인력과 예산의 절약이 가능하다. 제대별 자산가시화는 부대별 인가/보유현황 가시화(편제장비, 지역장비, 전비품/통상품), 기능별·목적별·상태별·연도별·지역별 현황 가시화, 부대유형별(지휘제대, 지원제대, 운용제대) 현황 가시화가 구현하였다. 용도별 자산가시화는 모든 편성부대가 편제상에 보유하여 운영 중인 재산의 가시화, 지원부대 저장보유 중인 재산가시화, 수송 중인 재산가시화, 획득 조달 예정인 자산가시화, 정비대기 중인 재산가시화가 구현된다. 유형별 가시화 측면에서는 비용개념(총자산, 현재고 자산, 수입예정자산, 불출예정 자산)의 재산 가시화, 수량개념(현재고, 청구수량, 소요, 수요 등)의 재산 자산 가시화, 적재·적하를 위한 중량·용적개념의 재산 가시화를 통하여 장비수명 및 상태에 따른 노후도태계획 수립에 필요한 정보제공이 가능하게 되었다.

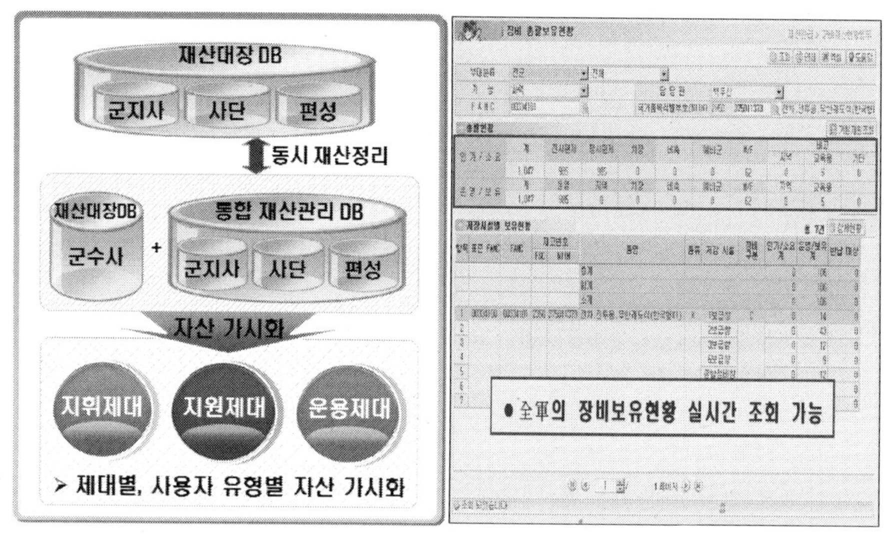

그림 2-4 全軍 자산 가시화 체계도

나. 장비등록제도 개선

1) 등록 대상 장비 기준 개선

지금까지 등록장비는 도입단가 1천만 원 이상인 장비와 전투긴요 장비 및 순환정비장비를 대상으로 하였으나 기준이 수시로 변동되어 혼란이 발생하였다. 따라서 장비정비정보체계 업무표준화를 추진하면서 육·해·공

134

군 표준화 및 향후 전산시스템에 의한 등록제도의 자동화를 고려하여 장비목록편람에서 전비품으로 분류된 장비 및 비용분석 대상 장비를 등록 대상 장비로 관리하도록 개선하였다.

2) 등록절차 개선

수작업에 의한 장비등록업무는 과다한 시간 소요, 누락, 착오, 중복 등이 발생되어 등록업무의 신뢰성이 저하되었다. 장비정비정보체계에서는 장비수령부대에서 장비등록화면에 직접 입력하면 등록기관의 검증을 거쳐 재산정리 및 등록번호가 부여되도록 장비등록 시스템이 구축되어 인력과 시간이 획기적으로 절감될 것이다.

3) 등록번호 부여방법 개선

장비등록번호체계도 육·해·공군이 공통적으로 사용할 수 있도록 표준화하였으며 군 구분(1자리: 육군 '1', 해군 '2', 공군 '3') – 등록 연도(4자리) – 장비별 일련번호(7자리) 등 12자리로 구성되며 장비 기준 값인 FAMC[74] 코드와 연계하여 DB를 구축하였다.

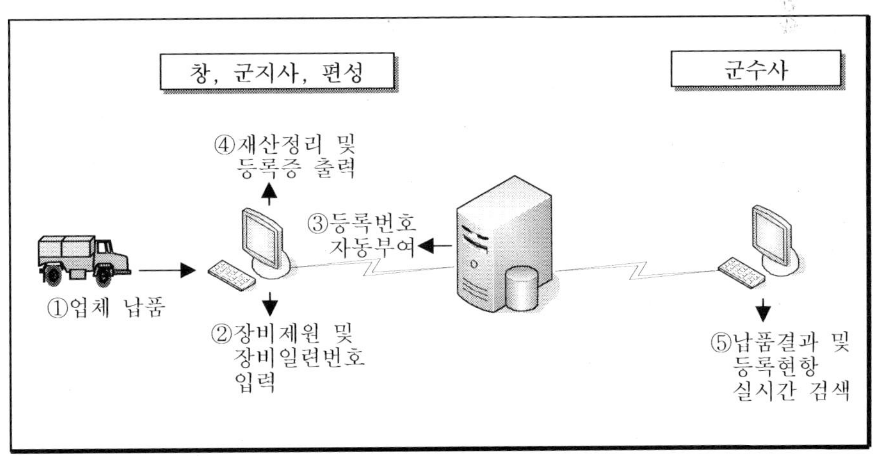

┃그림 2-5 자동화된 장비등록 체계도

---

74) FAMC: Functional Apllication Model Code 기능적용모델부호.

다. 장비종합이력 DB 구축

1) 장비등록증과 장비종합이력부 양식 통합

장비등록증과 장비종합이력부의 기술(記述) 요소들은 비슷하지만 작성부대(서)가 상이하여 각각 별도의 양식으로 유지되어 왔다. '96년부터 시작된 개발방향 정립단계에서 통합 관리하는 방안을 유력하게 검토하였으며 업무 표준화 정책실무회의에서 최종적으로 확정하여 개발에 반영하였다. 따라서 지금까지 투자하였던 이중관리에 대한 노력은 절감될 것이다.

2) 실질적인 RAM[75] 분석 여건 조성

전투장비의 운용 및 정비과정에서 작성된 각종 제원은 유지보수를 위한 정책수립의 기본 자료로 활용되어야 하며, 신규 무기체계를 개발할 때 Feed-back되어야 하는데 창군 이후 제대로 활용되지 못하였다. 그러나 DOS체계에서 운용되는 편성부대자원관리 시스템(FRMS)[76]은 1,700여 편성부대에서 입력한 자료를 종합·분석할 수 없었으며 RAM 분석 자료를 요구하는 부서도 없었으며, RAM 분석을 수행할 부서도 없었다. 내년부터는 장비정비 관련 정책부서와 신규 무기체계 소요제안 및 개발 관련 부서에서 RAM 분석 자료를 활용할 수 있다. 다만 심층 깊은 분석 자료를 작성하기 위해서는 장비정비정보체계의 입력항목을 구체화하고 분석프로그램을 추가하여야 한다.

라. 소요관리체계 개선

1) 전투장비 수리부속 수요집계 자동화

편성부대자원관리 시스템과 지원부대(사단, 군지사, 군수사) 자원관리 시스템은 어느 부대, 어떠한 전투장비를 정비하기 위하여 수리부속을 청구하였는지 파악할 수 없었다. 또한 수리부속을 소모하였는지도 확인할 수 없었

---

75) RAM: Reliability 신뢰도, Availability 가용도, Maintainability 정비도.
76) FRMS: Formation Resource Management System 편성부대자원관리 시스템.

다. 따라서 소요예측 적중률은 형편없이 저조하였으며, 재고고갈 및 초과자
산은 지속적으로 발생하였다. 각종 감사에서는 수없이 지적을 당하고 징계
를 당하는 실무자들도 많았다. 장비정비정보체계는 정비지시서(검사작업지
시서)에 의한 장비별 수리부속 수요실적을 자동으로 집계하도록 설계하였
다. 수리부속 계층구조 DB를 활용하여 정확한 장비별 수요집계, 대당유지
비 산정 등이 가능하도록 개발하였다.

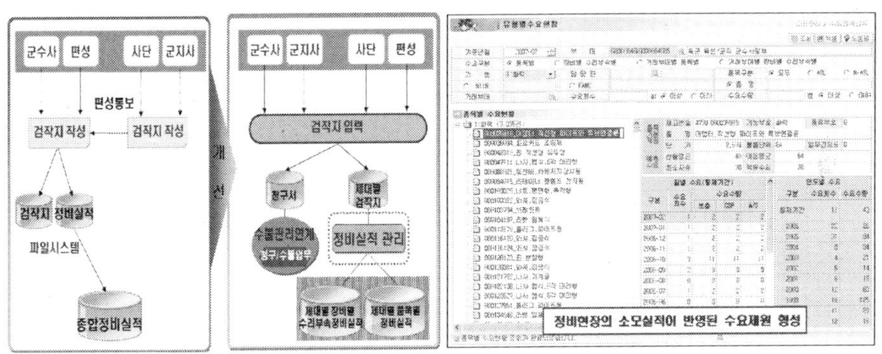

그림 2-6 수요집계 절차 개선

2) 공구인가/소요산정 전산화

공구는 정비지원에 있어서 필수적인 요소이나 그동안 관리부서가 자주
변동되는 등 체계적인 관리가 제한되었으나 장비정비정보체계에서는 부
대·품목·세트별 공구인가 데이터베이스를 구축하여 체계적인 관리가 이
루어질 수 있도록 하였다.

3) ASL/PL 관리체계 개선

효율적인 정비지원을 위해서는 체계적인 수리부속 관리가 선행되어야 한
다. 지금까지 ASL/PL 관련 사항이 문서/책자 형태로 관리됨으로써 전 제대
동시전파가 제한되고, 부대별 품목 선정 및 보급수준관리가 미흡하였으나
편성부대~군수사의 ASL/PL 자료를 단일 DB로 구축하여 신뢰성이 보장된

업무수행이 가능하도록 개발하였다.

4) 정확한 조달소요산정 체계 구현

야전부대의 청구실적에 의하여 집계된 수요실적은 각종 분석 작업 및 야
전부대에서 필요한 수리부속을 획득하는 데 중요한 자료로 활용하고 있다.
그러나 지금까지의 수요제원철은 신뢰성이 매우 미흡하였으며 이에 근거하
여 작성한 조달계획이 적중률이 높을 것이라고 믿는 실무자는 없다. 이 문
제를 해결하기 위하여 정비지시서 입력과 동시에 수리부속이 청구되도록
하고, 정비작업 완료 버튼을 누르는 순간에 소모 삭제가 되도록 개발하였
다. 또한 수리부속 계층구조에 의한 주 장비별 수리부속 관리, 각급 부대에
서 입력한 모든 자료가 메가 센터에 실시간으로 집계되도록 하였다. 즉, 야
전부대의 정비물량 발생 및 정비실적에 근거하여 소요예측 및 조달작업을
하도록 체계화하였으므로 소요예측 적중률은 크게 향상될 것으로 기대된다.

마. 일반지원정비대대 · 보급창 자체 정비용 수리부속 역수송문제 해결

1) 기계적 뷰로크라시적[77] 조직구조에서 잉태된 문제점

군 조직은 전형적인 기계적 조직이다. 군인은 상관의 명령에 복종하여야
하며, 규정과 방침을 최우선적으로 준수하여야 한다. 그러나 규정 및 방침
을 제정할 때 모든 상황을 고려한다는 것은 불가능에 가깝다. 모든 비사단
급부대는 직접지원정비대대에서 전투장비 정비에 필요한 수리부속을 수령
하도록 규정되어 있다. 대규모 수리부속 저장창고를 보유하고 있는 일반지
원정비대대, 보급창도 비사단급부대에 포함되기 때문에 수십 킬로미터 이격
된 직접지원정비대대에서 수령해야만 하는 일이 창군 이래 진행되어 왔다.
이는 대규모 식당의 주인이 동네 끝에 위치한 포장마차에서 매일 식사를
해야만 하는 식이었으며, 창고형 할인매장의 화장실에서 사용할 화장지를

---

77) 조직구조론의 하나로 법과 규정에 의한 업무처리를 최우선으로 하는 조직을 말한다.

동네 슈퍼에서 구매하는 것과 같다. 군사전문가임을 자처하는 수많은 사람들이 지나갔음에도 이런 일이 수십 년 동안 지속되어 왔다는 것은 아이러니이다. 나의 눈으로 식별하고 해결하였다는 사실을 굳이 자랑하고 싶지 않다.

2) 실태 파악 및 제도 개선

해당 부대에서 1년 동안 수리부속 역수송 현황을 보고한 공문을 종합한 결과 대부분의 부대에서 규정을 준수하기 위하여, 옆에 있는 대규모 수리부속 창고는 쳐다보지도 않고 원거리에 있는 직접지원부대에서 수리부속을 수령하고 있다는 사실을 확인하였다. 정보체계 개발사업은 현재의 규정과 방침을 컴퓨터 시스템화하는 것도 중요하지만 필요시에는 규정을 바꿀 수 있다는 원칙에 입각하여 개발위원회 심의에 상정한 결과 100% 찬성으로 가결되었다. 또한 모든 부대는 최기 지원부대에서 수리부속을 지원받을 수 있도록 한다는 부가적인 개선사항도 확정하였다.

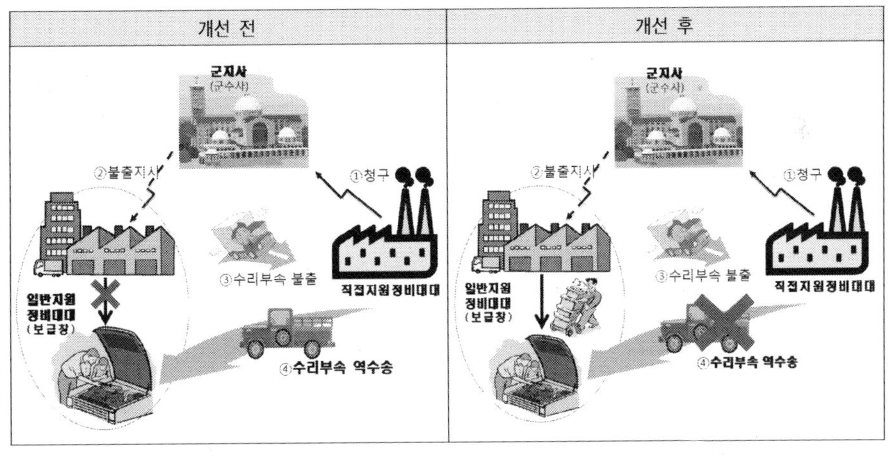

▌그림 2-7 수리부속 역수송 문제 해결

바. 순환정비 우선순위 선정 표준화[78]

전투장비는 사용부대에서 주기적인 예방정비를 실시하는 것도 중요하지만 어느 시기가 되면 정비부대에 입고하여 전반적인 정비활동을 하는 것이 매우 중요하다. 마치 사람이 집에서 주기적인 식사와 운동을 통하여 건강을 유지하다가도 1년에 한 번 정도는 종합병원에 가서 진찰을 받고 문제가 있으면 치료를 받는 것과 유사하다. 우리 민족이 계량화 작업에 특히 미흡한 것처럼 순환정비 대상 장비의 선정에도 계량화가 이루어지지 않고 민족 특유의 감(感)에 의한 업무가 수행되어 왔다. 정보화·과학화 국군건설은 감(感)의 문화보다는 절대적인 계량화를 통하여 모든 사람이 인정하고 수긍할 수 있는 업무체계 정립을 통하여 가능하다. 이를 위하여 군수사, 정비창, 군지사, 정비대대의 최고 전문가를 수차례 소집하여 회의를 한 결과 다음과 같은 표준안을 결정하였다.

순환정비 우선순위 결정 표준안

1. 순환정비 우선순위 결정은 2단계로 구분/관리
   가. 1단계: 상태검사 대상 장비 확정단계(운용제원, DS부대 상태검사 결과)
   1) 창순환정비 검사대상 장비 선정 시 배점기준 %

구 분	궤도장비	화포/대공포	특수무기	항공
운용제원	80	20	60	장비별
상태검사	20	80	40	차등 적용

   2) 야전순환정비 검사대상 장비 선정 시 배점기준
      가) 운용제원 30%　　　　　나) 상태검사 70%
   나. 2단계: 우선순위 확정단계
      1) 정비창/군지사 검사관 상태검사 항목은 장비별 작성
2. 창(야전) 순환정비 검사관의 상태검사 결과가 동점일 경우에는 1단계 점수를 고려한다(1단계 동점 시 수명, 거리 순)
3. 배점기준, 검사항목은 수정할 수 있도록 설계한다.
4. 배점기준/검사항목의 수정권한은 실제 업무를 수행하는 군수사·정비창· 군지사 담당관에게 부여한다.
5. 프로그램 개발은 2단계 개발 진도를 고려하여 융통성 있게 추진한다.

---

78) 순환정비 우선순위 선정 표준화는 개발일정 촉박으로 유지보수 단계에서 보완할 과제로 선정하였다.

6. 발전방향

대한민국이 자랑하는 IT기술은 하루가 다르게 발전하고 있다. 수많은 군수부대(서)에서 수행하는 업무절차가 날마다 개선되어야 변화되어 가는 세상에 적응할 수 있다. 국방부에서는 육·해·공군의 각종 군수현황이 집계되어 지휘정보로 활용할 수 있지만, 편성부대에서는 수리부속을 청구하는 화면이 다르고, 전투복을 청구하는 화면이 다르고, 교탄을 청구하는 화면이 다르다. 접속해야 하는 정보체계가 다르고, 사용자 ID가 다르다. 정상적인 업무수행을 위해서는 담당관들이 품종별로 각각 보직되어야 하지만 편제를 담당하는 부서에서는 결코 수긍하지 않는다. 같은 화면에서 수리부속이건, 전투복이건, 교탄이건 모든 군수품을 청구하고 관리할 수 있는 정보체계를 개발하여야 한다. 혹자는 전투복과 수리부속의 업무절차가 매우 상이한데 어떻게 가능하겠느냐고 한다. 그러나 대형할인매장에서 식료품, 동내의, 소설책, 텔레비전을 구매하더라도 한 창구에서 계산하면 끝이다. 품종별로 각각 다른 창구를 이용해야 한다고 이야기하는 사람은 없다. 단일 정보체계를 운용하는 체계로 바뀌게 되면 많은 인력과 예산을 절약할 수 있다는 것은 민간기업에서도 많은 사례를 볼 수 있다.

미래 정보체계는 주 장비별로 수리부속, 탄약, 유류, 정비인력 등 모든 전력화 지원요소를 통합 관리할 수 있어야 한다. 시스템 엔지니어링 차원에서 정보체계를 설계하고 개발하면 정비·운용 간 축적된 제원을 신규 무기체계 개발에 곧바로 활용할 수 있다. 선진국에서는 새로운 무기체계를 판매할 때 이런 종류의 데이터를 비싼 가격에 사 가도록 권유하고 있으며, 우리나라에서 무기체계를 구매하는 나라에서는 야전부대의 정비·운용제원을 요구하고 있다. 효과적인 후속 군수지원에 필요한 자료이기 때문이다. 정보체계를 사용하지 않고 수작업으로 수백만 점의 전투장비를 관리한다는 것은 불가능에 가깝고 컴퓨터 문화에 익숙한 신세대 장병들에게는 있을 수 없는 일이다. 정보·과학군 육성을 목표로 지금까지 추진하여 온 정책에도 위배된다. 다소의 시련과 어려움이 있더라도 21세기 군사변혁을 주도하는 데는 결코 주저하지 않아야 한다. 앞장서서 달려야 미래가 보장되는 법이다.

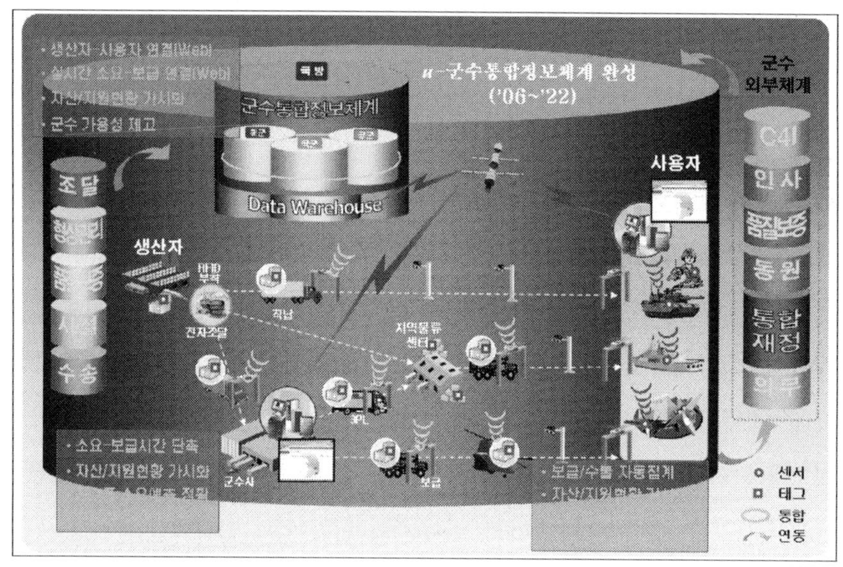

그림 2-8 군수(장비정비)정보체계 최종 모습[79]

---

79) 출처: 군수정책발전 세미나(육군본부, '07.5).

 시스템공학 차원의 수명주기 관리를 위한
계층구조(BOM) 구현

적자생존의 냉혹한 현실 속에서 살아남기 위해서는 전투장비(제품) 관리를 효과적으로 관리할 첨단 기법의 적용이 필요하다. 민간기업은 생존전략 차원에서 수리부속 계층구조관리(BOM) 제도를 채택하여 모든 제품을 관리하고 있다. 육군에서도 전투장비의 첨단화 및 과학적 운용 유지를 위한 RAM - D 분석 여건조성 등에 꼭 필요한 기법으로 판단하였으며, '장비정비정보체계 개발사업 업무표준화 회의'에서 난상토론 끝에 제도 채택을 의결하였다. 이후 필자가 중심이 되어 육군에서 사용하는 20만여 종에 이르는 수리부속 계층구조 DB 구축을 완료하여 정보체계에 반영하였다. 수리부속 청구 착오의 'Zero'화, 초과자산 발생 최소화, 소요예측 적중률 향상, 대당유지비 산정 등 다양한 분야에서 활용하여 과학군 육성을 주도할 것으로 판단된다.
∴ 육군장비정비정보체계 반영, 군수誌 투고

1. 개 요

최근의 기업환경은 사업영역의 글로벌화, 수요(需要)의 다품종 소량화, 주문에서 배송시간 최소화, 제품수명 단축, 급격한 기술변화, 소비자 욕구의 다양화 등 생산자중심에서 고객중심으로 급속한 변화가 진행되고 있다. 우리 육군에서도 '강한 전사, 강한 군대' 육성을 목표로 부단한 노력을 경주하고 있으며 특히 첨단 기법에 의한 전투장비관리 및 신규 무기체계 획득 노력에 박차를 가하고 있다. 시스템 엔지니어링은 시스템을 구성하는 제반 요소들의 관계를 계층적 구조로 작성하고, 상·하 구조에 어떤 관계가 있는지를 정의하여 데이터화함으로써 시스템 설계, 개발, 생산, 분배, 운용유지, 폐처리 등 수명주기 관리에 필요한 정보를 제공할 수 있는 장점을 보유하고 있어 여러 분야에서 연구되어 왔다. 민간 기업에서는 시스템 엔지니어링의 원리를 채택한 정보체계 개발·활용이 사활(死活)을 건 경쟁에서 생존할 수 있다는 판단 아래 '70년대에 MRP[80]를 개발하였으며, '80년대에는 생산관리 분야의 JIT[81] 및 TQM[82]을 경영 분야의 MIS[83] 및 EIS[84] 등을 차례로 개발하였다. '90년대에는 ERP[85] 개념을 도입하면서 생산 및 생산관리 업무는 물론 설계, 재무, 회계, 영업, 인사 등의 순수관리 부문과 경영지원 기능이 포함된 '제품 수명주기 관리 정보체계'를 경쟁적으로 개발하였다. 첨단 IT기술을 접목한 생산 및 경영관리 정보체계는 기존의 단순한 부품번호(재고번호)에 의한 목록체계로는 사용자 요구사항을 해결하는 것이 불가능하여 BOM[86]이라는 새로운 형태의 목록관리 개념을 채택하였다. BOM은 특정 제품(Product)을 구성하고 있는 부품(Item)들에 대한 정보와 부품 간의 관계(relationship)를 정의하는 데이터베이스라고 정의(定義)할 수 있다. 수만종의 크고 작은 수리부속으로 구성된 전투장비의 성능을 유지하고, 차후에 보다 우수한 전투장비를 개발하기 위해서는 장비획득~도태까지의 수명주기 관리가 가능한 장비정비정보체계를 개발하여 운용·정비작업 간 발생한 각종 정보를 데이터베이스화 하여야 하며, 민간기업의 ERP·PLM[87]에 버금가는 장비정비정보체계를 구축하기 위해서는 현재의 재고번호를 주축으로 구성된 목록체계보다 진일보된 방안(方案)을 채택하여야만 가능하다.

　2차 세계대전 이전에 형성된 재고번호 중심의 목록관리체계를 답습하여

---

80) MRP: Material Requirement Planning, 자재소요계획관리.
81) JIT: Just In time 적기공급생산.
82) TQM: Total Quality Management 전사적 품질관리.
83) MIS: Management Information System 경영정보시스템.
84) EIS: Executive Information System 실적정보시스템.
85) ERP: Enterprise Resource Planning 전사적 자원관리 시스템.
86) BOM: Bills of Material 자재청구서.
87) PLM: Product Life－cycle Management 제품수명주기 관리.

사용한다는 것은 마치 자동소총으로 무장한 전투병이 삿갓을 쓴 것처럼 매우 어설픈 모습이 될 것이다. 그러나 다행스럽게도 '09년 1월 전력화를 목표로 개발 중인 장비정비정보체계 개념연구 과정에서 민간기업의 BOM 개념을 도입한 '수리부속 계층구조관리' 기법 채택을 제안하였으며 '06년 4월 장비정비정보체계 정책실무회의에서는 장차 육·해·공군에서 적용할 업무 표준으로 확정되었다. 그러나 구체적인 구현방안을 찾지 못하여 해·공군에서는 적용하지 못한 실태이고, 육군에서만 세미나 개최 및 수차례의 실무 토의를 통하여 21세기 정보화·과학화 육군건설을 주도할 수리부속 계층구조 데이터베이스 구축 및 프로그램개발이 진행되고 있다. 따라서 여기에서는 시스템 엔지니어링 및 수리부속 계층구조에 대한 소개 및 데이터베이스 구축, 실무 적용방안 등을 제시하고자 한다.

2. 시스템 엔지니어링 및 수리부속 계층구조 이해(理解)

가. 시스템 엔지니어링 개요

시스템(System)이란 단어는 그리스어 'systema'에서 파생되었으며 'an organized whole', 즉 하나로 형성된 조직체를 의미하며, Webster 사전에는 어떠한 특정요구를 충족시키기 위해 주어진 공통목적을 함께 수행하는 상호 연관된 구성품(components)의 통합된 것이라고 기술되어 있다. 시스템 엔지니어링은 2차 세계대전 이후 무기체계 개발 비용증가와 기술적 복잡성, 시행착오 최소화 등을 해결하기 위하여 강조되었다. 시스템 엔지니어링은 무기체계의 전 수명주기를 통하여 적용하여야 하는 기술적, 관리적 과정으로 기능 수행에 필요한 인적 자원, 기술자료, 정비시설, 기술교육 등 다양한 요소들로 구성되어 있다. 각 시스템은 하향식 프로세스(Top-down process)에 의한 계층구조 (hierarchy) 형태로 이루어지며 기능 및 복합도에 따라 하부 시스템, 결합체, 부품 등으로 구분되는데 특정한 요구에 부합하도록 기능적이고 전체적인 목적을 효과적으로 달성할 수 있어야 한다.

나. 목록관리제도 태동 및 제한 사항

목록이란 어떤 사물에 대한 제원 및 자료 등을 형식과 체계에 따라 일목요연(一目瞭然)하게 나열한 일람표를 말하며 사용자가 물품을 취급하고 관리하는 데 필요한 정보를 얻기 위하여 특정 물품에 대한 모든 자료를 수집하여 일정한 형식과 절차에 따라 사용이 편리하도록 체계화한 '자료 묶음'이다. 국방목록제도는 수백만 품목의 수리부속 등 군수품의 소요판단, 획득, 저장, 분배, 정비 및 소모처리 업무를 체계적으로 수행하는 데 꼭 필요한 것으로 목록제도를 활용하지 않은 업무시스템은 중복처리로 인한 예산·인력의 낭비가 상상을 초월할 정도로 과다(過多)하여 발전의 장애요인이라는 것은 명약관화(明若觀火)하다. 현재 사용하고 있는 국방군수목록체계는 1980년대 초에 나토목록제도에 가입하면서 제정된 국방부령 제 341호 보급품 목록화 규정에 의하여 발전되어 왔으나 군수품별 재고번호, 부품번호 등을 부여하고 관리하는 수준으로 3억 원이 넘는 K1A1전차 엔진과 100원 미만인 볼트·너트를 각각 13자리 재고번호에 의해 동일하게 취급하고 있다. 혹자는 기존의 목록체계를 개발 중인 장비정비정보체계에 적용하자는 주장을 하였으나 이는 초경량급의 최신 노트북에 진공관을 사용하겠다는 생각과 같다.

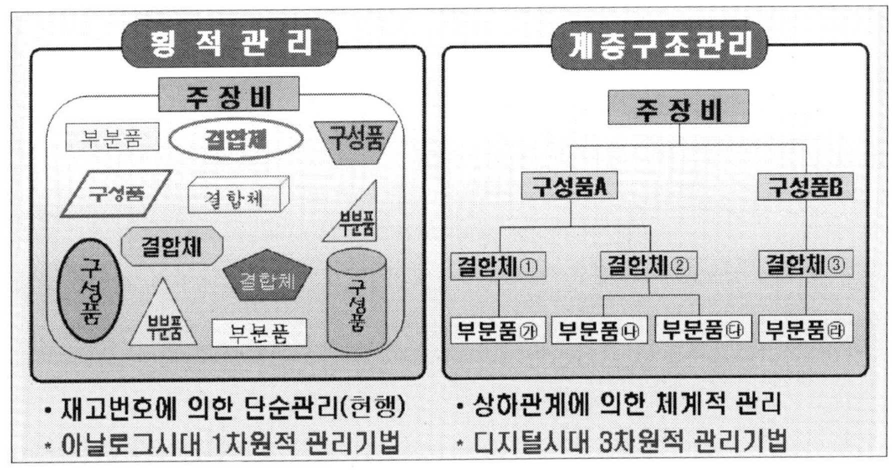

그림 2-9 수리부속 계층구조 관리 기법 비교

다. 수리부속 계층구조 관리란?

수리부속 계층구조란 민간업체의 BOM을 군 특성에 맞도록 의역(意譯)한 용어(用語)이다. 학계 및 산업체에서 사용되는 BOM 정의 및 관련 용어는 매우 다양하며 종류별로 혹은 제품의 특성상 불가피하게 사용되어 혼란이 발생되는 경우가 있다.

1) 수리부속 계층구조 정의

(1) Mather('94): 제품정의(Product definition)에 대한 일반적인 서술을 BOM(Bill of Material, 자재명세서)이라고 하고 산업종류에 따라 제품구조, 제품명세, 제품 리스트, 레시피(recipes), 포물레이션(formulation)이라는 용어를 사용한다.

(2) Garwood('95): 제품생산 또는 조립작업을 위한 원자재와 하위 제품들을 기술한 기업데이터(Company data)를 BOM이라 한다.

(3) SAP AG('96): 최종제품 또는 중간제품을 구성하는 하위제품을 정형

화된 구조의 리스트로 표현하는 최종제품 혹은 중간제품을 BOM이라 하며 제품들의 이름과 참조번호, 수량, 기본단위 등의 정보를 포함한다.

(4) Van Veen('92): 완제품에 대한 모든 gozinto - relationship을 BOM이라 정의하며 초기에는 설계부문에서 사용하였으나 자재계획기법의 발전으로 품목 간의 모자관계와 필요 수량을 포함하면서 기능이 확대되어 MPS[88]를 지원한다.

2) 수리부속 계층구조 관련 용어

(1) 부분품(parts): 파괴하거나 본래의 사용가치를 감소시키지 않고서는 분해할 수 없는 낱개 물건으로 한 개의 품목이 그 이상 분해될 수 없거나 분해하는 것이 실질적으로 불가능한 최소의 단위품목으로 볼트, 너트 등이 예이다.

(2) 결합체(assembly): 두 개 또는 그 이상의 부분품을 연결 또는 합쳐서 하나의 품목이 된 것을 말하며 예를 들면 카뷰레터, 노리쇠뭉치 등이 있다.

(3) 구성품(component): 두 개 이상의 결합체가 연결 또는 결합되어 한 개의 물체로 기능을 발휘하는 품목으로 독자적인 기능을 발휘할 수 있으나 외부에서 조종하거나 전원을 공급하여야 작동하는 품목을 말하며 엔진, 변속기 등이 예이다.

(4) 반조립품(subassembly): 제품구조를 명시할 때 상위 조립품과 하위 조립품의 관계를 나타낼 경우 상위 조립품과의 구별을 위해서 하위 조립품을 반조립품이라 한다.

(5) 최종제품(end product): 생산기업에서 더 이상 가공하지 않고 소비자에게 판매하는 제품(product)을 말한다.

---

88) MPS: Master Production Scheduling 핵심제품 명세서.

(6) 원자재(raw material): 대상 기업에서 가공하지 않은 제품으로 다른 상위 제품을 만드는 데 기초가 되는 제품을 말한다.

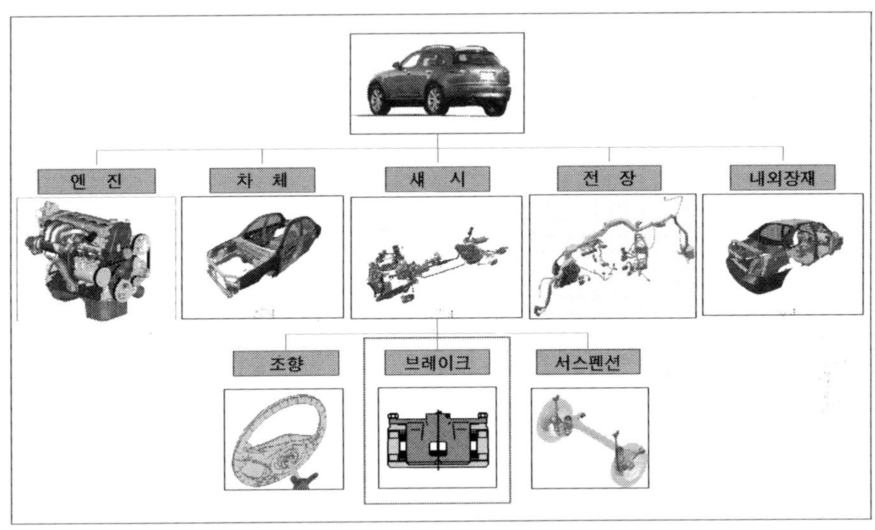

▌그림 2-10 민간업체의 수리부속 계층구조 관리 모형도

다. 수리부속 계층구조 종류

수리부속 계층구조는 기업의 많은 부서에서 직·간접적으로 가장 많이 사용하는 정보로 부서의 업무에 따라 요구하는 정보도 상이하다. 다양한 형태의 상품 요구와 제조과정의 통합에 따라 수리부속 계층구조를 통합하기 위한 시도가 추진되고 있으나 사용 및 관리주체에 따른 수리부속 계층구조 종류는 다음과 같다.

1) 설계 BOM(Engineering BOM): 디자인 및 개발부서에서 사용하는 BOM으로 설계단계에서 제품(장비)은 기능단위로 분할되며 제품기능의 성능, 다른 제품과의 관계 등을 고려한 사양결정 과정에서 원자재, 부품, 조립품 등을 정의(定義)한 설계 BOM을 만들 수 있다. 설계 BOM은 설계자가

사용하는 기능 중심의 BOM으로 생산부서에서 필요한 작업방법이나 작업 순서 등은 포함되지 않는다.

2) 제조 BOM(Manufacturing BOM): 설계부문에서 생성된 제품기능 중심의 설계 BOM을 기반으로 작업방법이나 순서, 경제성 등을 고려하여 작성하며 단계별 가공과 조립순서 및 재고(在庫) 관리를 위한 품목번호 위주로 구성한다.

3) 계획 BOM(Planning BOM): 수요예측, 대량생산계획, 자재계획, 영업 등의 상위수준의 계획업무를 지원하기 위한 것으로 제조업체가 생산하는 제품의 유형과 다양성을 이해하고 있어야 작성이 가능하다.

4) 조달 BOM(Procurement BOM): 품목의 조립순서와 무관하게 부품 종류별로 소요 자재량을 누적하여 BOM의 수준을 간략(簡略)하는 장점이 있으나 내용 면에서는 제조 BOM과 동일하므로 제품별 소요자재의 총량을 별도의 BOM으로 유지하는 것보다는 하나의 제조 BOM을 유지하면서 전개 방법을 제어하여 자재조달 부문에 제공하는 것이 설계변경과 BOM 관리 측면에서 유리하며 높은 수준의 정확도를 유지할 수 있다.

5) 원가 BOM(Costing BOM): 원가 계산을 위한 도구로 사용되며 제품원가는 BOM을 구성하는 품목의 자재비, 제조공정에 대한 제조원가를 합산하여 산출한다.

6) 서비스 BOM(Service BOM): 고객에게 인도된 제품에 대한 사후 서비스 활동을 위한 유지보수용 BOM을 의미하며 제품의 일부분이 파손되었을 경우에 파손된 부품뿐만 아니라 부품의 부착에 필요한 세부품에 대한 정보까지도 제공한다.

라. 수리부속 계층구조를 적용한 민간기업의 기대효과

1) ○○전자

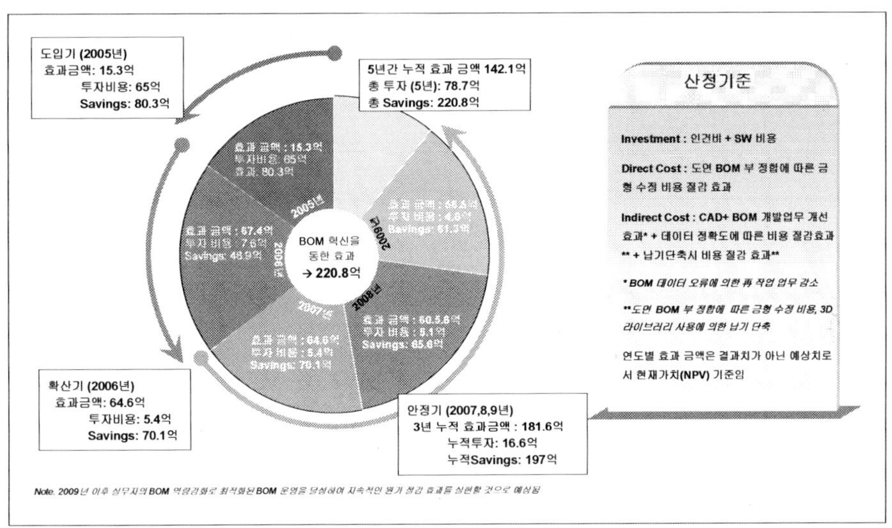

그림 2-11 ○○전자의 수리부속 계층구조 적용 기대효과

2) 기타 업체의 기대효과

표 2-4

구 분	기 대 효 과
○○자동차 ('02년 도입)	·고객 기호에 맞는 다품종 소량 생산 '예' 렉스톤 1,800여 종 ·부품 표준화(2만여 개): 재질, 원가, 중량 정보 관리 가능 ·품질향상 및 신차 개발기간 단축, 창조성과 협업 마인드 고취
○○기계 ('97년 도입)	·비용 절감: 연간 60억 원 ·전사적 통합 데이터베이스 구현, R&D 업무 활성화
○○플라스틱 ('04년 도입)	·설계변경 20% 감소, 관리부품 20% 감소, 시제품 제작 40% 감소 ·지식경영 기반 확보 및 국내외 품질인증체계 대응(ISO9001인증)
외 국 업 체	·HP(Hewlett Packard): 개발 Lead time 36% 단축 ·IBM: 개발기간 40% 단축, 제조비용 45% 절감 ·Boeing: 인건비 30% 절감, 불량률 60% 감소

3. 장비 - 수리부속 품목분류 표준화

가. 표준화 추진 배경

국방물자정보체계 및 국방탄약정보체계는 국방부에서 개발하여 육·해·공군이 동일한 정보체계를 사용하고 있으나, 장비·정비·수리부속 업무는 3군의 교리·방침·절차가 매우 상이하다. 특히 육·해·공군의 장비편제, 획득, 도태, 현황관리 및 수리부속 보급 분야에서 사용하고 있는 목록체계는 아래 그림에서와 같이 매우 상이하여 각종 자료의 집계 및 분석이 극히 제한되는 실태이므로 통일된 품목분류체계를 채택하고 전군에서 동시에 최신화하여 적용할 수 있는 전파체계 구축이 향후 NCW체계를 구현하는 지름길이라 판단하였다.

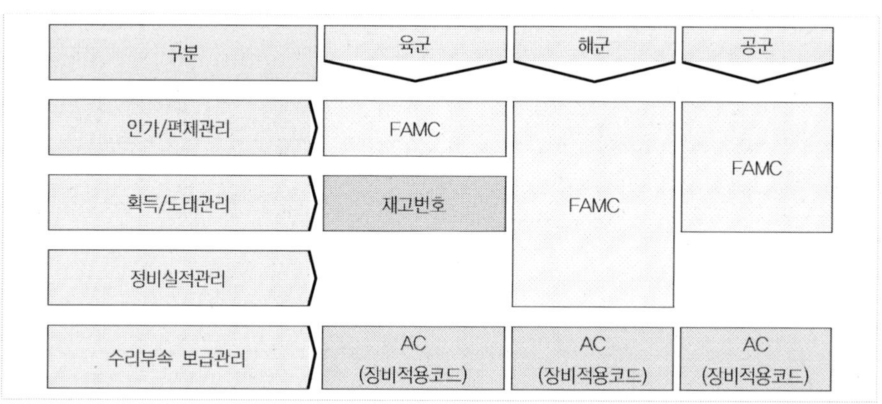

▌그림 2-12 각 군별 품목분류체계 적용 실태

나. 품목분류체계 표준화

1) 장비분류 기준

국방장비 목록편람의 FAMC[89] 부호를 장비정비정보체계 등 모든 군수정

---

89) FAMC: Function Application Model Code 기능적용모델코드.

보체계에서 표준으로 적용한다. 신규목록 추가요령은 육·해·공군에서 기능, 그룹, 모델 등을 확정하여 FAMC 번호까지 부여 후에 국방부로 건의하고 국방부에서는 3군 상호지원 연관성을 검토하여 국방장비목록편람에 반영한다.

2) 수리부속 분류 기준

국방장비 목록편람의 FAMC와 국가식별번호(NIIN)를 Top‑down 방식의 계층구조로 설정하여 관리한다. 다만 해외도입 장비 등 수리부속의 목록제원 획득이 제한되어 장비와 수리 부속의 종속관계 구현이 제한되는 전투장비는 기존의 횡적 품목분류체계를 적용할 수 있다.

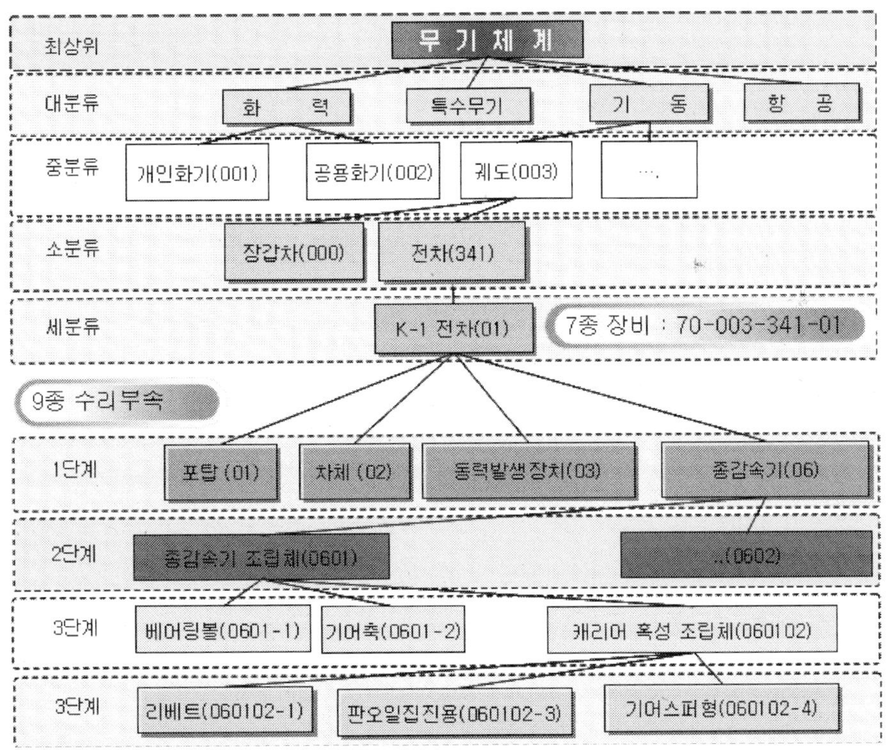

┃그림 2‑13 장비‑수리부속 분류 모형도

4. 육군 수리부속 계층구조 DB 구축

가. 수리부속 계층구조 DB구축 개념도

육군에서 사용되고 있는 전투장비의 수리부속 계층구조 DB는 창정비용 수리부속 및 야전정비용 수리부속을 포함하여 추진하는 것이 타당하다. 현재까지는 야전정비 및 창정비 수행 간 교체소요는 없었으나 장차 다수의 소요발생이 예상되는 신규 전력화 장비의 수리부속에 대한 계층구조 DB 구축도 동시에 추진하였다. 전력화되어 운용 중인 장비 중에서 지상장비는 종합정비창에서 해체검사 및 폐기율 목록 작성에 사용되는 CIMMS[90] 자료를 기초로 작성하였으며, 특수무기는 ○정비창의 폐기율 목록을 기초로 하였고, 항공장비는 ○정비창의 폐기율 목록을 기초로 사용하였다. 창정비에서 사용하는 수리부속은 모두 118,350품목으로 목록제원철에 수록된 수리부속의 57.5% 수준이다.

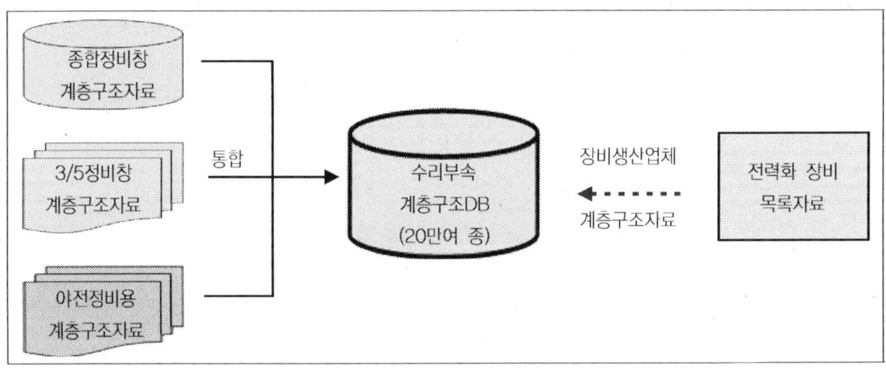

┃그림 2-14 육군 수리부속 계층구조 DB 구축 개념도

---

90) CIMMS: Computer Integrated Maintenance Management System 종합정비관리 시스템.

나. 야전정비용 수리부속 계층구조 DB 구축

1) 수리부속 적용 유형별 DB 구축 방법

창정비용 수리부속은 폐기율 목록에 포함되기 때문에 DB 구축이 비교적 용이하였으나, 야전정비용 수리부속의 DB 구축작업은 가용 인력의 제한, 시간 및 예산 부족 등 여러 가지 측면에서 제한되었으나 과학화·정보화 육군 건설을 갈망하는 정비요원들의 헌신적인 노력 덕분에 비교적 단기간에 완성하였다. 야전정비용 수리부속 계층구조 DB는 ① 단독장비에 적용되는 수리부속 ② 단독장비에 적용되는 다수 구성품(결합체) 적용 수리부속 ③ 다수 장비 및 다수 구성품(결합체)에 적용되는 수리부속 등 3가지 유형으로 분류하였다.

2) 부대별 수리부속 계층구조 DB 구축

특정부대나 특정인 육군의 全 전투장비의 수리부속 계층구조 DB를 구축한다는 것은 물리적으로 시간적으로 불가능하며 제한된 시간에 최대의 성과를 얻기 위해서는 부대별로 분리하여 작성하는 방법이 가장 타당하다. 야전정비용 수리부속은 수요실적과 재고를 보유하고 있는 30,862품목 및 최근 5년간 수요실적은 없었으나 향후 소요가 발생될 것으로 예상되는 11,261품목 등 42,123품목을 대상으로 DB 구축작업을 추진하였다. 수리부속 계층구조 DB 구축작업은 각 군지사별 대상 장비를 구분하여 추진하였는데 ○군지사에서는 기동장비 및 구형헬기를, ○군지사는 특수무기 및 통신장비를, ○군지사에서는 화력장비를, ○군지사에서는 일반장비를 담당하였으며, 신형헬기는 ○○항공기정비대대에서 계층구조 DB를 구축하였다. DB 구축작업을 위하여 부대별로 정비·수리부속 보급업무 유경험자를 선발하여 TF를 구성하였으며 주기적으로 추진실적 확인 및 제한 사항 해결을 위하여 협조회의를 수시로 개최하였다.

표 2-5 장비별 수리부속 작성 및 검증부대 현황

구 분	계	화 력	기동/항공	특무/통신	일반장비	신형헬기
작 성 부 대	-	○군지사	○군지사	○군지사	○군지사	○○항정대
검 증 부 대	-	○군지사	○군지사	○군지사	○군지사	○○항정대
대 상 품 목	42,123	5,531	14,110	11,363	5,298	5,821

3) DB 신뢰성 향상을 위한 부대별 교차 검증작업

군수업무의 생명은 자료의 신뢰성 확보에 있다는 평범한 진리를 실천하기 위하여 구축된 수리부속 계층구조 DB에 대한 군지사별 교차검증 작업을 '07년 1월부터 8월까지 실시하였다. 검증작업은 DB 작성부대와 검증부대를 상호 교차하여 책임제로 계층구조 설정의 타당성 및 누락품목 식별에 중점을 두고 실시하였으며, 최종적으로 상호 토론을 통하여 계층구조 DB를 확정하였다.

다. 최근 전력화 장비의 수리부속 계층구조 DB 구축

최근 전력화 장비는 개발단계에서부터 군수지원 분석을 위한 각종 활동을 활발(活潑)하게 수행하여 RAM 분석 여건을 조성(造成)하고 있으며, 이러한 과정에서 작성된 LCN – FT[91] 및 FGC[92]를 활용하면 수리부속 계층구

---

91) LCN – FT: Logistics Control Number – Family Tree 군수지원분석 관리번호 계통도.
92) FGC: Functional Group Code 기능그룹부호.

조 DB를 구축할 수 있다. 전력화 장비의 종합군수지원 활동 간 주 장비 생산업체 및 ILS 요원들이 많은 노고를 깃들여 작성한 자료를 기초로 ○○○○전차 등 19종 45,470품목의 수리부속 계층구조 DB를 구축하였으며, 차후에는 주 장비 납품 이전에 LCN‒FT, FGC 데이터를 획득하여 활용하면 된다.

표 2‒6 수리부속 계층구조 관련 장비정비정보체계 단위업무

단 위 업 무 코 드	단 위 업 무 명 칭	개 발 내 용
RMRDRD‒03	장비/수리부속별 수요 집계관리	장비별 수리부속 계층구조 DB를 활용하여 수요 횟수 및 수요수량을 자동 집계·제공
EMBMPC‒01	BOM 등록관리	장비별 수리부속 계층구조 DB 입력·삭제
EMBMPC‒01	BOM 현황관리	NIIN별 수리부속 계층구조 DB를 조회하는 업무
EMIWIW‒01	정비지시서 등록관리	정비지시서(검사 및 작업지시서) 입력과 동시에 수리부속을 청구할 때 수리부속 계층구조를 활용
RMRDRS‒04	유형별 수요현황	(공통) 수리부속이 어느 장비에 투입되었는지 장비별, 구성품별 수요현황 확인
EMBMII‒03	비정상품 등록	정비창 최초 기술검사관이 비정상품에 대한 상세 정보를 등록, 수정, 삭제하는 기능
EMBMDI‒01~03	해체검사 결과 등록/수정	해체검사 후 작명에 대한 검사내역 등록, 수정
EMAMAH‒01	시간교환품목 등록관리	시간교환 품목의 각종 제원 및 수리부속 계층 구조를 입력, 수정, 삭제하는 업무
EMAMAM‒05	항공기정비/검사 결과 등록관리	항공장비 정비관이 수리부속 계층구조를 활용하여 검사결과를 입력, 수정, 삭제하는 업무

5. 장비정비정보체계 적용 분야

현재 운용 중인 자원관리 시스템 등 12개 정보체계를 대체할 장비정비정보체계에 적용할 수리부속 계층구조 관련 단위업무는 <표 2‒6>에서와 같이 장비별 수리부속별 수요집계관리, 정비지시서 등록관리 등 11개 단위업무가 식별된 상태이다. 더 많은 단위업무를 개발하지 않은 이유는 지금까지 수리부속 계층구조관리를 충분하게 연구하지 못하였던 이유도 있지만,

더 큰 이유는 장비정비정보체계를 사용할 야전부대 및 정책부서 실무자들이 수리부속 계층구조를 적용한 업무방식에 익숙하지 않은 상태에서 많은 응용프로그램을 개발하는 것보다는 꼭 필요한 업무에만 적용하는 것이 타당하다고 판단하였다. 장비정비정보체계는 '군주도 업체 용역개발' 형태로 개발하고 있으며, 각 분야의 전문가로 구성된 장비정비개발실 소속의 개발인원들이 유지보수 임무를 수행하기 때문에 향후 유지보수 단계에서 사용자 요구사항을 충분하게 반영할 수 있다는 판단도 작용하였다.

▌표 2-7 수리부속 계층구조 관련 장비정비정보체계 단위업무

단 위 업 무 코 드	단 위 업 무 명 칭	개 발 내 용
RMRDRD - 03	장비/수리부속별 수요 집계관리	장비별 수리부속 계층구조 DB를 활용하여 수요 횟수 및 수요수량을 자동 집계 · 제공
EMBMPC - 01	BOM 등록관리	장비별 수리부속 계층구조 DB 입력 · 삭제
EMBMPC - 01	BOM 현황관리	NIIN별 수리부속 계층구조 DB를 조회하는 업무
EMIWIW - 01	정비지시서 등록관리	정비지시서(검사 및 작업지시서) 입력과 동시에 수리부속을 청구할 때 수리부속 계층구조를 활용
RMRDRS - 04	유형별 수요현황	(공통) 수리부속이 어느 장비에 투입되었는지 장비별, 구성품별 수요현황 확인
EMBMII - 03	비정상품 등록	정비창 최초 기술검사관이 비정상품에 대한 상세 정보를 등록, 수정, 삭제하는 기능
EMBMDI - 01~03	해체검사 결과 등록/수정	해체검사 후 작명에 대한 검사내역 등록, 수정
EMAMAH - 01	시간교환품목 등록관리	시간교환 품목의 각종 제원 및 수리부속 계층 구조를 입력, 수정, 삭제하는 업무
EMAMAM - 05	항공기정비/검사 결과 등록관리	항공장비 정비관이 수리부속 계층구조를 활용하여 검사결과를 입력, 수정, 삭제하는 업무

6. 향후 발전방향

가. 시스템 엔지니어링을 적용한 통합정보체계 개발

새롭게 개발된 무기체계가 전투력을 발휘하기 위해서는 군사교리, 부대편성, 교육훈련, 시설 및 무기체계 상호 운용을 위해 필요한 하드웨어 · 소프

트웨어 등의 전투 발전지원요소와 무기체계의 효율적이고 경제적인 군수지원을 보장하기 위하여 소요제안 단계부터 설계·개발·획득·운영 및 폐기까지 全 과정에 걸쳐 제반 군수지원 사항을 종합적으로 관리하는 종합군수지원 요소 및 전투발전요소를 포함하는 모든 전력화 지원요소를 패키지화 관리하는 방안이 가장 이상적(理想的)이다.

‘사용자 만족도’가 높은 시스템 개발을 위하여 전체(Whole)적인 관점에서 시스템 하향(top - down) 분석 및 상향(bottom - up) 분석 등 통합접근방법으로 이루어지는 시스템 엔지니어링은 개발개념부터 설계, 생산 및 운용에 필요한 인력, 물자, 장비, 소프트웨어, 설비, 데이터 등 제 요소를 관리할 수 있으므로 미래 정보체계를 구축사업 추진에 반영하였으면 한다.

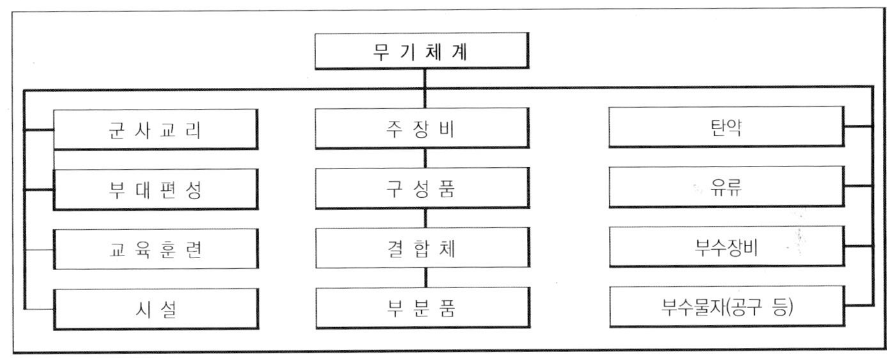

‖그림 2-16 시스템 엔지니어링을 적용한 통합정보체계 구성 ‘예’

나. 수리부속 계층구조 활용 분야 확대

’90년대 중반부터 추진된 군수정보화의 최종 모습은 주 장비별로 모든 지원요소를 통합적으로 관리하여 통합군수 지원이 가능하도록 정보체계를 개발하고 전산기반체계가 확보된 상태이다. 즉 연구개발, 소요, 조달, 보급, 정비, 수송, 시설, 근무 등 군수 8대 기능과 보급 5대 주기를 통합하여 군

수업무 13대 업무 분야가 상호 연결되어 업무를 수행할 수 있는 정보체계를 개발하는 것이 군수정보화 사업의 핵심이며, 이를 장비정비정보체계 개발 사업에서 추진하고 있다. 군수 8대 기능, 보급 5대 주기, 군수업무 13대 업무 분야를 제한 없이 수행하기 위해서는 지금까지 적용하였던 목록관리 체계보다 진일보된 체계가 필요하며, 수리부속 계층구조가 그 대안이라는 사실은 여러 연구기관의 정책연구 및 장비정비정보체계 개념연구 과정에서 확인되었다. 따라서 수리부속 계층구조 관련 분야는 지속적으로 연구하여 구성품·결합체, 부품의 연계성 있는 체계적인 관리를 통한 장비획득~도태까지의 수명주기 관리 정보체계를 구축함으로써 정확한 대당 유지비 산정 및 신뢰성 있는 장비 도태계획 작성을 통한 예산편성·중기계획 작성에 활용하여야 한다. 편성부대에서는 장비 고장상태에 맞는 수리부속만을 청구할 수 있도록 시스템을 개발함으로써 청구착오로 인한 초과자산의 발생을 억제하고 신뢰성 있는 수리부속 수요 형성을 통하여 소요예측 및 조달적중률을 향상시켜야 한다. 수리부속 재고통제 부대에서는 피지원부대에서 청구한 품목의 지원이 제한될 경우에 상위결합체 또는 하위부품 지원으로 정비복귀 여부를 판단하는 등 후속대책 강구에 활용하여야 한다. 신규장비를 개발하는 부서(대)에서는 공통수리부속 적용률 향상으로 장비획득·유지비용을 절약할 수 있도록 하여야 하고 WBS[93) 개념을 도입한 '정비업무 표준화'를 추진하는 데 활용되어야 한다. 또한 국방기술품질원 등 국방 유관기관 및 각급 부대에서 요청하는 RAM 분석이 가능토록 체계화하여 전투장비 성능개량 및 신규

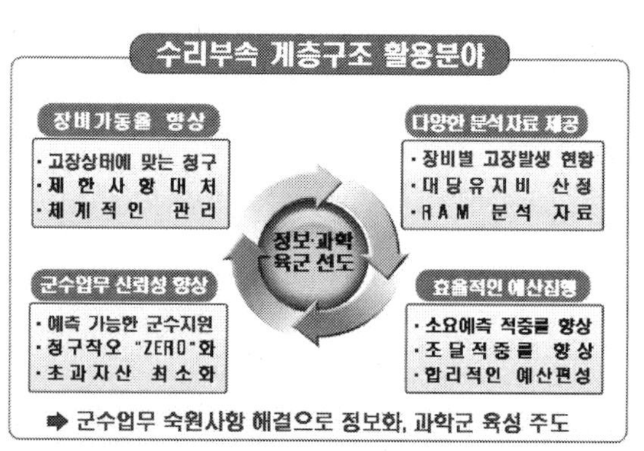

그림 2-17 수리부속 계층구조 활용 분야

---

93) WBS: Work Breakdown Structure 표준 작업 구조.

장비 전력화에 피드백(Feed-back)되도록 하여야 한다.

다. 지속적인 수리부속 계층구조 DB 관리

수리부속 계층구조 DB는 살아 있는 생물(生物)과 같다. 따라서 꾸준하게 추가, 삭제 등 보완작업이 이루어져야 한다. 정비창 및 군지사 정비요원들이 심혈을 기울여 데이터베이스를 구축하였다 하더라도 정비기술의 발달 및 예상하지 않았던 부품의 고장 발생 등의 사유로 인하여 새로운 수리부속을 관리하여야 할 필요성이 발생되는 것은 불가피하다. 현재 군수품에 대한 재고번호 부여 요청 등 품목제원관리는 군수사령부 품목담당관들에게 부여된 임무이다. 또한 장비정비정보체계는 메가 센터 개념을 적용하여 전군의 모든 사용자가 통합된 DB를 사용하도록 설계하고 있기 때문에 군수사령부 한 곳에서 자료 수정작업이 이루어진다면 모든 군수지원부대 및 편성부대에서 동시에 활용할 수 있다. 따라서 수리부속 계층구조 DB는 군수사령부 품목담당관들이 수정 보완할 수 있도록 권한을 부여할 예정이며 최초 DB 구축단계에서도 수차례에 걸쳐 실무협조회의를 실시하였다. 또한 신규 전력화 장비는 최초 ILS 단계부터 관리하고 최초 장비 납품 2개월 전까지 LCN-FT 자료를 제출하도록 계약서에 반영하여야 한다.

7. 맺음말

민간기업에서는 1980년 이후 다품종 소량생산 및 고객중심의 업무체계가 부각되면서 수주관리, 판매관리, 재무관리의 중요성이 대두되었으며, IT기술의 발달로 데이터베이스와 통신 네트워크가 중요한 기술로 등장하여 생산활동을 안정된 분위기에서 가장 효율적으로 관리할 수 있는 정보체계의 개발이 무한경쟁에서 생존할 수 있는 지름길이라 판단하고 부단한 노력을 경주하여 왔으며, 우리 군(軍)에서도 급변하고 있는 첨단기술을 활용한 무기체계 도입 및 디지털 업무환경 조성에도 많은 노력을 경주하고 있다. 본론에서 언급한 바와 같이 시스템 엔지니어링은 METT‐TC 요소 등 다양하고 복잡한 고려사항들을 쉽고 체계적으로 이해할 수 있는 최적의 관리기법으로 정보·과학화 육군건설에 다양하게 활용될 것이다.

100억 원의 예산과 수십 명의 인원이 투입되어 개발하고 있는 장비정비정보체계는 완성장비, 수리부속, 공구, 정비업무에 대하여 장비 도입에서 폐처리까지의 제반 업무를 BPR 차원에서 재설계하여 육군본부로부터 편성부대까지를 하나로 통합된 체계로 구축하고 있다. 장비정비정보체계는 x‐internet 등 최첨단 IT기술을 활용한 메가 센터 기반의 web 환경으로 각종 장비 및 정비 관련 지휘정보 제공이 가능한 정보체계이며 '08년 12월 말까지 구축하여 미래 전장환경 및 정보화 시대에 부합되는 지식·정보중심의 정보체계의 소임을 담당할 것이다.

오랜 세월 동안 사용된 규정 및 방침이라 하더라도 업무혁신을 위해서는 과감하게 폐지하거나 보완·대체하는 것이 타당하다. 국방부 정책실무회의에서 육·해·공군 장비정비정보체계에 적용할 업무표준화 과제 중의 하나로 '수리부속 계층구조 관리'가 채택은 되었으나 추진과정은 매우 험난하였으며 아직도 보완할 사항이 많이 식별되고 있는 실태이다. '97년부터 본격적으로 추진할 예정이었던 장비정비정보체계 개발사업이 10년이나 지연되어 추진되고 있으며, 군수 분야의 숙원사업으로 제기되었던 수리부속계층구조 DB 구축사업도 추진전략을 작성하고 추진할 인력부족으로 장기간 지연되었던 사례를 고려할 때 명실상부(名實相符)하게 디지털시대에 부응하는 체계 정착을 위하여 모두가 더욱 노력하여야 한다. 수리부속 계층구조는 군수업무를 획기적으로 변화시킬 수 있는 핵심요소로서 필요성 및 성과는 민간업체에서 인정되고 학문적으로 검증된 상태이다. 21세기 첨단 정보화·과학화 육군 건설을 위하여 부단한 노력을 경주하고 있는 육군에서도 민간기업의 성공사례를 벤치마킹하여 우리 군에 맞도록 발전시켜 나갔으면 한다.

One – Day System에 의한 군수물자(軍需物資) 분배방안

전쟁은 창의적인 아이디어에 의하여 그 양상이 바뀌어 왔다. 독일의 구데리안은 전차를 이용한 전격전이론을 발전시켜 단 10일 만에 프랑스를 점령하였다. 현대전은 군수전쟁이며 전쟁에서 승리하는 방법은 전투임무 수행에 필요한 전투장비 및 물자를 전투부대가 요구하는 시간과 장소에 보급하는 것이다. One – Day System은 우리 군수부대에 적용이 가능하며, 야전에서의 군수지원 분야뿐만 아니라 조달/획득 업무에까지 적용할 수 있을 것이다. 전투준비태세 향상 및 수천억 원의 국방예산을 절약하여 다른 분야의 전투력 건설에 매우 유용하게 활용될 수 있다. 새로운 양상의 전쟁에 부합되는 패러다임을 찾으려는 노력을 앞으로도 더욱 경주하여야 한다.
∴ 군수관리보 투고, 육군혁신과제 선정

1. 개 요

현대사회를 '국경 없는 무한경쟁시대'라고 한다. 국경 없는 무한경쟁사회에서 생존하기 위해서는 다른 사람보다 먼저 생각하고 행동으로 실천하여야 한다. 약육강식의 원리가 지배하는 시장경제체계 아래에서 초일류기업으로 도약에 필요한 경영혁신을 추진함에 있어서 가장 중요한 것은 기업 내부의 패러다임(paradigm) 전환이다. '패러다임'이라는 단어를 사전에서 찾아보면 보기, 범례, 모범, 시대의 지배적인 과학적 대상 파악의 방법과 특정 영역으로 설명되어 있다. 패러다임은 미국의 과학역사학자인 토머스 쿤에 의하여 단어의 의미가 보다 깊고 넓게 사용되었다. 쿤의 이론에 따르면 모든 사람은 자기 나름대로의 규칙과 법칙을 가지고 있으며 패러다임은 사물과 상황의 지각(Perception)에 있어서 필터와 같은 역할을 한다. 급변하는 환경에서 살아남기 위해서는 새로운 패러다임이 필요하다는 것이 국내외적으로 이미 확인되었다. 과거의 성공이 되풀이되지 않은 단절의 시대ㆍ예측불허의 시대에는 기존의 선입관과 경험적 사고를 버려야 한다. 예측불허의 현대전에서 승리하기 위해서도 기존의 선입관과 경험적 사고를 과감하게 버리고 최첨단무기와 고도의 정보전에 적응할 수 있는 새로운 패러다임이 필요하다고 생각한다.

아프가니스탄 전쟁과 이라크 전쟁에서 확인되었듯이 현대전은 군수전쟁이라 하여도 과언(誇言)이 아니다. 태양이 작열하는 사막에서 생수 한 모금은 장병들의 사기를 높여 주고 잘 짜인 작전계획을 수행하는 데 필수적이라 아니 할 수 없다. 그러나 생수 보급이 지연된다면 어떤 현상이 발생되겠는가? 장병들이 지쳐서 움직일 수 없을 것이며 사기는 땅에 떨어져 성공적인 임무수행이 불가능할 것이다. 동서고금을 막론하고 군수지원의 적기성이 강조되지 않은 때가 없었지만, 속도가 강조되는 현대전에서는 그 중요성이 더 강조되고 있다. 라면 한 그릇도 먹고 싶을 때 먹어야 맛이 있고, 냉수 한 사발도 목마를 때에 마셔야 가치가 있는 것이다. 먹고 싶지 않을 때의 라면 한 박스, 마시고 싶지 않을 때의 냉수 한 드럼은 오히려 귀찮고 불필요한 것들이 될 수 있다.

그러한 의미에서 청구일로부터 7~30일 이상이 지나야만 수령할 수 있었던 기존의 군수물자분배 시스템과는 패러다임이 상이(相異)한 One－Day System에 의한 군수물자 분배방안을 제시하고자 한다.

2. 물류관리 패러다임의 변화

물류(物流: Physical Distribution)란 말 그대로 '물건의 흐름'이라고 할 수 있으며, 유통의 범주에 포함되며 1912년 미국의 경영학자 A. W. Shaw에 의해 사용되기 시작하였다. 우리나라에서는 80년 초에 '유통산업근대화촉진법(流通産業近代化促進法)'이 제정되면서 물류에 대한 관심이 제고되기 시작하였다. 어떻게 하면 상품을 소비자에게 가장 저렴한 비용으로 가장 빠르게 공급하느냐 하는 문제는 동서고금을 통하여 연구의 대상이 되어 왔으며 신속·정확한 물류교환체계를 구축한 국가는 주변국보다도 한층 여유 있는 생활을 할 수 있었다. 고대의 아테네·로마와 현재의 싱가포르 등이 이러한 범주에 속한다고 할 수 있다. 과거에는 자신이 직접 생산한 물건을 지게에 지고 시장에 가서 필요한 물건과 교환하던 때도 있었으나 이제는 제조, 물류, 유통업체 등 공급체인에 참여하는 모든 업체들이 협력을 바탕으로 정보기술(Information Technology)을 활용, 재고를 최적화하고 리드타임을 대폭적으로 감축하여 결과적으로 양질의 상품 및 서비스를 소비자에게 제공함으로써 경영효과를 극대화하는 SCM(Supply Chain Management: 공급사슬관리)제도가 광범위하게 활용되고 있다. 최근에는 인터넷의 발달에 따른 전자상거래가 활성화되면서 기업 간 정보연계가 가능해지면서 제조업체와 유통업체 간 정보가 전자네트워크로 긴밀히 연결되어 하나의 가상 기업체를 형성하여 소비자의 다양한 욕구를 만족시키고 있다.

대한상공회의소가 지난 '97년~'01년간 상장기업 624개(제조업 445개, 유통업 35개, 기타 144개)의 회계자료를 이용하여 작성한 「국내기업의 SCM 성과에 관한 분석」에 따르면 국내기업의 현금화 사이클 타임[94] 및 공급재고일수[95] 등 SCM 성과가 매년 개선되고 있는 것으로 확인되었다.

---

94) 현금화 사이클 타임: 원자재 구매에서 판매대금 회수까지 소요되는 시간.
95) 공급재고일수: 재고가 판매로 이루어지기까지의 시간.

현재 미국의 물류 관련 학회 및 협회에서는 기존의 'Physical Distribution'
이라는 용어를 'Logistics'로 대체하여 사용하고 있다. 'Logistics'라는 단어는
원래 프랑스어로 군수(軍需)를 의미하는데 군수물자를 생산(조달)하여 최종
소비자(주문자)에게 보급하는 과정을 뜻한다. 이는 무한경쟁 속에서 생존하
기 위해서는 경쟁기업보다 더 신속하게 소비자에게 상품을 공급하여야 하
는 민간기업의 모습과 전쟁에서 승리하기 위해서 군수물자를 신속하게 전
투부대에 지원해야 하는 전투근무지원부대의 모습이 매우 유사하기 때문이
라 생각한다.

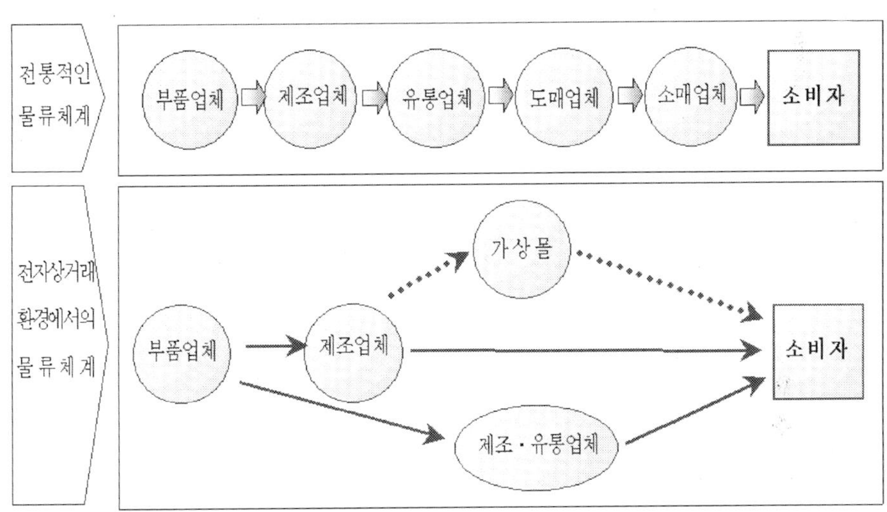

┃그림 2-18 전통적인 물류체계와 전자상거래 환경에서의 물류체계 변화

무한경쟁을 하여야만 하는 민간기업에서 물류의 중요성을 인식하고 전사
적(全社的)으로 물류혁신을 추진하고 있는 이유는 ① 생산부문의 합리화
즉 생산비용의 삭감의 한계 도달 ② 고객요구의 다양화·전문화·고도화로
고객서비스의 중요성 증대 ③ 생존 전략적 차원에서 물류혁신 필요 ④ 물
류유통수단의 발전 ⑤ 정보화 시스템의 발전 등을 들 수 있다. 이제는 모
든 기업에서 '재고자산의 최소화'를 경영의 핵심사항으로 관리하고 있으며

옛날처럼 재고를 쌓아 놓고 운영한다는 것은 생각할 수도 없는 패러다임이
되었다.

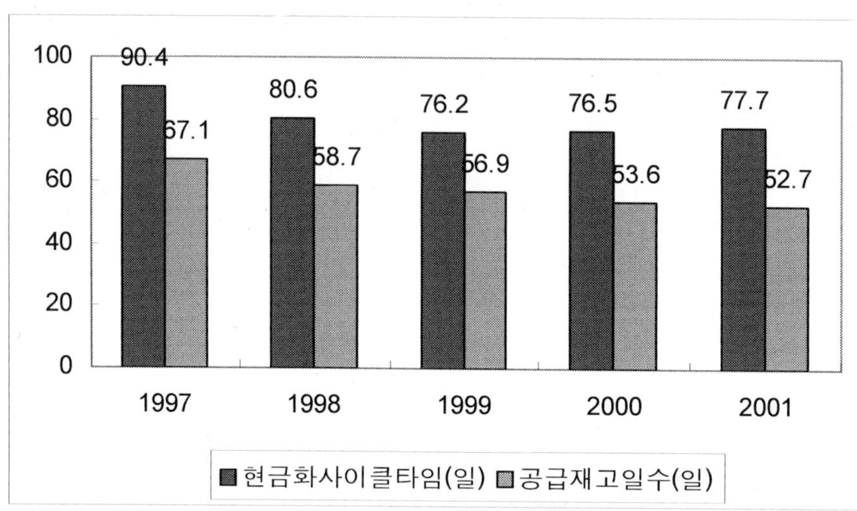

▌그림 2-19 국내기업의 1997~2001년 SCM 성과

　개인승용차를 정비하기 위해 정비회사에 갈 기회가 있다면 고장진단 후
5~20분 이내에 필요한 수리부속이 배달되는 모습을 볼 수 있을 것이다.
어느 정비공장이거나 이제는 단 한 개의 수리부속이라도 재고로 관리하고
있지 않는다. 수리부속을 재고로 가지고 있는 만큼 공장운영자금이 소요되
고 이는 경영을 압박하는 요소가 되어 버리기 때문이다. 수리부속 재고비용
을 절약함으로써 발생되는 경영효과는 회사의 생존과 매우 밀접한 관계에
있다는 사실을 명심하여야 한다.

3. 현행 군수물자 분배제도의 제한 사항

　분배란 보급품이 지원계통을 통하여 지원자로부터 사용자에게 이전되는

과정을 말하며 분배의 원칙으로는 ① 신속한 물자이동 ② 효율적인 물자의 분배 ③ 분배비용의 최소화 등이 있다. 군수물자의 분배방법은 보급소분배와 부대분배로 구분되는데 보급소분배는 피지원부대의 인원 및 차량으로 보급소에서 보급품을 수령하는 분배방법을 말하며 부대분배는 상급부대나 지원시설부대의 인원 및 차량으로 피지원부대까지 군수물자를 추진하여 분배하는 방법을 말한다. 기존에는 보급소분배 위주로 분배활동이 이루어졌으나, 최근에는 추진보급의 중요성이 강조되고 있으며 추진보급반이 전투근무지원부대에 편제되어 운영되고 있다.

그러나 2차 세계대전과 한국전쟁을 겪으면서 미군이 개발한 군수물자분배제도에 기초한 제도를 고수한 결과 보급창 등 군수지원시설에 저장되어 있는 군수물자 중에는 수십 년 동안을 사용할 수 있는 재고량을 가진 품목들이 발생하고 있다. <표 2-8>과 <표 2-9>에서처럼 막대한 국방예산이 사장(死藏)되고 있다는 것은, 경영분석 측면에서 보면 매우 심각한 일이 아닐 수 없다. 더구나 전군적(全軍的)으로 15~30% 이상의 재고고갈품목이 발생하여 전투장비가 제 기능을 발휘하지 못하고 있는 현실 앞에서 장비 및 물자의 전투준비태세를 책임져야 하는 지휘관 및 참모들이 심각하게 고민하고 대책을 강구하여야만 한다.

표 2-8 ○군지사 장기비수요품 현황(출처: ○군지사 홈페이지 '08.12.1.)

▶ 자산관리 > 자산현황 > 총괄 초과재고

총괄 초과재고

| 기준일 | 200811

구분		항목	금액
총계	보류재고	4,705	13,097,840
	초과재고	3,994	6,714,934
	합계	8,699	6,719,639
인가 저장품목	보류재고	1,629	7,749,726
	초과재고	351	3,503,699
	합계	1,980	3,505,328
비인가 저장품목	보류재고	3,076	5,348,114
	초과재고	3,643	6,714,583
	합계	6,719	12,062,697

▶ 자산관리 > 자산현황 > 총괄 초과재고 > NASL 초과재고 현황

NASL 초과재고 현황

| 기준일 | 200811

* 파란색 현황을 클릭하시면 상세목록을 보실 수 있습니다.

단위 : 금액(천원)

구분	재고보유		보류재고		초과재고	
	항목	금액	항목	금액	항목	금액
총계	5,821	10,022,420,354	3,076	5,348,114,179	3,643	6,714,583,445
화력	1,407	3,143,901,357	684	1,844,799,218	917	2,346,516,720
특무	233	1,327,378,720	64	268,450,907	200	1,135,072,776
기동	1,398	478,577,653	884	383,946,648	803	316,431,984
항공	313	820,683,501	141	256,972,664	217	714,649,575
통신	726	2,539,914,337	316	1,512,799,989	483	1,337,280,475
일장	1,146	1,509,605,536	483	949,170,664	344	744,089,399
물자	598	202,359,250	504	131,974,089	179	120,542,516

▌표 2-9 군수사령부 장기비수요품 요약 현황(출처: 군수사홈페이지 '08.12.1.)

장기 비수요 요약 현황

구분: 과 별 | 기능: 총계 | 기준: 2008년11월 | 검색

금액단위: 십만원 ◆ 장기 비수요 품목요약 현황 ◆ [그래프보기] [e]

구분	계		3~4년		5~6년		7~8년		9~10년		11년이상	
	품목수	금액	품목수	금액	품목수	금액	품목수	금액	품목수	금액	품목수	금액
계	27,968	740,643	7,335	244,200	5,663	199,472	3,965	90,849	3,815	97,370	7,190	108,752
통 일 과	2	316	0	0	2	316	0	0	0	0	0	0
화 학 과	163	1,980	100	664	24	1,052	10	146	5	16	24	102
총 포 과	1,010	43,009	280	32,739	363	3,477	78	479	109	2,200	180	4,115
특 무 과	6,109	151,850	951	38,521	659	24,891	1,450	38,441	760	23,112	2,289	26,884
궤 도 과	3,235	187,591	832	52,315	912	97,947	568	12,006	481	8,223	442	17,099
기 동 과	3,380	23,843	1,895	11,051	670	4,828	217	2,595	299	1,415	299	3,954
일 장 과	1,870	22,417	688	7,517	662	10,855	177	1,528	111	1,102	232	1,414
통 신 과	1,590	26,839	501	15,100	556	6,917	116	1,500	170	2,249	247	1,073
항 공 과	10,586	282,665	2,065	86,158	1,815	49,189	1,349	34,154	1,880	59,054	3,477	54,110
정 관 과	23	135	23	135	0	0	0	0	0	0	0	0

▌표 2-10 군지사⇔군수사 간 청구서 처리 시간

청구 및 불출 우선순위 / 처리단계	01-02	03-06	07-12
청구서 작성 및 송달	1	2	3
재고 통제 분야	1	2	5
저장 분야(보급창)	1	2	10
수송	3	4	9
수입 처리	1	1	3
계	7	11	30

또한 현행 교리에는 '군지사 시설부대⇔군수사 시설부대, 사단 및 비사단 급부대⇔군지사 시설부대' 간의 청구서 처리시간이 7일부터 최장 30일에 이르고 있어, 속도를 중요시하는 현대전의 개념에 부합되지 않으며, 특히 우선순위 07-12까지의 처리시간은 OST[96] 산정에 포함됨으로써 군수지원 시설별로 재고자산을 추가로 보유하여야 하는 문제가 발생되고 있다.

96) OST: Order and Shipping Time 발주 및 수송시간.

4. 군수물자 분배의 뉴 패러다임 : One－Day System

가. 뉴 패러다임의 필요성

야전부대에서 가장 애로를 겪는 것 중의 하나는 군수물자의 지연 보급이다. 군수물자의 지원은 군수사에서 연 1회 조달계획을 작성하여 획득함으로써 소요되는 물자를 단위부대까지 보급할 수 있다. 지금 당장 편성부대에서 꼭 필요한 물자이지만 창고에 재고가 없다면, 빨라야 1년 후에나 확보가 가능하다는 논리이다. 이러한 문제 때문에 군수실무자들은 언제든지 마음대로 쓸 수 있는 물량을 확보하기 위하여 많은 노력을 하여 왔다. 창군 이래 수많은 지휘관과 참모들이 초과자산을 줄이고 부대 경량화에 많은 시간과 노력을 투자하였지만 시간이 지나면 확보심리가 발동하여 언제 사용될지도 모르는 군수물자를 청구/확보하는 부대가 발생하였다. 이렇다 보니 단위부대에서 군수사에 이르기까지 수요제원철의 신뢰성에 의문이 생기고 '수요판단'이 조달계획의 작성과정에서 가장 힘든 업무가 되었다.

회사의 창고에 물량을 쌓아 놓는다는 것은 재무관리의 부실화로 이어지고 결국에는 회사가 도산(倒産)할 수밖에 없다는 것은 증명된 지 오래되었다. 인터넷을 이용한 전자상거래가 활성화되면서 민간기업들은 '무재고 경영(無在庫經營)'을 통하여 많은 잉여가치를 창출하고 있다. 따라서 우리 군에서도 기존의 방법을 고수하지 말고 새로운 패러다임을 가지고 새롭게 접근하려는 자세가 필요한 시기라 생각한다.

군수물자 지원에 있어서도 물류시스템의 혁신이 필요한 이유는 ① 가용할 수 있는 국방예산의 제한 ② 취급품목의 다양화(04년 7월 기준: 189,639 품목) 및 고객감동의 군수지원 필요성 증대 ③ 전투임무 수행 및 전투력 유지에 소요되는 군수물자의 적기지원 필요성 증대 ④ 택배제도 등 물류유통수단의 발전 ⑤ 국방인트라넷의 발전 등으로 과거와는 비교할 수 없을 정도로 물류시스템의 혁신에 필요한 요건들이 갖추어져 있기 때문이다.

나. One - Day System을 위한 준비 사항

편성부대에서 청구한 군수물자를 최단시간에 지원하기 위하여 각급 지원부대의 준비 사항이 많겠지만 최소한 다음과 같은 분야는 사전에 준비하여야 한다.

1) One - Day System에 대한 공감대 형성

아무리 좋은 제도나 시스템도 조직원들의 공감대가 형성되지 않으면 성공할 수 없다. 15근무일 이내에만 불출하면 되었지 무엇을 위하여 이 고생을 하느냐 하는 의식이 사라지지 않는다면 One - Day System은 정착될 수 없다. 군대의 속성상 지휘관이 먼저 전투장비의 가동률 향상의 필요성 및 경제적인 군 운영의 필요성을 느끼고 실무자들을 독려한다면 이 제도는 쉽게 정착될 수 있다. '군수 변해야 한다. 변화는 선택이 아닌 생존이다.'라는 공감대를 형성해 가고 있는 이 시점이야말로 One - Day System을 정착하여 선진 육군을 건설할 수 있는 가장 호기(好期)라 생각한다.

재고통제 및 색출, 수송시간 때문에 24시간 이내에 처리하는 것이 불가능하다고 주장하는 사람이 있을지 모르겠으나 을지부대 정비대대에서 '04년 5월부터 실행한 결과는 편제되어 있는 장비와 병력을 활용하여 One - Day System을 시행하기에 충분하였다. 앞에서도 언급하였지만 One - Day System이라는 새로운 패러다임을 정착하기 위해서는 기존의 관행에 의해 지배되어 온 낡은 패러다임에서 벗어나려는 몸부림이 있어야 한다. 새로운 패러다임이 정착되어 경영혁신이 성공하기 위해서는 ① 교육과 의사소통의 활성화 ② 참여와 몰입 ③ 촉진과 지원 ④ 협상과 동의 ⑤ 조작과 호선 ⑥ 명시적·묵시적 강압 등의 방법을 사용하여 군수지원 요원들의 사고방식을 하나로 묶을 필요가 있다.

2) 정확한 재고관리

지원부대의 시설창고의 실재고가 컴퓨터에 수록된 재고와 일치되어야 한다는 것은 물류관리의 기초 상식이다. 그러나 착오불출 등의 사유로 인하여 대다수의 시설창고에서 적자(赤字) 또는 흑자(黑字) 현상이 발생하고 있다. 정확한 재고관리를 위해서는 민간기업에서 사용하는 판매시점(POS: Point Of Sales) 시스템 및 바코드시스템의 도입이 필요하지만 많은 비용이 소요되는 단점이 있다. 야전에서 추가적인 비용의 투입 없이 정확한 재고관리를 할 수 있는 방법으로는 품목표지판을 활용하는 방법과 송증(육군양식 1348－1)에 불출 후에 최종재고를 기록하는 방법이 있다.

품목표시판을 활용하는 방법은 창고의 저장대에 품목별로 일반 제원이 기록된 품목표시판을 설치한 후, 수불행위가 발생할 때마다 거래일자 및 최종 수량을 기록하면서 관리하는 것을 말하는데 담당관들이 관심을 갖고 추진한다면 1~2개월 이내에 정확한 재고관리가 가능하다.

재고번호	254037114 3767	품 명	차량용 웨더스트립
저장위치	013103001	단 위	EA
인 가 량	10	적용장비	HV
최종거래일	'05. 1. 28(금)	최종재고	5

▌그림 2-20 품목표시판을 수정하는 모습　　▌그림 2-21 품목표시판 예

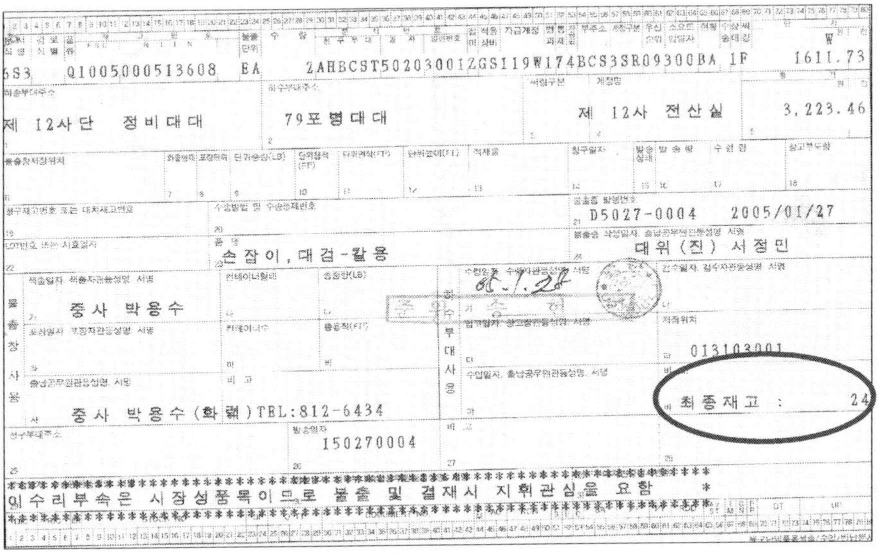
6S3 Q1005000513608 EA 2AHBCST5020300IZGS119W174BCS3SR09300BA 1F 1611.73
제 12사단 정비대대 79포병대대 제 12사 전산실 3,223.46
D5027-0004 2005/01/27
손잡이,대검-활용 대위(진) 서정민
중사 박용수
013103001
중사 박용수(화랭)TEL:812-6434 최종재고 : 24
150270004
이 수리부속은 시장성품목이므로 불출 및 결재시 지휘관심을 요함

▌그림 2－22 색출 후 최종재고가 기록된 송증: 육군양식 1348－1

송증에 불출 후 재고를 기록하는 방법은 <그림 2－22>에서와 같이 컴퓨터에서 송증을 출력할 때 송증의 빈 여백(예: 27 비고란 등)에 불출 후 재고량을 기록함으로써 색출작업 시 자동적으로 재물조사를 실시하여 정확한 재고관리에 기여하는 제도이다. 정확한 재고관리는 One－Day System 실천의 선행조건이지만, One－Day System을 열심히 실천하면 정확한 재고관리가 부수적으로 실현되는 묘미(妙味)가 발생한다.

3) 기타 준비 사항

시스템적인 측면에서 송증 발행 현황 및 색출량, 불출량을 확인할 수 있는 결산제도와 색출된 군수물자를 피지원부대에 추진 보급하는 데 필요한 차량 배차 및 추진보급관의 일일명령 작성, 그리고 추진보급 시간을 단축할 수 있는 부대별 물자보관함의 준비가 필요하다.

다. 현 체계에서의 One - Day System

최근 들어 인터넷쇼핑을 이용하는 사람들이 갈수록 늘어나고 있다. 인터넷쇼핑의 장점은 필요한 물건을 앉아서 구입할 수 있다는 점이다. 바쁜 현대인들이 시간과 에너지를 절약하면서 필요한 물건을 구입할 수 있으니 시간이 갈수록 인기를 끌 수밖에 없다는 생각이다. 편성부대에서 필요한 군수물자를 앉아서 받을 수 있다면 여러 가지 제한 사항 속에서 근무하는 실무자들이 얼마나 좋아할까? 고객감동의 군수지원을 하겠다고 열 마디 하는 것보다 단 한 번이라도 앉아서 지원받을 수 있도록 하는 것이 고객들에게 감동을 줄 수 있는 일이 아니겠는가?

One - Day System이란 편성부대에서 일품검사 및 장비일일검사를 실시한 후 소요되는 수리부속 및 물자를 편성부대자원관리시스템(FRMS: Formation Resources Management System) 또는 국방물자시스템을 이용하여 청구하게 되면 사단 전투근무지원부대 및 군수지원사령부에서 전산처리→송증발행→색출→추진보급 준비→축선별 추진보급을 통하여 편성부대에서 청구한 다음 날에 분배를 완료하는 제도이다. 물론 지원거리가 신장(伸張)되어 하루에 추진보급까지 완료하기에는 무리가 있는 부대에서는 청구된 물자를 색출하여 불출창고로 이관을 완료함으로써 편성부대에서 청구 다음 날 수령할 수 있는 여건을 갖추는 것을 의미한다.

‖그림 2-23 인터넷쇼핑보다 빠른 One-Day System 체계도

즉 전투근무지원부대가 편제된 최하위 제대인 사단급에서의 One-day System은 <그림 2-23>과 같이 사용자가 청구한 군수물자를 24시간 이내에 청구자의 손에 닿게 한다는 것이다. 군지사(단) 및 군수사에서의 One-Day System은 사단급 부대처럼 청구된 군수물자를 편성부대의 청구자 손에 24시간 이내에 닿게 하기에는 다소 무리가 있을 수도 있다. 그러나 거리상 원거리에 떨어져 있는 부대를 제외하고 근거리에 위치한 부대에서 청구된 군수물자에 대해서는 사단급 부대에서와 동일한 개념으로 지원할 수 있을 것이다. 원거리에 위치한 부대에서 청구된 군수물자는 24시간 이내에 불출준비까지 완료하고, 다음 날 추진보급 및 보급소분배를 통하여 지원한다면 지금까지의 군수부대에서 안고 있던 많은 문제들을 일거(一去)에 해결할 수 있을 것으로 예상된다.

앞으로 실시간 군수지원 프로그램이 활용화(活用化)되면 12시간 이내 또는 3시간 이내의 지원시스템도 가능하겠지만 현행 배치시스템에서는 청구시점으로부터 24시간 이내에 업무를 처리할 수 있도록 담당관들의 '군수지원 패러다임' 전환이 있어야 하겠다. 편제에 의한 부대운용이 강조되면서 누가 추진보급을 하느냐 하는 문제가 대두되고 있으나 출납관 및 창고장을 활용하면 충분히 가능할 것으로 판단된다. 결론적으로 One – Day System은 각 담당관별로 오늘 해야 할 업무를 내일로 미루지 않고 당일에 업무처리를 완료함으로써 사용자가 최단시간에 청구한 군수물자를 수령할 수 있도록 하여 전투준비태세 완비에 기여하도록 하는 것이다.

라. 단위부대까지 One – Day System 확대

현행 군수지원체계에서 전투근무지원부대로 직접 군수물자를 청구하여 획득할 수 있는 편성부대는 보병연대 및 포병대대이다. 그러나 일품검사와 장비일일검사에 의해 군수물자의 소요가 발생되는 최하위 제대는 중(포)대이다. 물론 종합수송부에서는 자체적으로 장비일조점호 등을 통하여 수리부속을 청구/획득하고 있다. 일품검사와 장비일일검사 결과에 의한 군수물자의 소요제원이 전투근무지원부대에까지 전달이 되어야 하지만 어느 부대를 가더라도 실수요의 왜곡현상이 발생되고 있다. 특히 향토사단의 경우에는 연대주둔지와 중대주둔지가 원거리에 이격되어 있어 항상 가수요(假需要)가 발생되고 있다. 또한 전투근무지원부대에서 One – Day System에 의해 군수물자가 편성부대인 보병연대와 포병대대에 지원이 되더라도, 경우에 따라서는 1주일 이상 지연되어 실 사용자에게 전달되는 현상도 발생되고 있다.

이러한 문제점을 해결하기 위해서는 소요발생 현장인 중(포)대에서 직접 소요되는 군수물자를 청구하고 획득하는 시스템으로 전환이 되어야 하고, 전투근무지원부대에서는 중(포)대까지 군수물자를 추진 보급하는 체계를 갖추어 나가야 하겠다. 이는 민간 생산공장 또는 물류센터로부터 실 소비자에게 직접 배달되는 인터넷쇼핑 등의 최신 물류시스템과 동일한 개념으로 현재 진행되고 있는 국방전산망의 확충 및 정보화 시스템 개발을 고려할 때 1~2년 이내에 실현이 가능할 것으로 판단된다.

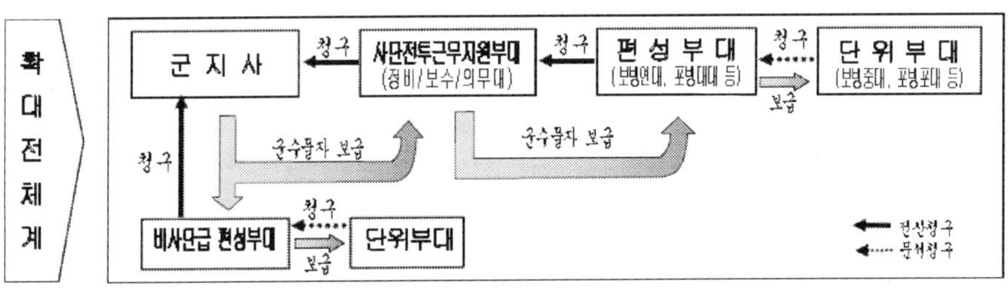

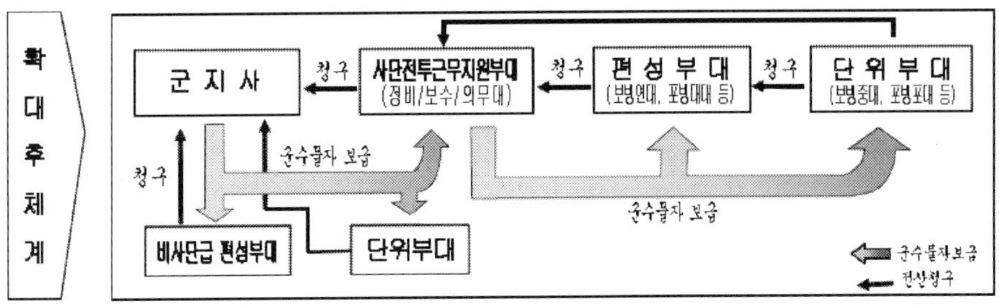

▌그림 2-24 단위부대까지 One-Day System 확대 전·후 업무체계

마. One-Day System 적용 시 이점(利點)

1) 전투준비태세 유지에 기여

전투임무를 수행하기 위해서는 전투병, 전투장비, 탄약, 유류 등의 확보가 필수적이다. 이 중에서 전투장비의 가동률 보장에 필요한 수리부속 및 유류 등을 청구시점으로부터 24시간 이내에 청구자의 손에 인도한다면, 그 부대의 전투준비 태세는 완벽할 것이며 언제 누구와 싸워서도 이길 수 있다는 자신감으로 가득한 부대가 될 것이며, <그림 2-25>에서와 같이 사단급에서 One-Day System을 적용할 경우 청구일로부터 획득일까지 평균 12일이 소요됨에 따라 편성부대에서 확보하고 있어야 할 수리부속과 확보심리 차원에서 저장하는 수리부속 등 약 5.5억 원의 국방예산이 절약되어 전투력 보장에 사용될 수 있다. <그림 2-27>은 2003년에 ○○군수지원단에서 One-day System에 의해 수리부속을 ○○군단지역의 각 편성부대에 지원한 실적을 분석한 결과이다.

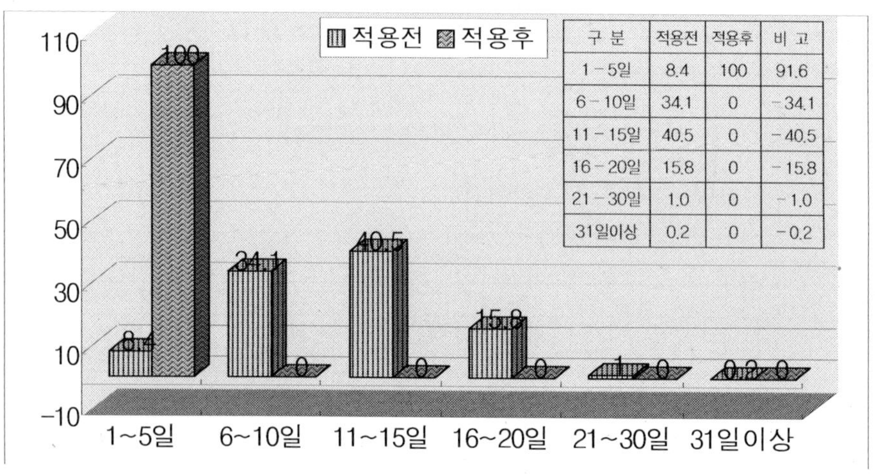

그림 2-25 사단 전투지원부대 One-Day System 적용 전·후 지원실적 비교

기존에는 청구된 군수물자의 단지 5.3%만이 5일 이내에 청구자에게 전달되었지만 One-Day System 적용 후에는 10배인 53.2%가 지원되어 전투준비태세 유지에 기여하게 되었다. One-Day System을 사단급 부대에서 적용하면 24시간 이내에 청구된 군수물자의 100%가 청구자에게 전달되어 전투장비의 가동률 보장 등 전투준비 태세에 기여하고 있는 것으로 분석되었다.

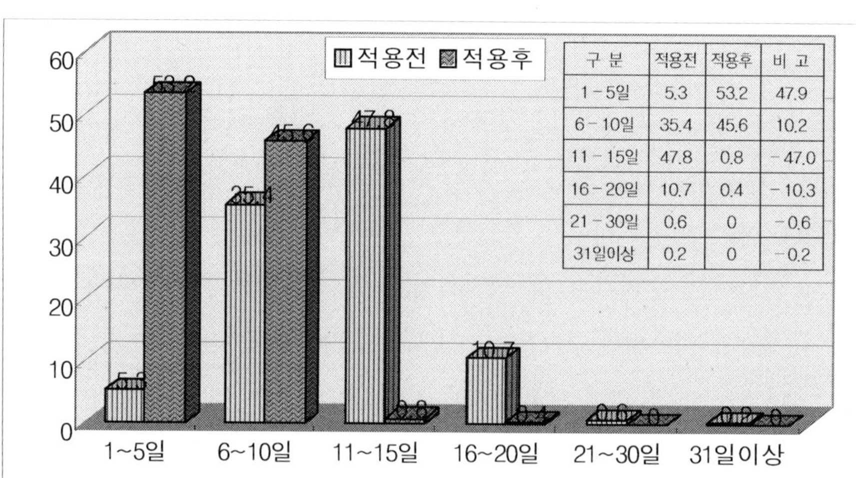

그림 2-26 군지사(단) One-Day System 적용 전·후 지원실적 비교

2) 장기비수요품의 발생 억제

부족한 국방예산을 어렵게 확보하여 조달한 군수물자가 제때에 제대로 활용되어야 최강의 전투력을 유지할 수가 있다. 그러나 어느 제대의 군수부대를 가더라도 장기비수요품의 처리에 많은 골치를 앓고 있는 것이 우리의 안타까운 현실이다. 이윤추구가 생명인 백화점에서도 팔리지 않은 상품을 처리하기 위하여 고생을 하고 있듯이 군수 분야에서도 장기비수요품의 처리는 뜨거운 감자가 아닐 수 없다. 라면도 먹고 싶을 때 먹어야 맛이 있고 생수도 마시고 싶을 때 마셔야 맛이 있듯이 군수물자도 전투부대에서 소요될 때 보급하는 것이 전투력을 향상시킬 수 있는 최선의 방법이다. 기존의 군수물자 분배체계에서처럼 청구일로부터 15~30일이 지난 다음에 물자가 도착한다면 군수물자를 제대로 활용할 수 있겠는가? 지금까지 수요관리 측면에서 문제점으로 대두되었던 핵심은 수요의 근원지인 전투부대에서의 일품검사와 장비일일검사가 현실적으로 이루어지지 않고 있으며 그 결과 앞의 <표 2-8>과 <표 2-9>에서 보는 바와 같이 제○군지사 및 군수사 예하의 보급창에 저장된 장기 비수요품목이 9,012품목 113억 원과 26,131품목 573억 원으로 과다하다는 것이다. 그러나 One-Day System을 적용하면 군수물자의 소요가 발생된 편성부대에 24시간 이내에 지원함으로써 장기비수요품이 현저하게 감소한다. 즉 제한된 국방예산의 효과적인 운영이 가능하고 최강의 전투력 유지에 크게 기여할 것이다.

3) 불필요한 유동병력 및 차량운행 억제

청구한 군수물자를 앉아서 수령할 수 있다면 누가 힘들게 군수지원부대까지 위험을 무릅쓰고 차량을 운행하겠는가? 실제로 을지부대에서 One-Day System을 실시한다는 공문이 배포되고 추진보급이 실시되면서 편성부대의 차량 운행과 유동 병력이 눈에 뜨게 줄어들었다. <표 5>는 One-day system 적용 전후의 병력 및 차량 운행의 절감에 관한 것이다. 이처럼 절약된 병력과 차량을 전투장비 정비 및 교육훈련에 투자한다면 우리 육군은 최강의 전투력을 유지할 것이다. 을지부대에서 실험한 결과에 의하면 차량운행 감소로 인한 사고예방 및 유류절약 등의 부수적인 효과도 발생하고 있다. 全軍으로 이 제도를 채택하여 시행한다면, 수백억 원의 경제적 절감 효과를 얻을 수 있으며, 전투력 향상에 크게 기여할 것이다.

▍표 2-11 One-Day System의 부수적인 경제적 효과

구 분	보급소분배(월간)	One-day system (추진보급:월간)	절약 효과
인 원	21(부대 수)×8(주 2회) ×3명=504명	2(추진보급반)×16회(주4회) ×3명=96명	월: 408명 연: 4,896명
차 량	21(부대)×8(주2회) =168(대)	2(2개 반)×16(주 4회) =32(대)	월: 136대 연: 1,632대
유 류	168대 X 50Km÷2.8Km/l=15드럼	32대 X 70Km÷ 2.8Km/l=4드럼	월: 11드럼 연: 132드럼

바. 타 분야에서의 One-Day System 적용

One-Day System이란 각 담당관별로 오늘 해야 할 업무를 내일로 미루지 않고 당일에 업무처리를 완료함으로써 사용자가 업무할 수 있는 여건을 보장하는 것을 의미하는데 이러한 마인드는 인간사회 어느 곳에서나 적용할 수 있으며, 적용되었을 때에 고객가치 실현 및 고객 감동 위주의 업무자세가 완성되는 것이다. 특별히 기획관리체계(PPBESS) 개념에 의한 군수물자 조달업무는 중기계획(F-5년 4월)⇒예산편성(F-1년 1월)⇒조달계획(F-1년 9.15)⇒조달집행(F년)⇒분석(F~F+1년)의 절차에 따라 진행되었다. 그러나 1년 전에 사용될 군수물자의 품목과 수량을 결정하고 F년이 끝나 가는 10~12월에 납품을 받다 보니 실제로 사용되는 시기는 F+1년 이후가 되고 있으며, 야전부대에서 사용할 때에는 이미 상당한 시간이 경과되어 성능발휘가 제한되는 경우가 발생되며, 하자품의 하자구상 시효가 경과되어 막대한 국방예산을 낭비하는 경우도 발생할 수 있다.

현행 규정과 방침을 준수하다 보면 제한되는 사항이 많이 있겠지만 민간

기업처럼 SCM (Supply Chain Management: 공급사슬관리)제도를 도입하여 담당관별 조달업무를 하루 만에 처리하는 One‒Day System을 적용하고 군수물자와 민수물자의 호환성을 확대하며 1년 단위가 아닌 월·분기 단위별로 실제로 소요되는 군수물자를 조달하는 체계로 전환한다면, 편성부대에서 필요한 군수물자를 적기 지원하는 것이 가능하여 최상의 전투태세 유지에 크게 기여할 수 있을 것이다. 제한된 국방예산을 사장(死藏)시키지 않음으로써 세계 최고 수준의 군사력을 건설할 수 있을 것으로 판단된다.

5. 맺음말

전쟁은 창의적인 아이디어에 의하여 양상이 바뀌어 왔다. 독일의 구데리안은 전차를 이용한 전격전이론을 발전시켜 양적(量的)인 열세에도 불구하고 가용한 전투자산을 효과적으로 활용하여 제1차 세계대전 당시 프랑스를 점령하는 데 5년이나 소요되었던 것에 반하여 제2차 세계대전에서는 기갑사단을 투입하여 단 10일 만에 프랑스를 점령하였다. 현대전은 첨단무기와 정보화 시스템의 발달로 상상 속에서나 가능하였던 일들이 현실화되고 있으며 안방에서도 전쟁 상황을 볼 수 있게 되었다.

1973년 노벨상 수상자인 사이몬은 패러다임이 인간의 행위에 어떤 영향을 주는지 알아보기 위하여 재미있는 체스 복기 실험을 하였다. 먼저 각각 두 명의 프로와 초보자로 구성된 서양장기인 체스팀을 만들었다. 그러고 나서 장기의 수가 움직이는 규칙에 따라 게임이 어느 정도 진행된 장기판을 프로와 초보자에게 각각 5초씩 보여 준 다음 장기판을 치워 버렸다. 그 다음 빈 장기판을 두 팀에게 나누어 주고 그들이 5초 동안 확인한 것을 다시 옮기도록 했다. 그 결과 프로기사는 전체의 81%에 해당하는 20수를 정확하게 옮겨 놓은 반면 초보자는 33%도 옮겨 놓지 못했다. 두 번째 방법은 앞의 방법과 동일하나 장기의 수를 규칙에 따라 움직여 나가지 않고 컴퓨터를 통해 무작위로 배열해 놓은 다음 5초 동안 확인하게 하였다. 놀랍게도 이번에는 정반대의 현상이 나타났다. 즉 프로는 확인한 수의 위치를 찾지 못해 당황해하는 반면 초보자는 앞의 경우와 별 차이 없이 본 것을 옮겨 놓았다. 이렇듯 기존 패러다임은 새로운 패러다임을 설정하는 데 장애물로 작용하는 경우가 많다. 따라서 새로운 패러다임을 찾으려면 우선 과거의 경험과 관행에 의해 지배되어 온 낡은 패러다임에서 벗어나는 것은 물론 그것을 완전히 무시할 수 있어야 한다.

영리(營利)를 목적으로 하는 사기업(私企業)도 아닌데 군수부대가 어떻게 인터넷쇼핑보다도 더 빨리 청구자에게 필요한 군수물자를 가져다 줄 수 있겠느냐고 반문하는 사람도 있었지만, 지난 몇 개월 동안 실제로 실행하여 본 결과 One-Day System은 우리 군수부대에 적용이 가능하며, 야전에서의 군수지원 분야뿐만 아니라 조달/획득 업무까지 적용할 수 있을 것으로 판단된다. 1년 뒤에 얼마만큼 소요될 것인지 정확하게 예측할 수도 없으면서 조달량을 산정하고 조달된 군수물자를 2~5년 뒤에 사용하기를 고집하는 어리석음은 버려야만 할 것이다. 이로 인한 효과는 전투준비태세 향상 및 수천억 원의 국방예산을 절약하여 다른 분야의 전투력 건설에 매우 유용하게 활용될 수 있다.

현대전은 군수전쟁이며 전쟁에서 승리하는 길은 전투임무 수행에 필요한 각종 군수물자를 전투부대가 요구하는 시간과 장소에 보급하는 것이다. 이를 위하여 군수인들뿐만 아니라 각급 지휘관 및 실무자들이 합심일치(合心一致)가 되어 현실에 안주하지 말고 새로운 양상의 전쟁에 부합되는 패러다임을 찾으려는 노력을 경주하여야 한다.

민간업체는 무재고원칙을 생존전략으로 채택하여 실천하고 있듯이, 한정된 국방예산의 효율적인 집행을 위해서는 소요예측 적중률을 향상시킬 수 있는 방안을 강구하여야 한다. 특히 일반시장에서 쉽게 구매할 수 없는 전투장비 수리부속의 소요예측은 전투장비 가동률 보장의 핵심요인으로 전투력 발휘에 직접적인 영향을 미친다. 기울기와 편차율에 의한 소요예측기법 적용방안은 각각 상이한 소요예측기법들의 원리를 분석하고 적용시기를 계량화하여 제시함으로써 누구나 쉽게 사용할 수 있으며 군수부대(서)에 대한 혹독한 의혹의 시선(視線)을 완화하여 동감의 시선으로 변화시키는 데 크게 기여할 수 있을 것으로 확신한다.

∴ 군수관리보 투고

∴ 육군규정 415 소요관리규정 및 야전교범 4 – 12 소요관리 반영

1. 개 요

전투근무지원체계에서 가장 중요한 역할을 하고 있는 소요(所要: Requirement)는 일정한 기간 또는 시점에서 필요한 품목의 총수요량(總需要量) 또는 장차 지원을 위한 예상량(豫想量)을 의미하며, 이는 피지원부대의 청구에 의해 불출이 완료되었거나, 불출할 것으로 결정된 수량 즉 수요(需要:Demand)에 의해 결정된다. 소요판단이 잘못되면 다른 군수기능(軍需機能)에 막대한 영향을 미치게 될 뿐만 아니라 작전임무 수행에도 큰 차질을 초래하게 된다. 소요가 과다 책정되면 물자(物資)의 사장(死藏), 손실(損失),

훼손(毀損) 등으로 예산낭비가 초래될 것뿐만 아니라 부대(部隊)의 중량화
(重量化)로 기동(機動) 둔화(鈍化) 현상이 발생되어 전투력이 저하된다. 반
대로 소요가 과소 책정되면 전투장비의 가동률이 저조하게 되어 본연의 임
무 수행에 차질을 가져오게 된다. 따라서 장비, 수리부속, 물자의 소요는 과
다 책정이나 과소 책정되지 않고 적절한 소요가 책정되도록 하여 현존 전
투력을 극대화할 수 있도록 하여야 한다.

수리부속 및 물자에 대한 소요는 각 군지사에서 청구한 실적과 정비창에
서 작성한 폐기율(M/R) 및 기능과에서 작성한 정비계획을 근거로 군수사령
부에서 산정을 하게 된다. 그러나 수십 년 동안 소요판단작업을 반복하여
왔으나, 항상 예산은 소요보다 부족하였고, 이로 인하여 발생하는 현상이
재고고갈뿐만 아니라, 오히려 초과품이 발생하여 매년 장기비수요 품목 및
초과품을 처리하는 기현상을 초래하여 왔다. 실제로 1999년 11월 현황을
기준으로 3년 이상 장기비수요품목(長期非需要品目)이 18,288항목 295.53
억 원에 달하고 있으며, 이 중에서 2,274항목 15.38억 원은 11년 동안이나
소요가 발생되지 않아 소중한 국방예산을 낭비하고 있는 현상이다. 또한 중
단 없는 야전지원을 위해 사전에 확보하도록 인가되어 있는 인가저장품목
(ASL)의 15.9%가 재고고갈(在庫枯渴) 되어 전투력 발휘에 많은 제한요소로
작용하고 있다.

이러한 현상은 수요예측기법 적용의 확실한 기준이 없었기 때문에 품목
담당관이 과거의 경험을 바탕으로 수량이 큰 기법을 선택하고, 예산 조정
과정에서 고단가 품목 위주로 조정하기 때문에 과다 또는 과소 조달 현상
이 반복되고 있기 때문이라고 판단된다. 따라서 여기에서는 그동안 군수사
에서 적용하여 왔던 수요예측기법에 대한 분석을 통하여 계량적(計量的)인
방법을 이용하여 가장 타당성 있는 수요예측기법을 선택하는 방법을 소개
함으로써 재고고갈과 초과자산에 대한 문제 해결에 도움을 주고자 한다.

2. 수요 집계 절차

수요집계(需要集計)는 편성부대에서 일품검사와 장비일일검사를 실시하고 그 결과에 따라 부족한 품목을 편성부대자원관리 시스템(FRMS)을 이용하여 자원관리부대(資源管理部隊)로 청구한다. 자원관리부대와 군지사에서는 일일단위로 모둠 처리하여 불출하고, 소모된 수량을 군수사로 청구한다. 군수사 전산실에 설치(設置)된 주 장비에는 군지사의 청구실적이 축적되어 품목담당관들에게 영상화면과 출력문서로 제공되어 조달 소요 판단에 사용된다. 따라서 소요의 원천은 단위부대 및 편성부대의 일품검사와 장비일일검사이므로 담당관들은 이를 정확히 실시하여 적량을 적기에 청구하여 실수요(實需要)만이 집계되어 조달에 반영되도록 하여야 한다. 또한 야전순환정비 소요, 창설부대 소요 등 비순환소요를 순환소요와 구분하지 않고 청구하는 관행을 개선하여 야전에서는 순환소요와 비순환소요로 구분하여 청구를 실시하고, 군수사 전산실에서는 정상적으로 집계된 자료를 품목담당관에게 제공하여, 조달에 반영되도록 하여야 한다. 군수사 전산실에서 수요를 집계하는 요령은 다음과 같다.

가. 거래부대(去來部隊) 청구서상의 수요부호(DM)가 비순환수요(부호: N)인 품목은 제외하고 순환수요(부호: R)인 품목에 한하여 수요를 집계한다.

나. 청구된 품목이 대치품목이면 표준품목에 집계한다. 단 청구자가 보급원에 요청사항을 나타내는 건의부호(AV)가 '9B(청구품목만 소요되며 대치품목은 불필요함)'이거나 일방 대치품목(代置品目) 중 관리자가 지정하는 품목은 청구품목에 집계한다.

다. 야전 직납품목은 수입보고 시 전산기에 의해 자동으로 수요를 집계한다.

라. 불출예정으로 설정한 후 취소하면 취소량만큼 수요철의 해당 연도 및

월 수요를 감소 조정한다.

마. 수요철(RDZ)의 연간 수요란(TQ)에는 최근 12개월 수요를 합산하여
수록한다.

바. 수요철(RDZ)은 품목별로, 거래부대 수요철(CRDZ)은 품목별, 거래부
대별로 과거 7년간 및 최근 12개월간의 수요를 수록한다.

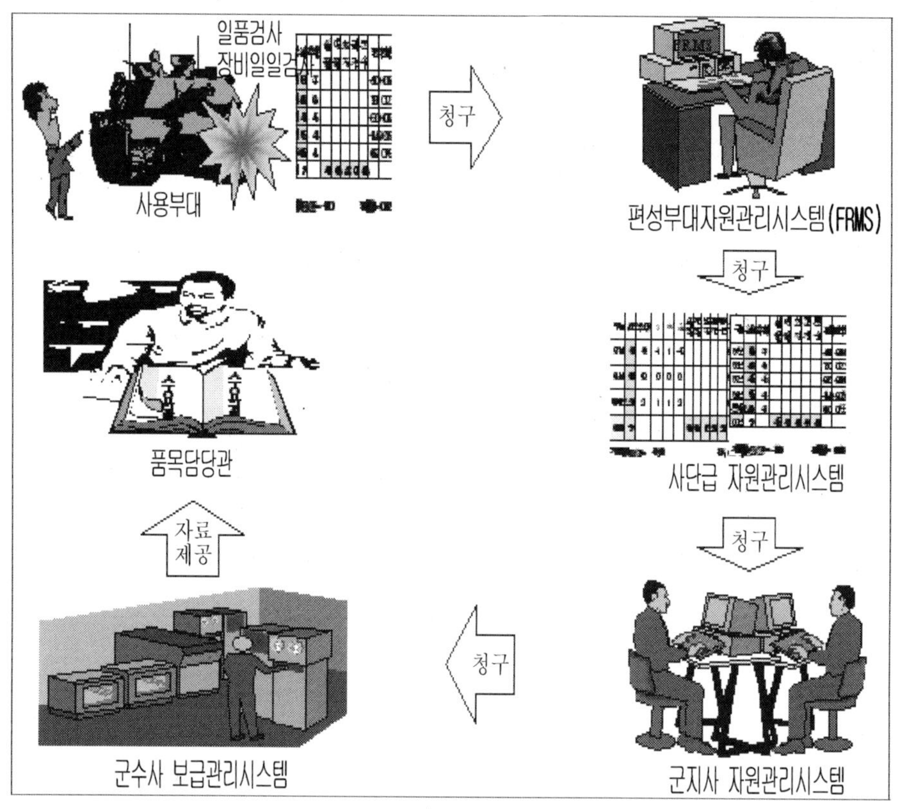

그림 2-27 수요집계절차

3. 수요예측기법의 종류 및 적용 시기

수요예측(需要豫測)이란 과거의 수요 경험 자료를 수집하여 분석한 후

미래의 소요를 예측하는 것을 말한다. 수요를 예측하는 기법에는 여러 종류가 있으나 장비, 물자, 수리부속, 수공구에 대한 야전군 지원 소요를 결정하기 위해서는 '정성적접근법(定性的接近法)'보다는 '정량적접근법(定量的接近法)'에 의한 산술평균법, 최소자승법, 이동평균법, 통제수요, 종합기법 등 다섯 가지가 사용되고 있으며, 육군규정 412(소요관리규정)에는 산술평균법과 최소자승법만이 기술(記述)되어 있다.

가. 산술평균법

수요 발생이 수평형추세(水平型趨勢)를 유지하고 있는 품목은 산술평균법을 사용한다. 즉 산술평균법은 모체장비(母體裝備) 또는 대상인원(對象人員) 등이 거의 일정하고 수요발생률이 시간경과에 관계없이 매년 일정하여 수요가 일정범위 내에서 정착되어 있는 품목에 한하여 적용한다. 산정공식은 $Y = \sum Y/N$으로 비교적 쉽게 계산할 수 있다.

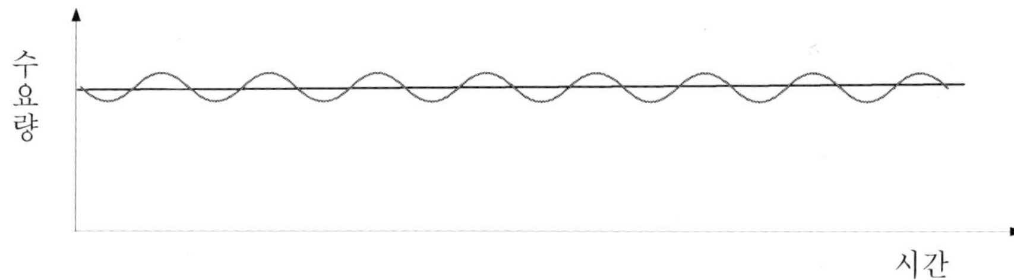

그림 2-28 수평형 수요 추세

나. 최소자승법

전반적으로 볼 때 증가 또는 감소 추세 시에는 최소자승치를 선택한다. 즉 최소자승치는 수요가 안정되지 않은 품목에 적용되며, 대부분의 품목은 이 경우에 해당된다. 사용되는 공식은 $y = a + bx(a = \sum Y/N, \ b = \sum xY/\sum x2)$

이다. 최소자승법의 장점(長點)으로는 ① 품목담당관의 개인적 주관이 개입되지 않고 ② 수요추세가 반영되어 정확한 예측이 가능하며 ③ 실무에 광범위하게 적용이 가능하다는 것이다. 단점은 ① 계산과정이 복잡하고 ② 예측되는 수요가 음수(陰數)로 산출되는 등 추적성이 결여되고 ③ 신·구제원의 비중이 동일하며 ④ 상황변동, 정책변동이 있을 때는 장비유형 및 안전계수 등 보충판단(補充判斷)이 필요하다는 점이다.

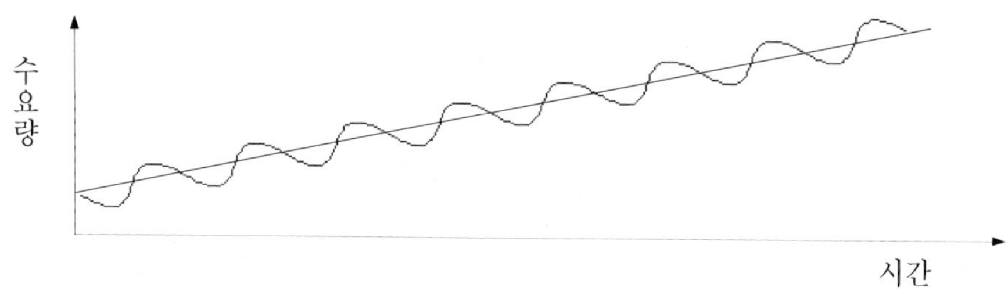

▌그림 2-29 증가 추세의 수요 추세

다. 이동평균법

이동평균법은 경험치(經驗置)의 편차(偏差)가 클 때, 경험치로부터 적합한 통계적(統計的) 모형(模型)을 사용하여 미지(未知)의 모수(母數)를 추정함으로써 가능하다. 이때 경험치를 y변량으로 사용하는 경우에는 시간 t를 독립변수로 하는 다항추세모형을 세운다. 다항추세모형은 매우 광범위하고 다양하여 경향변동이나 계절변동을 갖고 있는 시계열에도 적용될 수 있다. 군수사에서는 수요 추세가 +20~-20% 이상의 변동이 있는 경우에 사용되며 산정공식은 $Y = \sum Yt/N$이다. 공식에서 '$\sum Yt$'는 경험치에서 추정한 새로운 모수(母數)의 합계이며, 현재는 3항 이동평균법이 사용되고 있다. 이동평균법의 장점은 ① 수학적 지식이나 통계적 절차가 수반되지 않고 산술 평균치를 구하기 때문에 대단히 간편하고 ② 추세의 유형에 관계없이 광범위하게 적용된다는 점이며, 단점으로는 수요 추세가 상승하고 있거나 하강하고 있을 때 과소 또는 과다 예측의 우려가 있다는 것이다.

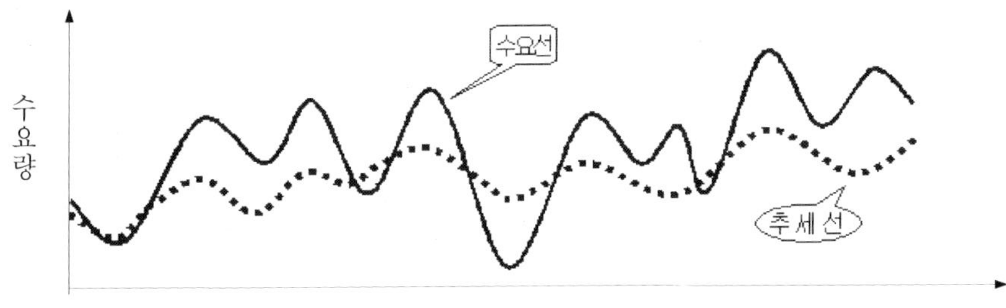

▌그림 2-30 수요량의 편차가 큰 경우의 수요 추세

라. 통제수요(統制需要: Controlled Demand)

통제수요를 사용하는 경우에는 과거에 수요가 발생되지 않고 최근에 수요가 발생된 신규품목으로서 최근 12개월 동안의 수요를 적용한다. 신뢰할 수 있는 수요 제원이 2개 이하인 경우에는 최소자승법 및 이동평균법에 의한 수요예측이 제한되기 되기 때문에 통제수요를 적용하거나 2개 수요제원의 산술평균을 적용하여 다음 연도의 소요를 예측하고 조달에 반영한다.

마. 종합기법(Consolidated method)

종합기법은 PAM700-10('80.12.10.) 『軍需物資所要算定指針』에 기술되어 있는 수요예측방법으로 장비표준화 여부, 추세변동유형, 장비유형별 안전계수(K)를 고려하여 수요를 예측한다는 뜻에서 종합평가기법이라고 부른다. 종합기법에 의한 수요예측에 사용되는 공식은 '장비변경인수×[최근수요+{(최소자승-최근수요)×안전계수}]'이다. 그러나 실제로는 장비도태계획이 자주 변경되어 장비변경 인수의 적용이 제한되기 때문에 장비변경 인수를 제외한 나머지 공식으로 수요를 예측하는 편법이 사용되고 있다. 종합기법 본래의 취지에 맞는 수요예측을 하기 위해서는 '장비변경인수' 입력에

대한 제도적인 검토가 필요하며 종합기법에서 사용하고 있는 계수는 <표 2-12>에서와 같다

구 분	내　용		
장비변경 인　수	· 표준장비＝1 · 제한장비＝예상장비 수÷과거장비 수 · 도태장비＝0		
안　전 계　수	· 증감비율(T)에 의거 적용 T＝{(최소자승－최근수요)÷최근수요}×100		
	증감비율	±10	±11~	±41 이상
	안전계수	1	10/T	산정불가

4. 수요예측방법 개선 필요성

현재 사용하고 있는 수요예측방법은 통계학적 기법을 사용하여 미래의 수요를 판단하는 과학적인 방법이 도입되어 사용되고 있으나 학문적 분석 내용을 실무에 직접 적용하기 위해서는 예측기법별로 적용되는 시기에 대한 구체적인 연구가 필요한 실정이다. 또한 수요를 예측하는 절차도 재작업을 실시하지 않도록 합리적으로 개선할 필요가 있다. 또한 앞으로 무기체계가 정밀화(精密化), 복잡화(複雜化)되면 품목담당관들이 담당해야 할 품목은 지금보다 훨씬 더 많아질 것으로 판단되기 때문에 수요를 예측하는 방법을 과학화 전산화하여 쉽고 정확한 방법으로 수요를 예측하도록 하여야 한다.

가. 투명성 보장을 위한 명확한 계량적 기준 미설정

현재까지 사용된 적용수요 결정에 대한 지침은 추상적이고 품목담당관의 주관에 의해 판단할 수 있는 여지가 많이 있었다. 육군규정에 언급된 내용

을 보더라도 수평형 추세일 때에는 산술평균법, 감소 또는 증가 추세일 때에는 최소자승법을 선택한다고 기술되어 있으나 어떤 경우가 수평형 추세이고 어떤 경우가 감소 또는 증가 추세인지 계량적으로 명확한 지침을 제공하지 못하고 있다.

 X년도 조달작업이 시작되기 이전인 지난 5월에 실제로 X년도 조달계획서 작성을 담당할 군수사 품목담당관들이 어떤 기준을 가지고 수요예측 작업을 실시하고 있는지 기능과별 2~3명에게 <표 2-13>에서와 같은 설문을 의뢰하여 결과를 집계하여 보았다. 결과는 <표 2-14>에서와 같이 수요예측기법의 적용 기준이 애매하였다. 품목담당관들을 직접 면담한 결과 사례별로 적용 기준이 일정(一定)하지 않았으며 재고고갈 현상을 방지하기 위하여 수량이 많은 기법을 적용한 사례가 많았다는 것을 확인할 수 있었다. 수량 증가에 따른 소요예산 증가로 예산조정 작업 간 필수품목이 누락되는 현상이 발생되기도 하며 작업을 쉽게 하기 위하여 고단가 품목 위주로 수량을 감소시킴으로써 이듬해 재고고갈 현상이 발생하는 등 수요와 공급의 불균형 현상이 발생하고 있었다.

▌표 2-13 수요예측기법 적용 설문

개

순위	품명(재고번호)	X-4년	X-3년	X-2년	X-1년	X년	산술	이동	최소	종합
1	완충장치(254000300542)	9	11	7	5	8	8	8	6	9
2	패드(2510373639931)	8	5	6	4	5	6	6	4	5
3	마그레트뭉치(2920005936456)	297	294	327	457	459	367	361	514	505
4	큐선조립체(2540007404675)	12	27	30	32	59	32	32	62	63
5	나사(5305009000576)	442	612	373	787	428	529	533	574	471
6	축,어깨형(3040005718119)	62	23	49	22	49	41	39	33	54
7	단자(5940375013187)	0	0	0	0	12	12	12	12	12

표 2-14 수요예측기법 적용 설문 결과

명

순위	품명(재고번호)	응답자	산술 평균	%	이동 평균	%	최소 자승	%	통제 수요	%	종합 기법	%
1	완충장치(254000300542)	30	14	46.7	6	20.0	2	6.7	2	6.7	6	20.0
2	패드(2510373639931)	30	18	60.0	6	20.0	0	0.0	2	6.7	4	13.3
3	마그레트뭉치 (2920005936456)	30	5	16.7	1	3.3	13	43.3	4	13.3	7	23.3
4	큐션조립체 (2540007404675)	29	9	31.0	3	10.3	8	27.6	1	3.4	8	27.6
5	나사(5305009000576)	30	2	6.7	10	33.3	16	53.3	1	3.3	1	3.3
6	축,어깨형(3040005718119)	28	1	3.3	5	16.7	4	13.3	7	23.3	13	43.3
7	단자(5940375013187)	30	0	0.0	0	0.0	0	0.0	30	100.0	0	0.0

계량학적으로 어떤 기법을 적용할 것인지 확실한 기준을 설정하여 누가 보더라도 수긍할 수 있는 수요예측 작업이 되도록 제도와 절차를 보완할 필요성이 있으며, 또한 매년 많은 품목담당관들이 신규 임용되고 있기 때문에 충분히 이해하고 조달작업에 임할 수 있도록 정과교육에 반영하여 지속적인 보충교육을 실시하여야 한다.

나. 합리적인 소요산정 절차 개선 필요

현행 규정 및 절차에는 적용할 수요예측기법 및 수량을 먼저 선정한 다음 수요제원의 타당성을 검토하도록 되어 있으며, 타당성 검토 결과 신뢰성이 부족한 부분이 발견되면 수작업에 의해 수량을 조정하도록 되어 있다. 그러나 단기간에 수천 품목의 수요를 검토하여야 하는 현 실정을 고려할 때 컴퓨터에 의해 산출된 5개년 수요 중에서 신뢰성이 부족한 부분을 사전에 삭제 또는 수정을 실시한 다음에 가장 타당성 있는 수요예측기법에 의해 산출된 수량을 적용하는 것이 훨씬 합리적이라고 판단된다.

다. 수요제원의 신뢰성 미흡

1,000~2,000품목 심지어는 5,000~6,000품목 이상을 취급하고 있는 품목담당관들은 야전 군지사에서 청구한 실적과 정비창에서 작성한 폐기율(廢棄率: M/R)을 근거로 연간수요를 결정하고 익년도 조달계획서를 작성하여야 한다. 따라서 청구실적에 근거한 수요실적과 폐기율의 신뢰성이 미흡하다면 이는 초과자산 및 재고고갈이라는 현상으로 이어져 전투력 향상에 막대한 장애요소로 작용한다. <표 2-9> 군수사령부 장기비수요품 요약 현황에서 보는 바와 같이 수요 집계의 신뢰성 부족에서 발생되는 현상은 매우 심각하다고 할 수 있다.

수요제원의 신뢰성(信賴性) 향상은 특정부대 특정인의 노력만으로는 해결할 수 없으며, 전 군수요원은 물론이고 특히 지휘관들의 헌신적인 관심과 노력이 집결될 때 비로소 가능하다고 생각한다. X년도 조달작업 과정에서 확인된 M계열 전차에 공통적으로 사용되는 제연기(재고번호: 1015006264149, 단가: 111,586원)의 사례(事例)를 소개하고자 한다. 제연기는 ○○년부터 ○○년 사이에는 매년 2~10개의 소요가 오버홀 정비를 실시하는 정비창에서 발생하였으며 야전에서는 수요가 발생하지 않았다. 그러나 ○○년 ○○부대 정비관 준위 △△△는 재고번호 착오로 청구를 넣은 후에 정확한 인계 없이 타 부대로 전출을 가 버렸다. 후임자는 계속하여 동일 재고번호로 청구를 실시하였으며, 그 결과 군수사 전산실에는 조달소요가 연간 106개로 집계되었다. 품목담당관은 야전수요가 급증한 원인을 분석하지 않고 조달계획에 반영하여 1,236만 원의 국고가 낭비될 위기에 처하였으나, 재검토 과정에서 발견하여 수정함으로써 1,236만 원의 국고 낭비를 방지할 수 있었다.

5. 수요 검토 절차 개선

조달작업에 직접 참여한 경험이 있는 품목담당관이라면 전산실에서 출력한 수요검토 목록을 받아 보는 순간 참으로 난감한 입장에 처한 기억들이 있을 것이다. 컴퓨터가 지난 '73년에 군수사에 도입되어 많은 제도개선과 시스템 개발을 통하여 타당성 있는 수요의 집계와 투명한 군수예산의 사용을 위하여 많은 노력을 경주하여 왔으나 아직까지도 미흡한 면이 너무 많으며, 군수업무(軍需業務)에 조금이라도 종사해 본 사람이라면 나름대로의 개선책을 논(論)할 수 있을 것이다. 정확한 야전수요의 집계와 투명한 조달계획 수립 및 집행을 통한 현존전력(現存戰力)의 극대화(極大化)가 꿈이 아닌 현실이 될 수 있도록 더욱 분발할 때라고 생각한다. 이를 위하여 <그림 2-31>에서와 같이 위에서 언급한 내용을 토대로 검토절차를 개선하여 적용하도록 하였다.

가. 전산출력문서 개선

개선된 수요검토 절차에 대하여 앞에서도 잠시 언급을 하였지만 단기간에 수천 품목에 대한 조달계획서를 작성하여만 하는 품목담당관으로는 능률적(能率的)이고 효과적(效果的)인 절차에 의해 작업을 진행하여야만 제한된 예산, 제한된 시간 내에 전투력을 극대화할 수 있는 조달계획서를 작성할 수 있다. ○○년까지의 수요검토철(需要檢討綴)을 분석하여 보면, 적용 수요란에 최소자승법에 의한 수량이 일괄적으로 기록되어 있다는 것을 확인할 수 있다. 이것은 계량화된 기준 값이 없었기 때문에 가장 일반적인 최소자승법에 의한 수요량을 일괄적으로 적용한 다음에 품목담당관이 다른 수요예측기법에 의한 예측수요를 적용하는 것이 타당하다고 판단되면 그 기법에 의한 수량으로 수정 입력하도록 하였다. 그러나 X년도 수요검토부터는 다음 장에서 논의할 예정인 기울기 값과 절대편차율을 직접 출력문서

에 반영하여 가장 타당성 있는 수요량을 적용수요에 기록하여 출력하도록
하였다. 즉 최소자승법만 기록되던 것이 기울기 값과 절대편차율에 따라 산
술평균법, 최소자승법, 이동평균법, 통제수요 등이 기록되어 품목담당관들이
보다 쉽게 작업할 수 있으며, 누구나 수긍할 수 있도록 개선하였다.

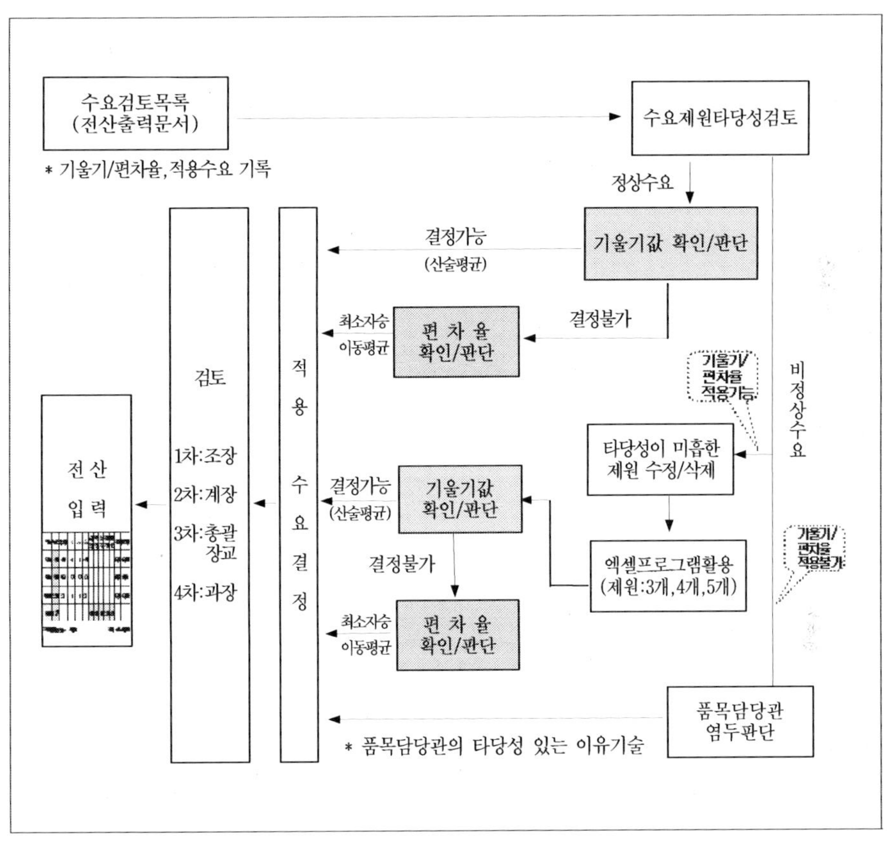

▌그림 2-31 개선된 수요검토 절차

나. 수요제원의 타당성 검토

수요제원의 타당성 검토란 육군규정 412(소요관리규정)에도 기술되어 있듯이 수요가 비정상적으로 발생되었을 때 이를 발견하여 수정하거나 또는 비정상적으로 발생된 원인을 찾을 수 없을 때에는 수요제원 자체를 삭제하고 나머지 제원만으로 수요를 예측하는 것이다.

▌표 2-15 수요제원의 타당성 검토결과

항목

구 분	계	제 원 미 수 정 (출력제원활용)	제 원 수 정 후 기 법 적 용				기 법 미적용	삭제 (조달 미반영)
			소 계	5개 제원	4개 제원	3개 제원		
계	10,019	4,414	697	30	336	332	1,656	3,251
K - 1	2,373	1,360	212	0	133	79	94	7
M 4 7	710	188	69	0	40	29	156	297
M48A2C	485	167	40	1	22	18	86	191
M48A3A5	2,594	1,016	223	18	70	135	336	1,019
K - 5 5	1,243	497	36	0	25	11	233	477
K - 2 0 0	1,599	709	77	2	34	41	44	769
M 장 갑	553	248	12	0	3	9	7	286
M 자 주	462	229	28	9	9	10	0	205

1) 제원 미수정

축적된 5년 동안의 수요 제원이 정상적이라고 판단될 때에는 제원의 수정 없이 전산실 컴퓨터에서 출력된 제원만을 가지고 적용할 예측수요를 판단한다. <표 2-15>에서 확인할 수 있듯이 X년도 조달작업 시 출력된 제원을 수정하지 않고 적용기법을 판단한 품목은 조달반영 품목의 약 65.2%이다. 이는 34.8%에 해당되는 품목에 대한 수요제원의 신뢰성이 미흡하며, 앞으로 우리들이 정확한 수요형성을 위하여 더욱 노력해야 한다는 증거라고 생각된다.

예: K-1전차 핀, 짜개형(재고번호: 5315008395820)   개

구　분	X-3년	X-2년	X-1년	X년	통 제 수 요
수량	371	484	506	724	938

2) 제원수정

모체장비가 최근에 도입되어 수요가 정착되지 않았을 때의 수요나, 어느 기점(基點)을 기준으로 수요제원이 상향추세에서 하향추세로 또는 하향추세에서 상향추세로 전환되는 품목, 또는 정상적인 추세선에서 현저히 벗어난 비정상적인 제원이 있을 때에는 원인규명 후 수정된 제원으로 엑셀 프로그램을 이용하여 재계산한다. 또한 순환수요 이외의 각종 비순환 수요는 정밀하게 분석되어 반영되어야 하며, 원인규명이 불가능할 때에는 제외 후 잔여 제원만으로 계산한다. 제원이 수정된 경우에도 기울기 값 및 절대편차율을 적용하며, 적용할 수요예측기법을 결정하는 요령은 동일하다.

┃표 2-17

예 1 : 5개 제원 사용: M47 발전기 엔진부품(재고번호:2920007956627)   개

구분	X-3년	X-2년	X-1년	X년	통제수요
수량	34	53	73	115(50)	26

* X년도 수요량 115개는 수요추세에서 현저히 벗어난 비정상적인 경우이다. 검토결과 X년 수요에는 WRSA 전차정비용 65개가 포함되어 있었으므로 이를 감소한 50개로 수정 후 엑셀 프로그램을 이용하여 예측수요량을 판단한다.

┃표 2-18

예 2 : 4개 제원 사용: K-200 좌측판(재고번호: 2510375008072)   개

구분	X-3년	X-2년	X-1년	X년	통제수요
수량	30(제외)	4	6	3	2

* X-3년의 실수요 30개는 다른 연도의 수요 2~6개에 비하여 월등히 큰 수량이다. 원인을 찾기 위하여 노력하였으나, 파악할 수 없어 이 제원을 제외하고 나머지 4개 제원을 엑셀 프로그램에 입력하여 예측 수요량을 판단한다.

표 2-19

예 3 : 3개 제원 사용: M48A2C전차 계기 덮개(재고번호: 2510007528010)   개

구분	X-3년	X-2년	X-1년	X년	통제수요
수량	12(제외)	4(제외)	24	25	27

* 수요가 X-1년부터 하향추세에서 상향추세로 전환된 모습을 보여 주고 있다. 따라서 X-3년, X-2년 수요제원은 제외하고 나머지 3개 연도의 수요제원만으로 재판단한다.

3) 통제수요 적용

수요제원을 검토해 본 결과 수요발생이 최근에 발생되기 시작하였거나, 모체장비의 도입기간이 얼마 되지 않아 신규로 소요가 발생된 품목, 구성품 단위의 정비에서 결합체 또는 부분품을 이용한 정비로 전환되면서 추가로 발생된 품목에 대해서는 최근 12개월 동안의 수요를 기준으로 한 통제수요를 적용한다.

표 2-20

예 : K-1전차 완충용 패드(재고번호: 5340010284659)   개

구분	X-3년	X-2년	X-1년	X년	통제수요
수량	0	0	0	0	3

* 완충용 패드는 통제수요에만 수요가 발생하였다. 실수요를 검토한 결과 실제 수요로 확인됨에 따라 통제수요를 연간수요량으로 결정하여 조달계획에 반영하였다.

200

4) 품목담당관 염두 판단

산술평균법, 이동평균법, 최소자승, 종합기법 등의 수요예측기법을 활용하기 위해서는 최소한 3개 이상의 신뢰할 수 있는 수요제원이 있어야 한다. 그러나 5개년 수요 중 과거 3년 동안의 수요가 불규칙적이거나, 최근 2년 간의 수요와 전혀 상이할 때, 또는 수요가 '상승→하강→상승→하강'을 반복하여 상승(하강)이 예상될 때와 같이 수요추세에 따라 품목담당관이 과거의 경험을 활용하여 연간 수요량을 판단할 필요가 있는 품목은 자세한 사유를 기술하고 타당성 있는 수량을 결정하여 조달에 반영한다.

▌표 2-21

예 : M48A2C 포강솔용 덮개(재고번호: 1015005606252) (개)

구분	X-3년	X-2년	X-1년	X년	통제수요
수량	109	64	121	24	83

* 수요제원에 대한 기울기 값이 -9.2이고, 절대편차율은 0.38로 3장에서 정의한 내용에 의하면 이동평균법(82개)을 선택하여야 하나, 수요제원이 '하강→상승→하강→상승'을 되풀이하고 있다. 따라서 하향추세가 예상되므로 최소자승법에 의한 예측수요 54개를 예측 수요량으로 판단한다.

5) 삭제(조달 미반영)

최근 2년 동안의 수요가 '0'이거나, 과거 특정 연도에는 수요가 있으나 통제수요를 포함하여 3개년 수요가 '0'으로 이듬해에 수요가 발생되지 않을 것으로 판단되는 품목은 조달 대상 품목에서 삭제한다.

▌표 2-22

예 : M48A2C 클러치 앗세이(재고번호: 2520006539216) (개)

구분	X-3년	X-2년	X-1년	X년	통제수요
수량	0	25	0	0	0

* X - 2년에는 수요가 발생하였으나 통제수요를 포함한 최근 3년간 수요가 미발생하였으므로 조달대상 품목에서 삭제한다.

6. 기울기/절대편차율을 이용한 수요예측판단기법 결정

가. 원리(原理)

과거 5년간의 수요가 평면상의 각 점 A, B, C, D, E 가 산재(散在)하고 있을 때 이들을 연결한 것이 수요선(需要線)이며, 수요점들의 중앙을 가장 편차가 작게 통과하는 직선이 추세선(趨勢線)이다. 이때 추세선의 '기울기 값'을 분석(分析)하여 보면 수요량이 매년 일정하게 유지되는지 또는 증가·감소 추세에 있는지 판단할 수가 있다. 즉 '기울기 값'의 크기에 따라 산술평균법, 또는 최소자승법 등 많은 수요예측기법 중에서 어느 기법을 적용하여야 하는지 결정할 수 있다. 또한 실수요점과 추세선과의 편차(偏差)를 검토하면 해당 품목의 수요 변동 폭을 고려하여 어느 수요예측기법에 의한 수량을 적용할 것인가도 판단할 수 있다.

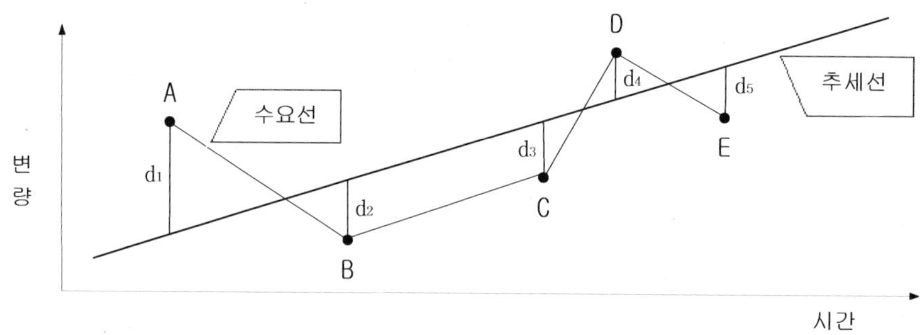

┃그림 2-32 수요선과 추세선 곡선

나. 추세선 기울기 값에 의한 적용기법 판단

추세선(趨勢線)의 기울기 값에 의하여 어느 수요예측기법을 적용할 것인가를 결정하는 방법은 시계열(時系列)에 의한 수요예측 분석방법 중의 하나인 최소자승법(最少自乘法)의 추세선 공식을 사용하기로 한다. 추세선은 아래 그림과 같이 직선형(直線形)이 되는 경우가 대부분이나 때로는 2차 곡선 또는 지수 곡선의 형태가 되는 경우도 있다. 그러나 군(軍)에서는 직선 추세에 의한 방법을 주로 사용하고 있으므로 여기에서도 직선 추세에 의한 방법을 채택하기로 한다.

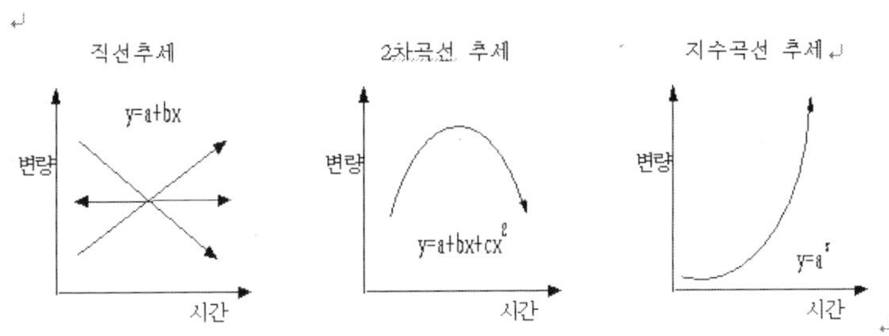

┃그림 2-33 추세선의 유형

1) 산정공식

직선추세는 추세선을 직선의 기본 공식인 'y＝a＋bx'라 하고 x축에서 각 수요점에서 추세선 에 이르는 거리의 편차 자승의 합이 최소가 되도록 절편 값인 a 및 기울기 값인 b의 값을 산출하여 그 값의 크기에 따라 수요량이 매년 일정한지 또는 증가·감소 추세에 있는지를 판단한다. 최소자승법의 개념상 오차의 합이 가장 적은 추세선을 가정할 때

$$\sum_{i}^{n}(yi-yi)^2 = 0 \quad \cdots\cdots\cdots\cdots\cdots\cdots\cdots\cdots\cdots\cdots\cdots\cdots\cdots\text{(a)}$$

추세선 기본공식(모든 Yi의 측정치)은

$$yi = a + bx \quad \cdots\cdots\cdots\text{(b)}$$

X를 X의 중앙값의 편차로 전환하면

$$x = X - X' \quad \cdots\cdots\cdots\text{(c)}$$

$$\sum xi = 0 \quad \cdots\cdots\cdots\text{(d)}$$

식(b)를 식(a)에 대입하여 정리하면

$$\sum yixi - a\sum xi - b\sum x^2 i = 0, \quad \sum xi = 0이므로$$

$$\therefore \text{기울기 값} \quad b = \frac{\sum yixi}{\sum x^2}i \text{ 이다}$$

표 2-23

예 : 최근 5년간의 수요제원이 다음과 같을 때 추세선의 기울기 값을 구하라.

구분	X-3년	X-2년	X-1년	X년	통제수요
수량	15	30	25	40	35

(풀이) 간이계산방법은 x값을 중앙으로부터 부여하는데 수요제원의 수가 홀수일 때는 중앙 항에 '0'을 부여하고, 중앙상단으로는 차례로 -1, -2, -3……과 같이 부여하며, 하단으로는 +1, +2, +3……과 같이 부여하여 계산한다.

표 2-24 기울기 값 $b = \sum xY \div \sum x^2 = 50 \div 10 = 5$

구분	수요(Y)	x	x^2	xY
X-3년	15	-2	4	-30
X-2년	30	-1	1	-30
X-1년	25	0	0	0
X년	40	1	1	40
통제수요	35	2	4	70
N=5	Y=145		$\sum x^2 = 10$	$\sum xY = 50$

2) 기울기 값에 의한 수요예측기법 선정

우리는 수요예측기법의 종류 및 적용시기에서 수요발생이 모체장비 또는 대상 인원 등이 거의 일정하고 수요발생률이 시간 경과에 관계없이 매년 일정할 때에는 산술평균법을 적용하며, 전반적으로 증가 또는 감소추세일 때에는 최소자승치를 사용하고 수요량의 편차가 클 때에는 이동평균법을 사용하기로 하였다.

기울기 값에 대한 상식적인 측면에서 우리는 기울기 절댓값이 '0'에 가까울수록 매년 수요량이 일정한 것으로 판단할 수 있고, 기울기 값이 '0'보다 커질수록 수요는 매년 증가한다고 할 수 있으며, 기울기 값이 '0'보다 작아질수록 수요는 매년 감소한다고 말할 수 있다. 그러나 여기서 결정하기 매우 어려운 과제는 과연 매년 수요량이 일정하다고 판단할 수 있는 기울기 값은 얼마이고, 수요량이 증가 또는 감소한다고 판단할 기울기 값을 얼마로 결정하느냐? 하는 기준 값이다.

여기서 여러 품목담당관들의 의견을 종합하여 기울기 값이 −1.0보다 크고 +1.0보다 작은 값을 가질 때는 수요가 일정한 추세라고 판단한다는 결론을 얻게 되었다. 물론 기능별, 장비별 특성에 따라 기준치를 조정할 수 있으며, 이를 위한 많은 자료의 분석이 필요하다고 판단된다. 또한 기울기 값이 +1.0보다 크거나 같을 때는 수요가 증가하고, 기울기 값이 −1.0보다 작거나 같을 때는 수요가 감소한다고 할 수 있으며, 여기에서도 기능별, 장비별(裝備別) 특성(特性)에 따라 일부 기준치의 조정이 가능하다. 위에서 언급한 내용을 종합하면 <표 2 − 25>에서와 같은 결론을 얻을 수 있다.

▌표 2 − 25 기울기 값에 의한 수요예측기법 적용

기준	− 1.0<b<1.0	b≤ − 1.0 또는 1.0≤b	기울기와 무관한 기법
적용기법	산술평균	최소자승, 이동평균	통제수요, 종합기법

다. 절대편차율에 의한 적용기법 판단

절대편차율(偏差率)에 의한 적용기법 판단은 수요점(A, B, C, D, E)과 추세점(A′, B′, C′, D′, E′) 사이의 차이를 추세선에 위치한 추세점으로 나눈 값(편차도)을 모두 합하여 사용된 수요 제원의 숫자로 나눈 값의 크기에 따라 가장 타당성 있는 기법을 선택한다.

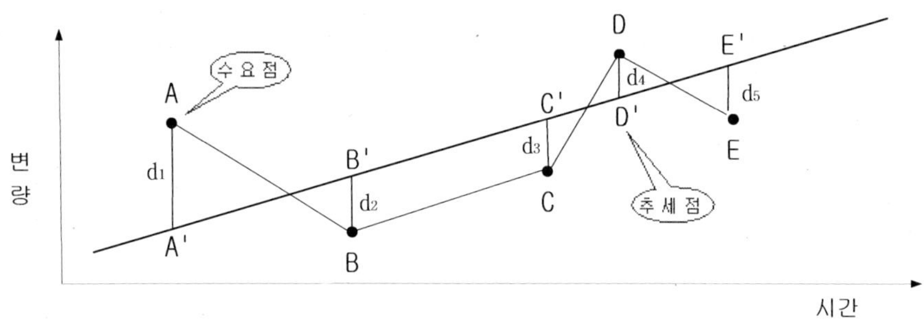

그림 2-34 수요점과 추세점

1) 산정공식

<그림 2-34>에서 점 A, B, C, D, E는 실제 수요가 발생된 수요점이고, 점 A′, B′, C′, D′, E′는 수요점과 추세선을 수직으로 연결하는 추세점들이다. 또한 d_1, d_2, d_3, d_4, d_5,는 수요점과 추세점 사이의 거리 즉 편차(偏差)를 나타낸다. 편차율(偏差率)에 대한 공식을 정리하면 다음과 같다.

편차 d_i = 추세점 - 수요점 = | y′ - y|

편차도 $d′_i$ = 편차 ÷ 추세점 = d_i ÷ y′

절대편차율 $d″$ = 편차도 합 ÷ N = $\sum d′_i ÷ N$ 으로 표시된다.

표 2-26

예 : 최근 5년간의 수요제원이 다음과 같을 때 절대편차율을 구하라.

구분	X-3년	X-2년	X-1년	X년	통제수요
수량	15	30	25	40	35

(풀이) 수요제원을 가지고 절대편차율을 구할 때는 추세선 공식을 이용하여 추세점 값을 구한 다음 실수요점과의 차이를 계산하여 절대편차율을 얻는다.

표 2-27 절대편차율 $d'' = \sum d'i \div N = 0.88 \div 5 = 0.176$

구분	수요(Y)	y(추세점)	di(편차)	d'i(편차도)
X-3년	15	19	4	0.21
X-2년	30	24	6	0.25
X-1년	25	29	4	0.14
X년	40	34	6	0.18
통제수요	35	39	4	0.10
N=5	$\sum Y = 145$			$\sum d'i = 0.88$

2) 절대편차율에 의한 수요예측기법 선정

<그림 2-34>와 절대편차율 산정공식을 통하여 우리는 추세점과 수요점과의 편차(d)가 작을수록 수요변동 폭이 작은 것으로 판단할 수 있다. 우리는 앞에서 수요 발생이 전반적으로 증가 또는 감소 추세일 때에는 최소자승치를 사용하고 수요량의 편차가 클 때, 경험치로부터 적합한 통계적(統計的) 모형(模型)에서 미지(未知)의 모수(母數)를 추정하여 수요예측을 할 때에는 이동평균법을 사용하기로 하였다.

따라서 컴퓨터에 집계된 수요제원을 검토하였을 때 일률적으로 증가 또는 감소 추세이면서 수요점과 추세선의 차이가 작을 때는 최소자승법을 사용하는 것이 가장 타당성이 있다고 할 수 있다. 또한 수요점과 추세점과의 차이가 클 때, 즉 매년 발생된 수요의 편차가 클 때에는 적합적 통계적 모형을 사용하는 이동평균법을 사용하는 것이 타당성이 있다고 할 수 있다. 물론 기울기 값을 이용하여 적용할 수요예측기법을 결정할 때처럼 수요점과 추세점 사이의 편차가 작고 크다는 기준을 어떻게 결정할 것인가는 논란(論亂)의 여지가 있지만, 많은 품목담당관들과의 토의 및 설문을 통하여 '0.2'를 기준으로 하는 것이 적절하다는 결론을 얻었다. 전후방 각지의 군

수요원들은 앞으로 수년간의 자료 분석을 통하여 기능별(機能別), 장비별(裝備別) 특성에 따른 정확한 기준치를 설정할 수 있도록 실질적인 근거에 의해 청구/보급 행위가 이루어지도록 노력하여야 하며, CALS사업단에서 추진 중인 '통합군수정보체계'를 조기에 개발/정착시켜 이러한 일들이 쉽고 편리하게 집계되고 분석되도록 하여야 한다고 판단한다. 결론적으로 절대편차율을 이용하여 적용할 수요예측기법을 결정하는 기준은 <표 2-28>과 같다.

표 2-28 절대편차율(d ″)에 의한 수요예측기법 적용

기준	d ″<0.20	d ″≥0.20	기울기와 무관한 기법
적용기법	최소자승	이동평균	산술평균, 통제수요, 종합기법

7. 기대효과

지금까지 우리는 과학화된 소요산정을 위한 기울기와 절대편차율이라는 계량화된 방법에 대하여 토의하였다. 이는 개념적이고 추상적인 고전적인 방법을 과감히 탈피하여 '강력한 선진육군 건설'을 목표로 육군이 지향하고자 하는 방향과 일치한다고 판단된다. 정확한 소요산정은 제한된 예산을 가장 효과적으로 사용하여 전투력을 극대화하는 지름길이라고 단언할 수 있다. 여기서 그동안 사용하였던 방법과 우리들이 지금까지 토의한 내용을 비교하여 얼마만큼의 효과가 발생되는지 실례(實例)를 통하여 알아보도록 하자.

표 2-29

개

품명	적용 장비	단가 (원)	X-3년	X-2년	X-1년	X년	통제 수요	기울기	절대 편차율
			산술	이동	최소	종합	적용		
발전기부품	M48 전차	1,601,0 70	177	190	193	135	103	-20. 3	0.10
			160	168	100	101	100		

기존 방법에 의하면 품목담당관들은 재고고갈을 방지하기 위하여 가장 수량이 많은 이동평균법에 의한 '168개'를 적용수요로 선택할 것이다. 그러나 기울기와 절대편차율에 의한 수요예측기법을 판단한다면 기울기 값이 −20.3, 절대편차율이 0.10이라는 것을 고려하면 최소자승법에 의한 '100개'를 적용수요로 선택하여야만 한다. 계속해서 수요예측의 착오가 조달계획에 어떤 영향을 미치는지 알아보도록 하자.

표 2−30 기존방법과 기울기/절대편차율에 의한 조달 비교

개

구분	소요						자산	과부족	조달반영	
	계	연간소요	수준소유	본조잔여	국채잔여	전투계획			수량	금액(원)
기법적용 (최소: 100)	325	100	42	29	50	104	300	−25	25	40,026,775
기법미적용 (이동: 168)	476	168	71	49	84	104	300	−176	176	281,788,496
차 이	151	68	29	20	34	0	0	151	151	241,761,721

표에서 볼 수 있듯이 적용수요는 연간소요뿐만이 아니라 수준소요, 본조잔여소요, 국채잔여소요 등에 영향을 미치게 되어 소요량의 차이가 적용수요보다도 크게 된다. 또한 1개 품목의 수요예측을 어떻게 하느냐에 따라 2.41억 원 이상의 예산이 절감되기도 하고 낭비되기도 한다는 사실을 확인할 수 있다. 예산은 제한되어 있기 때문에 특정품목에 대한 수요예측을 잘못하게 되면 다른 품목의 조달에 많은 영향을 미치게 되어 예산낭비뿐만이 아니라 전투력에도 심대한 영향을 주게 된다. 결론적으로 기울기 값과 절대편차율에 의한 수요예측기법 판단방법은 군수업무(軍需業務)의 과학화뿐만이 아니라 이루 계산할 수 없을 정도의 예산절감 효과가 있으며, 투명성이 보장된 예산집행이 가능함으로써 軍의 위상 제고(提高)에도 많은 도움을 줄 것이다.

8. 맺음말

앞에서 기술된 내용은 지금까지의 수평형 추세, 증가/감소추세, 수요 변동 폭이 큰 추세 등 계량화되지 않고 개념적(槪念的)이고 추상적인 상태에서 벗어나 보다 구체적(具體的)이고 계량화(計量化)된 기준을 설정하여 품목별로 적용할 가장 타당성 있는 수요예측기법을 결정하는 방법에 대하여 논의(論議)하였다. 이러한 방법은 우리 군(軍)의 과학화(科學化), 정보화(情報化) 시대에 발맞추어 가는 한 방안이라고 생각한다. 군수업무는 개념적이고 추상적인 자세를 버리고 계량적이고 실물 위주의 업무추진이 되어야만 제한된 자원으로 최상의 전투력을 유지하는 데 일조(一助)할 수가 있다. 이러한 측면에서 아직은 앞에서 제시된 기울기 값과 절대편차율의 기준 값이 비록 체계적인 검증을 하기에는 여러 가지 측면에서 제한이 많지만, 소요업무를 가장 객관적이고 투명성 있게 추진할 수 있는 최선(最善)의 방안으로 판단되기에 일단 시행 후에 많은 자료의 정밀분석을 통하여 기능별, 장비별로 적용할 가장 타당성 있는 기준 값을 확정하였으면 한다. 이를 위하여 국방부와 각 군 본부에서 추진 중인 국방군수정보체계가 조기에 완료되어 정착되도록 하고, 이 시스템을 이용하여 장비와 물자를 직접 운용하는 단위부대부터 국방부에 이르기까지 신뢰성 있는 수요제원이 형성되도록 다 같이 노력하여야 한다.

또한 앞에서 제시된 기울기 값과 절대편차율에 의한 수요예측기법 결정 방안은 전력단위부대별 예산 편성 및 집행이 실시될 경우와 정비창에서 최적의 폐기율(M/R)을 작성하는 경우에도 유용하게 사용될 것으로 판단된다. 끝으로 기울기 값과 절대편차율에 의한 수요예측기법 적용안을 완성하기 위하여 노력한 소요담당관들에게 지면을 통하여 감사를 드리며 더욱 완벽한 시스템 개발을 위해 노력하여 주기를 당부한다.

제5장 수요예측 종합기법

제17조 수요예측

수요예측은 산술평균법 및 최소자승법에 의거 전산으로 산출하며, 산출된 2가지 예측치 중에서 최적의 예측치를 선택하되, 추세 유형에 따라 아래와 같이 선택한다(최소자승법 계산방법은 야전교범 4-10 소요관리 참조).

1. 수평형 추세를 유지하고 있는 품목은 산술평균치를 선택한다. 즉, 산술 평균치는 모체장비 또는 대상 인원 등이 매년 거의 일정하고 수요발생 률이 시간 경과에 관계없이 매년 일정하여 수요가 일정 범위 내에서 정 착되어 있는 품목에 한하여 적용된다. 단, 수요가 일정하게 상승 또는 하강추세에 있는 품목은 이동평균법을 적용한다.

2. 전반적으로 볼 때 증가 또는 감소 추세 시에는 최소자승치를 선택한다. 즉, 최소자승치는 수요가 정착되어 있지 않는 품목에 적용되며, 대부분 의 품목은 이 경우에 해당된다.

3. 또한 품목의 특성에 따라 추세선 기울기 및 편차율을 고려하여 산출할 수 있다(야전교범 4-10 소요관리 참조).

┃그림2-35 현대화된 물류체계

제 3 장

전우와 함께, 국민과 함께 잘사는 사회를……

　대한민국 국군의 사명은 "국군은 국민의 군대로서 국가를 방위하고 자유민주주의를 수호하며 조국의 통일에 이바지함을 그 이념으로 한다."라고 군인복무규율 제4조에 기록되어 있다. 국민의 군대이기에 국민과 같이 호흡하고, 국민과 같이 기뻐하고, 국민과 같이 슬퍼하여야 한다. 국민으로부터 부여받은 힘은 국민을 위하여 사용해야 한다. 전시에는 국민을 위하여 목숨을 바치며, 평시에는 국민들의 어려움을 도와야 한다.

　전우는 나와 한솥밥을 먹고 생활하며 전시에는 내 생명을 대신할 수도 있으므로 친형제처럼 돕고 살아야 한다. 전우의 건강한 생활을 위하여, 전우의 희망이 성취될 수 있도록 끊임없이 조력해야 한다. 특히 지휘관은 부하들의 복지 향상을 위하여 부단한 관심을 경주하여야 하며, 부하들이 꿈과 비전을 가지고 생활할 수 있는 여건을 조성하는 데 최선을 다하여야 한다. 보장된 미래가 있을 때 인간은 더 긍정적이고, 적극적인 자세로 임무를 수행한다. 미래가 희망이 있다고 느낄 때, 장병들은 맡은 바 임무수행에 최선을 다하며 이들이 소속된 부대는 사기충천한 천하무적의 부대가 될 수 있다.

> 　우리들이 살고 있는 현대사회는 각종 범죄로 가득 차 있다. 살인, 강도, 강간, 교통사고, 사기 등등…… 텔레비전 뉴스 시간에 그날 발생한 범죄를 모두 방송한다면 하루 종일 하여도 시간이 부족할 지경이다. 범죄로부터 나는 자유롭겠지, 나는 범죄의 대상이 아니겠지 하는 것이 우리들의 심정(心情)이다. 그러나 범죄는 멀리 있지 않고 항상 내 주변에 있으며 나도 항상 범죄의 대상이 되고 있다는 것을 기억하였으면 한다.
>
> 　불의의 사고를 당하였으나 보상받을 방법이 없다면 세상이 무척 원망스러울 것이며 유자녀의 생활은 이루 말할 수 없을 것이다. 이런 측면에서 피해자학 연구는 현대를 사는 사람들에게 필요하다. 더욱 중요한 것은 혼자서만 잘살겠다고 발버둥 치는 것보다는 더불어 잘사는 사회건설을 위하여 노력하여야 한다. 아픔과 슬픔은 확 줄이고 기쁨이 넘치는 사회를 만드는 데 동참하였으면 한다.
>
> ∴ 한국방송통신대학교 법학과 졸업논문 요약

1. 개 요

　범죄 원인에 관한 지금까지의 연구는 일반적으로 가해자(加害者)인 범죄자(犯罪者)에 주목하여 왔으며 피해자에 대해서는 간과(看過)하여 왔다. 범죄의 원인과 범죄자의 특징, 행동양식 및 성장환경 등에 관해서 생물학적, 심리학적, 사회학적인 연구에 집중하여 왔으며 법 집행이나 방범활동 등도 가해자인 범죄자를 중심으로 이루어져 왔다. 즉 근대적(近代的) 형사사법제도의 확립은 형사법(刑事法)과 형사정책이론 및 실무의 관심은 범죄인에 집중되어 왔고 범죄원인의 탐구를 위해 범죄인의 소질이나 환경을 분석하고

수사·재판절차에서 피의자나 피고인의 인권보장(人權保障), 행형단계(行刑段階)에서는 범죄인의 개선·교육 등에 대한 관심이 집중되어 왔다고 말할 수 있다. 이러한 과정에서 피해 당사자인 범죄피해자들이 형사사법 절차에서 얼마나 소외되고 있으며 일상생활에서 어떤 고통에 시달리고 있고, 범죄 이후에 그들의 생활이 얼마나 불행하게 변하였으며, 정상적으로 사회생활을 할 수 있도록 하기 위해서 무엇이 필요한가에 대해서는 연구 실적이 미흡하였다.

그러나 1960년대 이후 피해자가 중심이 된 피해자 권익보호의 문제가 중요한 관심사로 등장하기 시작하였으며, 우리나라에서도 1987년 개정헌법 제27조 5항에 형사소송에서의 피해자진술권, 제30조에 피해자에 대한 구조를 규정하였으며 이에 근거하여 범죄피해자구조법 등 법률제정이나 형사소송법 개정이 이루어졌다. 그러나 실제 범죄피해자들에 대한 충분한 배려와 대책이라고 하기에는 상당히 미흡하다고 지적되어 왔으며, 범죄피해자 문제에 대한 보다 진지한 접근과 현실적인 입법 개정이 필요하다는 국민적 공감대가 형성되고 있다. 아울러 피해자 보호를 위한 체계적이고 실효적인 각종 제도 발전과 국가기관 및 민간단체의 활동과 도움을 필요로 하는 통합적인 대안을 제시하면서 범죄피해자학적 연구필요성이 대두(對頭)되고 있다.

또한 사회가 점점 도시화·산업화됨에 따라 범인성환경(犯因性環境)은 더욱더 증가하고 있어 가해자중심의 연구만으로는 효과적인 범죄통제(犯罪統制)를 기대할 수 없게 되었다. 그리하여 범죄예방에 대한 일반의 관심이 고조되면서 경찰의 방범기능이 한층 강조되고 있으며 범죄피해자에게도 상당한 책임이 있다는 피해자학의 중요성이 인식되기에 이르렀다. 이와 같이 범죄발생에 있어서 피해자가 없는 경우는 거의 없고 그 피해자가 범죄발생에 적극적으로 기여한 면이 있다면 피해자에 대한 연구 분석을 통하여 범죄성의 해명(解明)과 범죄의 실체를 정확하게 파악할 수 있을 것이다. 그리고 만약 범죄피해를 당할 확률이 높은 객관적 조건이나 경향을 쉽게 식별할 수 있다면 피해자학의 연구·발전은 범죄성의 구명(究明)을 통하여 범죄예방에 기여할 뿐 아니라 형사사법(刑事司法), 특히 가해자인 범죄자에 대한 형사책임량(刑事責任量)을 정확하게 평가함으로써 형사 사법정책의 적정 실현에 이바지한다는 점이다.

　피해자 측면을 연구하는 방법에는 크게 두 가지가 있는데 실정법의 법규범을 토대로 한 해석적 고찰방법과 경험적인 고찰방법이 있다. 전자는 범죄의 성립·불성립을 검토하고 범죄성립의 경우 평가의 대소에 관한 판단자료로서 고려되어야 할 점을 주로 다루고 있으며, 후자는 사실학으로서 피해자학을 뜻하며 생물학, 심리학, 사회학적인 구체적 관계성을 실증적 연구방법으로 고찰한다는 점에 차이점이 있다. 따라서 피해자연구의 중요성을 감안하여 피해자학의 기본개념과 피해자연구의 경향 및 피해자학의 발전과정을 정리하고 대인범죄 발생 방지 측면에서 살인 및 강간피해자의 특성을 분석·검토함으로써 피해 예방과 피해자에 대한 보호대책을 모색하는 데 기여하고자 한다. 또한 범죄피해자학의 이론적 고찰, 범죄피해자학의 대상이 무엇인지를 파악하고, 범죄피해 원인 및 유형별 범죄피해 실태 및 피해자의 특성에 대하여 고찰함으로써 국가적 차원에서 범죄피해를 최소화하는 데 기여하고자 하며, 범죄피해 대책에 대해서도 연구할 예정이다.

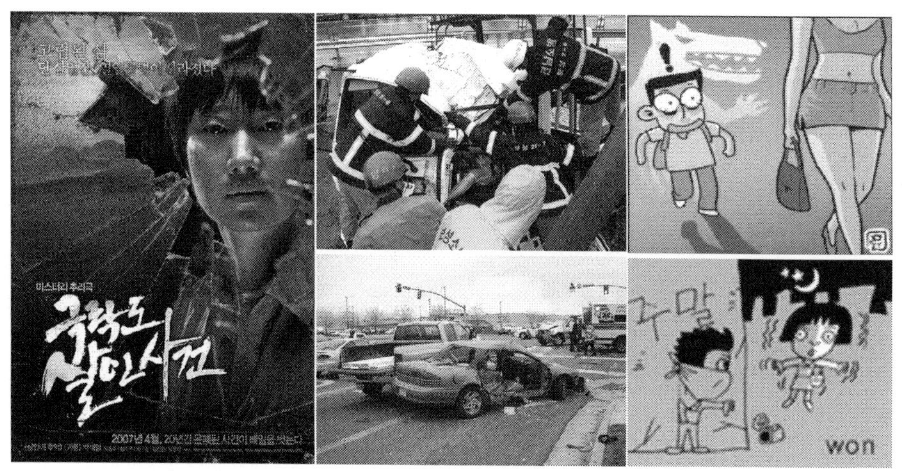

그림 3-1 생활 주변의 각종 사고 유형

2. 被害者學의 理論的 考察

가. 피해자의 개념

피해자란 라틴어의 Victim에서 유래된 것으로서 서로 다른 두 가지의 의미를 내포하고 있다. 하나는 종교상의 의식절차 중에서 제물로 바쳐진 생물·희생물을 의미하며, 다른 하나는 개인행위에 의하여 위해(危害) 혹은 침해(侵害)를 받거나 파괴(破壞)당한 인간, 조직, 도덕 또는 법질서(法秩序)를 의미한다. 따라서 범죄피해자학에서의 피해자란 후자를 의미하며 프랑스어의 'Victime', 이탈리아어 'Vittima'를 바탕으로 영어에서 학문을 의미하는 'logy'와 합성되어 'Victimology'라는 단어가 창출되었다. 일반적으로 범죄피해자란 범죄로 인하여 육체적·정신적 상처와 고통, 재산상 손실을 입거나 기본권을 침해당한 개인 또는 집단을 의미한다. 범죄피해자 보호법 제3조에 의하면 '범죄피해자'라 함은 타인의 범죄행위로 피해를 당한 사람과 그 배우자(사실상의 혼인관계를 포함한다.), 직계친족 및 형제자매를 말한다고 규정하고 있다. 개인은 물론 가족까지도 피해자에 포함된다고 할 수 있다.

218

나. 범죄피해자학의 정의

피해자학이란 "인간관계의 존재를 전제(前提)로 가해자와 피해자 사이의 인적교류(人的交流)라는 프리즘을 통하여 범죄 및 그 주변의 사회현상(社會現象)을 과학적으로 검토하는 새로운 학문"이라고 정의(定義)할 수 있다. 또한 피해자의 범위(範圍)를 어떻게 결정하느냐에 따라 달라질 수 있는데, 단순한 자연재해(自然災害)나 위난(危難) 등에 의한 피해를 제외한 범죄에 의한 피해만을 다룬다는 점에서 범죄피해자학(Victimology)이란 범죄 및 범죄피해자를 대상으로 피해가 발생하는 원인과 피해자가 되는 과정(過程) 및 그에 따른 제반 대책을 연구하는 학문이라고 정의할 수 있다. 범죄피해자학은 피해가 발생하는 현상과 원인을 규명하고 범죄피해와 피해자의 상관관계(相關關係)를 연구한다는 점에서 현상학(現象學)이자 경험과학(經驗科學)의 속성을 가지며 피해자의 정당한 권익옹호(權益擁護), 피해의 구제, 피해 및 재피해 방지 대책을 위해 형사입법을 통한 규범적 노력도 강구한다. 즉 피해자학은 사회현상을 중심대상으로 그에 대한 경험적(經驗的) 연구와 규범적(規範的) 연구를 통하여 부딪치는 각종의 문제점에 직면(直面)하여 다양한 정책적(政策的) 대안(代案)을 제시하면서 궁극적으로는 사회복지를 지향하고자 하는 종합과학적 학문으로 심리학, 정신의학, 사회학, 교육학, 복지학의 영역과 상호 협력이 요구된다.

다. 피해자학의 중요성

범죄피해자학이 학문적·현실적 관심사로 부각(浮刻)된 이유는 범죄현장에서 범죄인(犯罪人)의 인권보호(人權保護) 못지않게 범죄로 인한 피해자의 지원(支援)과 구조(救助)를 통한 피해자의 인권보호 또한 간과(看過)할 수 없는 중요한 사항이기 때문이다. 오늘날의 사법구조는 국가가 피해자의 이익을 대변(代辯)하여 국가권력을 사용한다는 관점이 지나치게 강조된 나머지지, 범죄로 인한 피해자는 형사사건의 처리절차에서 소외(疏外)될 수 있거나 단순한 방관자(傍觀者)로 전락(轉落)될 위험에 직면하고 있다.

헌법 제12조 제1항에 규정(規定)된 적정절차원칙(due process of law)에 의거하여 범죄인의 인격(人格)은 국가권력의 남용(濫用)으로부터 보호(保護)되어야 한다는 사실(事實) 못지않게 범죄로 인한 피해자는 법적(法的) 관점, 형사절차(刑事節次) 등에서 충분한 배려가 있어야 한다. 실무적으로 범죄인의 인권보장(人權保障)은 매우 강조되어 왔으나 범죄피해자는 법적(法的)·제도적(制度的)·실무적(實務的), 사회복지적(社會福祉的) 차원에서 철저하게 소외(疏外)될 가능성(可能性)이 있을 뿐만 아니라 현실적으로도 소외되고 있다는 점에서 범죄피해자에 대한 국가차원(國家次元)의 특별대책(特別對策) 수립(樹立)과 학문적(學問的) 관심을 통하여 충분(充分)한 보호(保護)와 배려(配慮)의 필요성이 강조되고 있다.

3. 被害者 類型과 被害者 特性

가. 피해자 유형

범죄자의 유형을 분류하는 것과 같이 피해자의 유형을 분류하려는 노력은 피해자학의 가장 큰 과제 중의 하나이다. 피해자학이 하나의 학문으로서 자리매김하기 위해서는 무엇보다도 연구의 대상이 되는 피해자에게 몇 가지의 공통성이 있어야만 한다는 형식적 이유 이외에도 범죄와 피해자와의 관계를 유형적으로 분류하는 일은 피해의 방지 내지 자력으로 자신을 보호할 수 없는 약자보호(弱者保護)뿐만 아니라 피해자그룹의 특징을 명확하게 설명하여 그 위험성을 예측하고 대비함으로써 범죄발생을 통제한다는 사회보장 측면에서 필수적인 조건이 되기 때문이며 범죄에 대한 피해자의 책임 정도를 평가함으로써 범죄 자체에 대한 입체적인 이해와 범죄처리에 유용하게 활용할 수 있는 자료 제공이 가능하기 때문이다. 그러나 인간행동은 성질상 합판을 절단하듯이 명확하게 선을 그을 수 없듯이 강간 사건 등의 피해자가 되기 쉬운 사람의 특징 또한 객관적으로 분석하여 유형화한다는 것은 매우 어렵고 힘든 작업이다. 따라서 학자들의 유형분류가 주관적이거나 독단적일 수 있으며 범죄와 피해자와의 관계 및 피해자 특성에 관한 보편타당성이 미흡한 실태로 추가적인 연구가 요구되고 있다.

1) 헨티히의 분류 방법

독일 출신으로 미국으로 망명한 헨티히는 범죄를 행위자(doer)와 수인자(suffer)의 상호관계로 파악하였으며 피해자가 범죄의 원인을 제공하는 경우도 많다는 측면에서 피해자를 '행위도발자'로 규정하였다. 헨티히는 피해자가 범죄를 유발하는 성향 또는 특성에 따라 ① 일반적 피해자 유형 ② 심리학적 피해자 유형 ③ 저항하는 피해자 등 13가지 범주로 분류하였다.

2) 멘델존의 분류 방법

이스라엘 변호사로 피해자학의 아버지라고 불리는 멘델존은 피해자와 가해자 간의 역학관계를 중심으로 피해발생에 대한 피해자의 책임의 정도에 따라 ① 전혀 잘못이 없는 피해자 ② 책임이 매우 작거나 조금 인정되는 피해자 ③ 가해자와 동일한 책임이 있는 피해자 ④ 가해자보다 더 큰 책임이 있는 피해자 ⑤ 책임이 아주 큰 피해자 ⑥ 기만적 또는 상상적 피해자 등 여섯 가지로 분류하였다.

3) 샤퍼의 분류 방법

샤퍼는 『피해자와 그의 범죄자』란 저서에서 피해자의 유책성을 '기능적 책임'이란 개념으로 표현하고 특정 범죄에 대해 피해자가 갖는 책임에 기초한 유형론을 제시하였다. 헨티히가 범죄피해에 취약한 다양한 위험인자를 확인하였다면 샤퍼는 서로 다른 피해자들의 책임에 주시하였으며 기능적 피해자의 책임에 따라 ① 무관련 피해자 ② 범죄유발 피해자 ③ 범죄유인

피해자 ④ 생물학적으로 빈약한 피해자 ⑤ 사회적으로 약자인 피해자 ⑥ 자의적 피해자 ⑦ 정치적 피해자 등 7가지로 분류하였다.

나. 피해자 특성

피해자학에서 범죄현상을 둘러싼 문제의 하나로 범죄인 및 피해자의 특성에 대한 연구가 필요한 것은 당연한 현상으로 학자들은 피해자의 연령, 성별, 직업, 사회적 지위 등으로 나누어 연구를 하고 있으며 피해자와의 관계를 추적하고 이를 피해자 특성이라고 한다. 연령, 성별, 직업, 사회적 지위 등 피해자와 관련된 요소 이외에 범죄를 생성시키는 환경과 표리관계(表異關係)에 있는 특수적 피해자성(被害者性)에 관심을 가지고 연구하고 있다. 이에 대하여 헨티히는 피해자 특성의 일반적 유형으로서 연소자, 여성, 정신적 결함자, 이민자 등 정신적·사회적 약자인 것이 특징이나 심리학적 유형으로는 억압된 자(the depressed), 빈욕자(貧慾者, the acquisitive person), 방종·음란자(放縱·淫亂者, the wanton), 고독·상심자(孤獨·傷心者, the lonesome and heartbroken), 남을 괴롭히는 자(the tormentor), 좌절(挫折)되고 소외(疎外)되어 공격적인 자(the blocked, exempted and fighting victim) 등을 들고 있다. 그리고 Ellenberger는 피해자가 되기 쉬운 성격으로서 ① 피학대음란자(被虐待淫亂者, the masochist) ② 우울한 자 ③ 자기만족자 ④ 막연한 불안·공포·범죄의 의식을 가지고 있는 자 등을 들고 있다.

다. 피해자와 범죄자의 관계

종래에는 범죄이론을 정립하는 데 있어서나 범죄현실을 이해함에 있어 피해자를 주목하지 않고 지나쳐 온 것이 사실이다. 그러나 오늘날은 이와 같은 태도가 온당하지 못함이 밝혀져 피해자와 가해자의 관계를 분석·규명하는 일은 당벌성(當罰性) 확인 및 범죄통제를 위해 불가결한 사실로 인식되게 되었다. 當罰性의 상황을 밝히고 타당한 판결을 구하기 위해서는 피해자에게도 범죄발생에 대한 책임이 있지 않느냐 하는 피해자의 공동책임 문제에 대한 연구를 행하여야만 한다.

헨티히의 연구에 의하면 피해자는 우연히 선택되는 것이 아니라 범죄인은 자기의 범죄를 수행하기에 용이하다고 생각되는 어떤 기준에 따라서 피해자를 선택하며 그 피해자 선택의 과정에 있어서는 범죄인의 피해자에 대한 태도와 관계가 결정적이라는 것이 밝혀졌으며 우리나라 형법 第51條는 量刑의 조건으로 '범인의 연령, 性行, 知能과 環境', '被害者에 對한 關係', '犯行의 動機, 手段과 結果', '犯行後의 情況'을 규정함으로써 피해자에 대한 관계가 중요시되고 있음을 알 수 있다.

범인과 피해자 사이에 이루어지는 모든 상호관계는 보통 역할(役割, role)이라는 개념을 가지고 설명을 한다. 역할이라는 용어는 범죄가 행해지는 과정에서 범인 및 피해자가 각기 수행해야 할 몫이라는 점에서 상호보완적 성격을 가진다. 일반적으로 범인은 문제를 일으키고 공격을 가하는 역할을 담당하며 피해자는 수동적 역할을 분담(分擔)한다. 물론 범인에 의해서 대상으로 선택된 사람이 지정된 역할을 거부할 수 있고 경우에 따라서는 오히려 유리한 위치를 점하고 역할을 바꾸어 상호관계를 정지시키거나 범인에게 위협을 가하는 쪽으로 상황을 종료시킬 수 있다. 이와 같이 범죄를 가해자와 피해자의 사회적 상호작용(Social interaction process)의 일면으로 범죄인과 피해자의 역할과 기능을 분석할 수 있는 것이다.

4. 類型別 犯罪被害 實態와 被害者 特性

가. 강간범죄피해자 특성

1) 가해자와 피해자와의 관계

강간이란 완력 또는 신체손상의 위협에 의하거나 피해자가 동의할 능력이 없을 때의 강제성교라고 규정할 수 있다. 강간 사건의 피해자는 대다수가 여성(2005년 96%)이며 그동안 발생한 강간 범죄는 1976년 3,087건에서 2005년 11,757건으로 약 4배 증가하였다. 강간범죄의 가해자와 피해자의 관계는 <표 3-1>에서와 같이 직장상사 및 동료, 친구, 친족, 이웃 등 서로 알고 지내는 사이인 면식범에 의한 피해가 81%에 달하고 있으며 처음 보는 모르는 사이인 경우는 19%에 지나지 않고 있다.

표 3-1 강간범죄 가해자와 피해자 관계 현황(2005년, 법무연수원 범죄백서)

계	상사동료	친구애인	친족	이웃	국가/공무원	타인	기타	미상
8,664명	256	338	182	865	9	4,669	667	1,678

2) 피해자의 연령

강간범죄피해자의 연령적 분포를 보면 <표 3-2>에서와 같이 남자의 경우에는 21~40세까지가 55%를 차지하고 있으며, 여자의 경우에는 16~30세가 가장 많았고(59%) 15세 이하의 미성년자도 1,224명으로 11%나 차지하고 있으며 2004년 3월부터 성매매방지 및 피해자 보호 등에 관한 법률이 공포되어 시행되고 있음에도 불구하고 강간범죄가 감소하지 않고 지속적으로 증가하고 있다는 사실을 고려할 때 국가적인 차원에서 보다 근원적 해결을 위한 노력을 강구하여야 한다.

표 3-2 강간범죄피해자의 연령적 분포 현황(2005년, 법무연수원 범죄백서)

구분	계	6세 이하	12세 이하	15세 이하	20세 이하	30세 이하	40세 이하	50세 이하	60세 이하	60세 초과
남자	433	11	27	20	59	117	119	57	12	11
여자	10,780	177	544	503	2,137	4,209	1,496	1,208	295	211

3) 피해자의 저항 정도

성 피해자의 저항 정도를 피해자-가해자 간의 관계에 따라서 살펴보면 전혀 저항을 하지 않은 경우는 가족·친인척 관계가 가장 많았고 다음이

애인관계 및 강간 직전 알게 된 사이였으며, 가장 많이 저항한 경우는 전혀 모르는 관계 및 이전부터 안면(顔面)만 있던 관계였다. 특이한 사실은 강간 직전에 알게 된 사이의 경우 가해자와 피해자가 같이 놀다가 강간행위로 이어진 경우가 많으므로 피해자의 동의가 있었다고 생각하여 저항하지 않은 것으로 생각한 것으로 판단되며 묵시적 합의를 바탕으로 실제 저항의 정도가 미약(微弱)하였을 수 있다.

표 3-3 강간범죄에 있어서 피해자 저항 정도(1991년, 한국형사정책연구원)

구 분	계	애인	친구	선·후배	가족·친척	이웃	직장 상사 및 동료	안면만 있는 관계	강간 직전 만난 관계	전혀 관계 없는 자
계	181	12	6	8	2	24	9	21	23	76
없 음	67	7	1	2	2	7	1	7	10	30
口頭	87	5	5	5	0	12	5	11	12	32
口頭＋行動	21	0	0	1	0	3	1	3	1	12
無應答	6	0	0	0	0	2	2	0	0	2

4) 피해자 유발(誘發) 유무에 대한 인식

강간범죄가 피해자의 유발행동 없이 발생이 가능하느냐 하는 문제를 연구하여 보면 강간범죄 및 피해자 발생을 감소시킬 수 있는 방안 제시가 가능하여진다. <표 3-4>에서와 같이 피해자의 유발요인을 인정한다는 비율이 상식수준과 일치한다는 것을 확인할 수 있다. 즉 가해자의 자기변명적(自己辨明的)인 반응을 고려하더라도 유흥업소에서 놀다가 따라간 경우와 가해자의 제의에 동행하였다는 경우에는 피해자의 책임을 완전히 무시할 수 없다.

구분	설문지		수사재판기록조사	
	빈도(명)	비율(%)	빈도(명)	비율(%)
계	66	100	151	100
유흥업소에서 놀다가 따라감	21	31.8	26	17.2
가해자의 동의에 응해 동행	0	0	71	47.0
야하고 노출이 심한 의상 착용	16	24.2	0	0
피해자가 술에 취한 상태	12	18.2	22	14.6
밤늦은 시간에 혼자 있음	10	15.2	15	9.9
기타	7	10.6	17	11.3

나. 살인범죄의 피해자 특성

1) 살인범죄피해자가 되기 쉬운 사람의 특성

살인사건은 피해자의 사망(死亡)이라는 사실이 전제(前提)되기 때문에 피해자가 생전(生前)에 가지고 있던 문제점을 규명(糾明)하여 피해자 특성을 분석(分析)하는 것이 곤란(困難)하여 가해자 및 제3자가 전하는 자료를 이용하여 추측(推測)한 소견(所見)들이 널리 인용(引用)되고 있다. 앞에서 고찰한 여러 학자들의 이론을 통하여 생각할 때 피해자가 되기 쉬운 사람의 특성은 첫 번째 신체적으로 열약(劣弱)하면서 다른 사람을 괴롭히는 일을 행하는 사람이다. 예를 들면 어린 아이로서 못된 버릇을 반복적으로 행하여 부모를 괴롭히는 때에 피해자(子息殺의 被害者)가 되는 경우가 많으며 소수민족(少數民族), 정신박약아(精神薄弱兒), 명정자(酩酊者), 노령자(老齡者) 등도 그런 관계에서 피해를 보는 경우로 생각할 수 있다. 두 번째로 자기 나름의 과도한 욕심을 가지고 상대방과의 경쟁에서 양보할 줄 모르는 사람은 피해자가 되기 쉽다. 세 번째는 정신·체력 면에서 약하나 미모(美貌)이며 값비싼 물건을 소유한 자가 한적한 곳을 나다닐 때 피해자가 되기 쉽다. 마지막으로 동료관계 없이 고독하게 지내는 노인, 피학대병자(被虐待病者), 죄책감자(罪

責感者), 자살충동자(自殺衝動者) 등도 살인의 피해를 볼 수 있는 경우이다.

2) 피해자 특성

(1) 피해자 연령: 2005년 법무연수원에서 작성한 범죄백서에는 40대에서 가장 많은 살인피해자가 발생한 것으로 기록되어 있다. 즉 남자의 경우에는 41세 이상 50세 이하가 35.9%의 가장 높은 비율을 보이고 있으며 여자의 경우에도 41세 이상 50세 이하가 33.0%의 가장 높은 비율을 보이고 있다. 이러한 사실은 10년 전 20~25세에서 가장 많은 피해자가 발생되었던 현상과 상이한 것으로 사회활동이 가장 왕성하고 경제적 여유가 있는 연령에서 발생하고 있다고 할 수 있다.

표 3-5 살인범죄피해자의 연령적 분포 현황(2005년, 법무연수원 범죄백서)

구분	계	6세 이하	12세 이하	15세 이하	20세 이하	30세 이하	40세 이하	50세 이하	60세 이하	60세 초과
남자	502	14	3	6	19	57	117	180	69	47
여자	504	11	10	4	15	70	124	160	57	53

(2) 가해자와의 관계

살인범죄에 있어서 가해자와 피해자의 관계를 보면 친족관계 26.9%, 이웃관계 14.9%, 친구 및 애인관계 13.6% 등으로 평소에 서로 알고 지내는 경우가 다수를 차지하고 있다. 반면에 처음 보는 사람 사이의 살인은 17.7%에 불과하였다. 이러한 사실은 가해자ㆍ피해자 사이의 대립 및 갈등이 살인범죄의 중요한 요인으로 작용하고 있음을 알 수 있으며 정상적인 가정생활 및 대인관계의 중요성이 강조되고 있다.

표 3-6 살인범죄 가해자와 피해자 관계 현황(2005년, 법무연수원 범죄백서)

계	상사동료	친구애인	친족	이웃	국가/공무원	타인	기타	미상
980명	42	133	264	146	1	173	91	130

(3) 가해자 입장에서 피해자의 책임

많은 보고서에서 살인사건의 1/3은 피해자가 죽음으로 치닫는 싸움에서 최초의 공격자라고 한다. 이러한 현상은 한국형사정책연구원에서 발행한 자료에서 확인할 수 있는데 살인사건 발생에 대하여 피해자의 책임이 크다는 비율이 30.3%이며 책임이 반반(半半)이라는 비율도 29.6%에 달하고 있어 피해자 책임을 무시할 수 없는 실태이다.

5. 對人犯罪發生防止를 위한 對策

가. 강간범죄(强姦犯罪)

1) 여성에 대한 교육의 강화

여성을 대상으로 강간피해의 가능성이 높아질 수 있는 상황에 대해 인식할 수 있도록 하고 강간상황을 피할 수 있는 자기방어 기술을 습득하도록 하는 것도 한 방편이 될 수 있다. 피해자가 저항하는 것이 저항하지 않은 경우보다 강간을 당할 확률을 감소시킬 수 있다는 점을 고려하여야 하며 강간이 주로 밤늦은 시간에 발생한다는 사실을 감안(勘案)하여 밤늦은 시간의 외출은 피하도록 하여야 한다.

2) 올바른 성교육 강화

청소년 시기는 성에 대하여 막연한 호기심을 가질 수 있는 시기이고, 건전한 성교육이 이루어지지 않을 경우 성범죄에 빠질 가능성이 커지므로 이중적(二重的) 성윤리(性倫理)를 보다 평등한 것으로 바꾸고 강간(强姦)에 대한 잘못된 통념을 바로잡으며 강제적 성(性), 상품화된 성은 진정한 성이 아니라는 내용을 포함하여야 한다.

3) 향락산업 규제와 건전한 성문화 확립

외설적(猥褻的)인 영상(映像) 특히 폭력성(暴力性)을 담은 영상물에 대해서는 엄격한 통제(統制)가 이루어져야 한다. 강간범죄 가해자(加害者)의 연령층이 점점 낮아지고 있는 사실을 고려하면 분별력과 자제력이 부족한 청소년층이 충동적(衝動的)으로 사고를 일으킬 수 있다. 이러한 측면에서 성적(性的) 자극물(刺戟物), 향락산업 규제를 통한 건전(健全)한 성문화의 확립이 예방적 차원에서 가장 시급한 대책이라고 할 수 있으며 피해자는 어떠한 이유에서든지 범행이 상대적으로 용이한 시간과 장소에 노출되지 않도록 주의하여 피해를 당하지 않도록 하여야 한다.

4) 강간피해자 치료 및 신고정신 함양

강간피해자가 겪는 정신적·심리적 후유증을 치료하여 건강한 사회인으로 생활할 수 있도록 심리상담과 전문 의료진에 의한 신체적·심리적 치료를 실시하여야 한다. 강간피해자는 자신의 명예, 사회적 입장, 주변의 이목(耳目), 수치심 등을 고려하여 강간당한 것을 숨기고 침묵(沈默)하는 피해자가 되기 쉽다. 이러한 사실을 악용하여 경찰서 신고를 방지하기 위하여 절도·강도 범죄 시 강간까지 자행(恣行)하는 경우가 있으며 심지어 강간 범인이 수차례 범행 후에 붙잡혀 그의 입을 통하여 다수의 피해자를 확인하는 경우도 있다. 강간피해자를 비난하기보다는 진실 발견에 노력하여야 하며 피해자의 아픔을 사회가 치료할 수 있는 분위기를 조성하고 주저하지 않고 신고할 수 있도록 하여야 한다.

나. 살인범죄(殺人犯罪)

1) 피해방지를 위한 적극적인 홍보대책

생명은 한 번 잃으면 영원히 회복할 수 없고 이 세상에서 무엇과도 바꿀 수 없는 절대적 존재이며 한 사람의 생명은 지구보다도 무겁고 또 귀중하고 엄숙한 것이며 존엄한 인간존재의 근원이다. 살인범죄가 발생할 수 있는 사회환경적 요인으로 ① 빈부격차의 심화 ② 도시사회문제 ③ 비행성 하위문화 ④ 불량문화 및 불량한 가정환경 ⑤ 군중심리의 영향 ⑥ 준법성을 적극 권장하는 문화의 결여 등 자연환경 중에서 불쾌지수 상승 등은 고의적인 살인범죄자가 발생하기 쉬운 환경이다. 1960년대 이후 경제성장은 전통적인 가치규범이 사라지고 물질우위의 가치관이 사회에 만연하였으며 경쟁의식 및 적대의식이 지배하는 사회로 변화되었으며 살인사건은 친족관계, 이웃관계, 친구 및 애인관계 등 평소에 서로 알고 지내는 경우가 다수를 차지하고 있다. 따라서 이와 같은 살인피해자의 특성을 유형화하고 대중매체를 통하여 홍보함으로써 피해자가 되지 않도록 적극적인 대책을 수립하여야 한다.

2) 범죄 피해에 대한 경각심 고취

신문 및 방송에서 보도되는 살인사건에 대하여 단순히 남의 일로만 치부하고 '범인은 누구인가?'에만 관심을 두는 사람들이 많다. 그러나 범인들도 일상생활에서 만날 수 있는 사람이라는 것을 인식하여 항상 경계심(警戒心)을 유지하고 범죄요인을 제거하여 나가는 생활태도가 바람직하다. 즉 피해자가 되기 쉬운 요소를 방치하지 않는 생활태도로 범죄자가 범죄를 단념케 하는 행동이 요구된다. 즉 피해자가 되지 않기 위해서는 평소에 부단한 자기관리를 통하여 위험 부담을 최소화하여야 한다.

3) 어린이의 적극적인 보호

살인범죄에 있어서 12세 미만의 어린이의 살인 피해율도 <표 3－5>에서와 같이 많은 비중을 차지하고 있다. 여기에는 여러 가지 이유가 있겠지만 가정 내의 불화, 빈곤가정 등도 한 원인이 될 수 있으므로 이와 같은 것을 개선하기 위해서는 계속적인 복지시책(福祉施策)의 추진과 인간성회복운동(人間性回復運動)이 전개되어야 한다.

4) 생활용구의 개선

살인범죄에 있어서 대부분 손쉽게 입수할 수 있는 물건이 순간적으로 흉기(凶器)로 사용되는 경우가 많다. 이는 살인범죄가 주로 면식범(面識犯)에 의해 행해지는데 사소한 시비(是非)나 모욕감(侮辱感)을 참지 못하고 감정이 격화(激化)되어 우발적(偶發的)으로 범행이 이루어진다고 분석할 수 있다. 살인사건이 이루어지는 장소는 가정집이 50% 이상을 차지하였고 주로 대화(對話) 중에 사건이 발생하였으며 식칼 등 도검류 사용이 다수를 차지한다는 사실이 대검찰청에서 실시한 범죄분석에서 확인되었다. 따라서 살인 피해자를 줄이기 위한 방법으로 손쉽게 입수(入手)할 수 있는 생활용구가 범죄에 사용되지 않도록 주의 깊게 관리하여야 한다.

다. 법적 조치

1) 형사절차상 피해자 보호의 인식

범죄피해자가 정상적으로 사회생활을 해 나갈 수 있도록 하는 방안으로서 범죄피해자 구조, 보상, 피해회복의 문제와 형사절차에서 소외된 자로서의 범죄피해자를 형사절차상 어떻게 보호할 것인가의 문제 등이 관심의 대상으로 등장하였다. 우리나라에서도 2005년 12월 범죄피해자 보호·지원의 기본시책 등을 정하고 범죄피해자에 대한 국가 및 지방자치단체의 보호·지원과 국민의 범죄피해자 지원활동을 촉진함으로써, 범죄피해자의 손실 복구, 정당한 권리 행사 및 복지증진에 기여함을 목적으로 범죄피해자 보호법이 제정되었다.

2) 범죄피해자 보호법의 내용

범죄피해자 보호법은 5장 27절로 구성된 법률로서 ① 범죄피해자의 범죄피해 상황에서 조속히 벗어나 인간의 존엄성을 보장받을 권리 ② 범죄피해자의 명예와 사생활의 평온(平穩) 보호 ③ 범죄피해자의 당해 사건과 관련

된 각종 법적 절차에 참여할 권리 등을 기본이념으로 제정하였다. 범죄와 관련된 국가, 지방자치단체, 국민들의 책무(責務)도 구체적으로 기술하였는데 국가의 책무로는 ① 범죄피해자 보호·지원 체제의 구축 및 운영 ② 범죄피해자 보호·지원을 위한 실태조사·연구·교육·홍보 ③ 범죄피해자 보호·지원을 위한 관계 법령의 정비 및 각종 정책의 수립·시행 등을 규정하였다.

또한 범죄피해자 보호·지원 기본 시책(施策)으로는 ① 손실복구 지원 ② 형사절차 참여 보장 ③ 사생활 평온 및 신변보호 ④ 교육·훈련 실시 ⑤ 홍보 및 조사연구 활동 ⑥ 범죄피해자 주간설정 등을 통하여 범죄피해자를 지원하도록 규정하였으며, 사람의 생명(生命) 또는 신체(身體)를 해(害)하는 범죄행위(犯罪行爲)로 인하여 사망(死亡)한 자의 유족이나 중장해를 당한 자를 구조(救助)함을 목적으로 하는 범죄피해자구조법도 제정하여 운용하고 있다.

6. 맺음말

근대적 형사사법제도의 확립은 형사법(刑事法), 형사정책이론, 형사실무(刑事實務)의 관심이 범죄인에 집중되어 범죄원인의 탐구(探究)를 위하여 범죄인의 소질이나 환경을 분석하는 연구, 수사, 재판절차(裁判節次)에서 피의자나 피고인의 인권보장, 행형단계에서는 범죄인의 교육에 많은 관심이 집중(集中)되어 왔다. 그러나 이러한 과정에서 피해를 당한 당사자인 범죄피해자들이 형사사법절차에서 얼마나 소외(疎外)되고 있으며, 또한 일상생활에서 어떤 고통에 시달리고 있고 범죄 이후에 그들의 생활이 어떻게 변하였으며 이들이 정상적인 사회생활을 유지할 수 있는 방안은 무엇인가에 대한 연구들은 미흡하였다.

그러나 범죄를 저지른 범죄자를 어떻게 처리할까 하는 문제보다도 더욱 중요한 것은 범죄가 발생하기 전에 미리 예방하는 일이며 피해자학의 궁극적인 목표는 바로 이러한 과제를 해결하는 데 있다. 피해자학에서는 피해자 쪽에서의 범죄를 일으키기 쉬운 인간상이나 피해자가 되기 전의 위험한 상태를 예측, 발견, 처치하는 것을 최종 목표로 할 수 있다. 앞에서 고찰하였던 강간범죄와 살인범죄에 대한 피해자 특성 및 가해자·피해자 관계에 대하여 유형별 분류 및 계몽활동을 통하여 범죄예방을 실시하는 동시에 피해자에 대한 사회적 치료를 병행하여 나가야 한다.

1987년 개정(改定)한 헌법에서 형사소송에서의 피해자진술권(被害者陳述權) 및 피해자에 대한 구조(救助)를 규정하여 범죄피해자 보호법, 범죄피해자구조법 등 법률제정과 형사소송법 개정이 이루어졌다는 점에서는 매우 고무적(鼓舞的)이라 할 수 있으나 피해자 보호를 위한 체계적이고 실질적인 각종 제도 발전과 국가기관 및 민간단체의 통합 활동 방안을 연구하고 제시하는 노력은 더욱 필요한 실태이다.

지구상에 살아가고 있는 모든 사람들은 날로 흉폭(胸幅)해지는 범죄로부터 나와 가족의 생명과 재산을 보호하고 범죄 없는 세상, 범죄로부터 자유로운 세상에서 살고 싶은 욕망을 가지고 있으나 현실은 쉽지 않다. 아무리 법의 테두리 안에서 생활하는 사람이라 할지라도 언제 어디에서 범죄에 대상이 될 수 있는 것이 현실이다. 따라서 피해자 특성에 대한 고찰과 피해자 보호에 대한 연구를 통하여 예방과학의 일면으로 더욱 발전시켜 금세기를 살아가는 모든 사람들에게 도움이 되는 기회가 되었으면 한다.

1. 학사의 꿈을 펼치는 28명의 부사관들

강원도 인제군 원통리."인제 가면 언제 오나…원통해서 못살겠네"라는 한탄사로 유명한 곳이다. 과거에 이곳은 오지 중의 오지였다. 그도 그럴 것이 해발 1,500m가 넘는 설악의 봉우리들이 주위를 둘러싸고 있다. 이곳은 대도시의 바쁜 생활과는 동떨어진 곳이다. 그 흔한 극장도 하나 없다. 그래서 소일거리도 없다.
따라서 이곳에 배치된 장병들은 생산적인 여가활동을 하기가 힘들었다. 업무, 훈련, 운동 아니면 술이었다. 거의 외부와 격리된 지리적 환경 탓이 었으리라….

┃그림 3-2 육군誌 276호

　강원도 인제군 원통리 "인제 가면 언제 오나…… 원통해서 못살겠네!"라는 한탄사로 유명한 곳이다 과거에 이곳은 오지 중의 오지였다. 그도 그럴 것이 이 해발 1,500미터가 넘는 설악의 봉우리들이 주위를 둘러싸고 있다. 이곳은 대도시의 바쁜 생활과는 동떨어진 곳이다. 그 흔한 극장도 하나 없다 그래서 소일거리도 없다. 따라서 이곳에 배치된 장병들은 생산적인 여가활동을 하기가 힘들었다. 업무, 훈련, 운동, 아니면 술이었다. 거의 외부와 격리된 지리적 환경 탓이었으리라…….

　시간은 인간에게 주어진 최고의 보물이다. 이 시간을 어떻게 사용하느냐에 인생의 모든 것이 달려 있다고 해도 과언이 아닐 것이다. 그런 측면에서 김응만(44) 원사를 비롯한 12사단 정비대대 28명의 부사관들은 시간을 정복하는 사람들임에 틀림없다.

시간은 인간에게 주어진 최고의 보물이다. 이 시간을 어떻게 사용하느냐에 인생의 모든 것이 달려 있다고 해도 과언이 아닐 것이다. 그런 측면에서 김응만(44) 원사를 비롯한 12사단 정비대대 28명의 부사관들은 시간을 정복하는 사람들임에 틀림없다. 이들은 올해 한국방송통신대학교(21명)와 한림대학, 사이버대학교(7명)에 합격했다.

"제가 공부한다는 것으로 인해 같이 근무하는 전우와 부대에 작은 피해라도 주지 않기 위해 부대에서는 공부한다는 사실을 어느 누구에게도 말하지 않았습니다. 그리고 저에게 주어진 일은 한 치의 오차도 생기지 않도록 공부를 시작하기 전보다 더 노력하고 있습니다." 행여 학업으로 인해 군 복무에 충실하지 못한 것 아니냐는 주변의 우려를 의식해서일까… 모두가 이구동성으로 공부를 시작한 뒤 군 복무에 보다 충실해졌다는 점을 강조한다.

정비대대장 김도수 중령은 또 다른 의견을 피력한다. 과거 부사관들이 술이나 잡기에 치중해 업무에 소홀했던 측면이 있었으나 부대원들이 학업에 전념하고 사생활이 건전해짐으로써 부대 분위기가 훨씬 더 밝고 활기차게 변했다는 것이다. 초급 간부들이 적은 봉급을 쪼개 학비와 교재비, 그리고 교통비로 사용하는 모습이 오히려 안쓰럽다고 멋쩍게 웃는다.

육군의 많은 장병들 대부분이 이와 같은 오지에서 근무한다. 그리고 보다 나은 내일을 위해 전력 투구하고 있다. 장병 개인의 발전은 곧 육군의 발전이며 더 나아가 국가 경쟁력의 발전이다. 오늘에 머무르지 않고 내일의 비상을 꿈꾸는 28명의 부사관들이 저마다의 꿈을 성취하는 내일을 기대해 본다. 그리고 이들의 꿈이 이루어질 수 있도록 강화제현의 아낌없는 지원을 부탁한다.

┃그림 3-3 육군誌 276호

　이들은 올해 한국방송통신대학교(21명)와 한림대학, 사이버대학교(7명)에 합격했다. "제가 공부한다는 것으로 인해 같이 근무하는 전우와 부대에 작은 피해라도 주지 않기 위해 부대에서는 공부한다는 사실을 어느 누구에게도 말하지 않았습니다. 그리고 저에게 주어진 일은 한 치의 오차도 생기지 않도록 공부를 시작하기 전보다 더 노력하고 있습니다." 행여 학업으로 인해 군 복무에 충실하지 못한 것 아니냐는 주변의 우려를 의식해서일까……
모두가 이구동성으로 공부를 시작한 뒤 군 복무에 보다 충실해졌다는 점을
강조한다.

　정비대대장 김도수 중령은 또 다른 의견을 피력한다. 과거 부사관들이 술
이나 잡기에 치중해 업무에 소홀했던 측면이 있었으나 부대원들이 학업에
전념하고 사생활이 건전해짐으로써 부대 분위기가 훨씬 더 밝고 활기차게
변했다는 것이다. 초급 간부들이 적은 봉급을 쪼개 학비와 교재비, 그리고
교통비로 사용하는 모습이 오히려 안쓰럽다고 멋쩍게 웃는다. 육군의 많은
장병들 대부분이 이와 같은 오지에서 근무한다. 그리고 보다 나은 내일을
위해 전력투구하고 있다. 장병 개인의 발전은 곧 육군의 발전이며 더 나아
가 국가 경쟁력의 발전이다. 오늘에 머무르지 않고 내일의 비상을 꿈꾸는
28명의 부사관들이 저마다의 꿈을 성취하는 내일을 기대해 본다. 그리고
이들의 꿈이 이루어질 수 있도록 강호제현의 아낌없는 지원을 부탁한다.

"늦었지만 나도 이제 대학생"

육군12사단 정비대 간부 28명…대학 진학 꿈 이뤄

'인제 가면 언제 오나 원통해서 못 살겠네'라는 말이 먼저 떠오르는 강원도 인제군 원통리의 한 부대가 요즘 늦깎이 대학생들의 입학 신고로 떠들썩하다.

육군12사단 정비대대가 바로 그곳. 이 부대에 근무하는 간부 28명이 평소 꿈꿔 왔던 대학 진학의 꿈을 동시에 이룬 것.

도시와 떨어져 깊은 산 속에서 근무하는 탓에 자기 계발의 기회마저 갖기 힘든 이들에게 2005년도 편·입학 합격증은 그 어떤 것보다 값지고 특별하다.

이들 중 21명은 한국방송통신대학에, 나머지 7명은 한림대학·사이버대학교에 합격했다.

이들은 지리적 특성과 차질없는

임무 수행을 위해 원거리에서도 언제든지 수업이 가능한 인터넷과 TV방송 등의 교육 방법을 택했다.

인원 수만큼 학과도 다양하다.

임무와 관련된 자동차공학과를 비롯해 컴퓨터공학과, 중국 자유여행을 목표로 중국어학과를 지원한 간부도 있다.

25년 전 고등학교를 졸업한 이후 어려운 가정 형편으로 진학을 포기했다. 올해 한국방송통신대학 중국어학과에 입학한 주임원사 김용만(44)원사는 '배움에 나이가 무슨 상관이겠느냐, 늦었다고 생각될 때가 가장 빠른 것 아니겠나'며 졸업하는 그 날까지 부대원들과 함께 최선을 다해 공부할 것을 다짐했다.

〈송현숙 기자〉

을지부대 정비대는 대학촌(?)

부대간부 28명 새학기부터 대학 편·입학
대대장 적극 권장…졸업까지 최선 다짐

육군 을지부대 정비대대 간부 28명이 이번 새학기에 '대학 편·입학 합격통지서'를 받아 화제다.

이들 간부들은 대대장 김도수 중령의 끊임없는 격려와 도전정신으로 2005년 한국방송대에 21명이 합격했고, 한림대, 사이버대학교 등에 추가로 9명이 합격하

면서 부대는 순식간에 '늦깎이 대학생'으로 가득찼다.

앞으로 편·입학 합격생들은 학사학위 이수를 목표로, 낮에는 전투장비 가동률 100% 달성을 위해 땀을 흘리고 밤에는 학업에 열중하는 주경야독의 생활을 다짐했다.

학위 취득까지는 출석수업과 시험이 문제지만 외박 및 휴가기간을 이용해 이수할 예정이고, 일과 후 틈틈이 인터넷 강의로 필요한 학습을 할 계획이다.

지난 80년에 고교를 졸업한 주임원사 김용만(44) 원사는 "뒤늦은 공부이지만 배움에 나이가 무슨 상관이겠냐"면서 "이제라도 대학생이 되어서 자식들에게 부끄럽지 않게 되었으니 매우 기쁘다"며 졸업하는 그 날까지 최선을 다할 것을 다짐했다.

인제/정연재

기사입력일 : 2005-02-22 20:31

| 그림 3-6 연합뉴스 '05. 2. 23. | 그림 3-7 미디어다음 '05. 2. 25. |

2. 새싹이 튼튼해야 미래가 밝다

얼마 전에 중고등학생을 대상으로 한 여론조사에서 절반가량의 응답자가 6·25전쟁은 한국에서 일으켰다고 답변하였다는 보도가 있었다. 자신들의 생명과 재산을 지키는 '국군'을 북괴군과 동일한 수준으로 간주하고 있다는 사실에 책임감을 느끼지 않을 수 없었다. 국가안보는 군인만으로 이루어지는 것이 아니라 국민과 함께하여야 한다. 풍요로움 속에서 성장한 신세대는 배고팠던 기억도, 전쟁의 위험도 생각하지 않고 지내 왔다. 후배들에게 국가의 중요성을 알려 주고 깨닫도록 하는 일은 미래 국가안보를 위한 소중한 투자이다. '60~'70년대 산업화의 주역들이 주경야독(晝耕夜讀)하였던 전통의 한일전산여고와의 자매결연은 학생들과 장병들에게 국가의 정체성과 소중함을 깨닫게 하기에 충분하였다. 행사를 담당한 김선효 원사와 장학

금 모금에 동참하여 준 간부들에게 지면을 통하여 감사의 마음을 전하고 싶다. 또한 진솔한 경험을 바탕으로 장병들에게 나라사랑 정신을 다시 일깨워 준 송호언 교장선생님과 더불어 잘사는 사회건설에 참여한 모든 간부들의 소망이 이루어질 것으로 확신한다.

▌그림 3-8 경남도민일보 '04. 4. 9.(금))　　　　▌그림 3-9 상호 교류행사 모습

3. 가장 효과적인 전투장비관리 방안은 'One-day System'……

　전투장비를 정비하는 부대(서)의 실무자들과 대화를 하다 보면 정비기술, 공구는 충분한데 수리부속이 없어서 애로를 겪는다는 이야기를 한다. 민간 자동차정비공장에서는 수리부속 재고가 하나도 없으면서도 정비를 잘하는데, 부대에서는 수리부속 대기를 하고 있는 장비를 쉽게 발견할 수 있다. 오늘 일을 내일로 미루지 않고 완결하려는 자세로 근무하면 가능하지 않을까? 52군지단과 12보병사단 정비대대장으로 근무하면서 실시한 경험은 현재의 전산체계, 인원 편성으로도 충분히 가능하다는 결론을 얻었다. 청구한 물자를 사무실에서 앉아서 수령할 수 있다는 것은 수송관, 병기관, 군수장교에게 감동을 주고 업무의 효율성을 극대화하기에 충분하다.

수리부속 지원 분야에서 확인된 기법의 적용범위를 확대하면 어떨까? 전투근무지원, 정보, 작전 등으로 확대한다면 국군의 모습은 어떻게 바뀌겠는가? 세계가 부러워하는 초일류 정예군으로 발돋움하지 않겠는가?

<table>
<tr><td>■그림 3-10 국방일보 '03. 12. 30.</td><td>■그림 3-11 '06년 혁신우수사례 선정</td></tr>
</table>

4. 주민들의 안전운행을 위하여……

낙엽이 붉게 물들기 시작하면 정비부대(서)에서는 월동대비 특별 전투장비 정비를 시작한다. 폭설이 내려 정비지원부대의 이동이 제한되어도 부여된 임무수행을 지속하기 위해서이다. 마찬가지로 산간지역 주민들도 월동준비를 하여야 한다. 도로의 결빙지역이 많고, 폭설이 자주 내리는 지역의 특성상 차량정비는 필수적이다. 그러나 차량정비를 위하여 도회지까지 나간다는 것도 쉽지는 않다.

사단에 편제된 모든 전투장비의 정비를 책임지고 있는 사단 정비대대장은 정비관리에 관한 한 최고의 전문가이다. 국내 자동차 생산회사의 AS센터와 협조도 가능하고 정비대대에 소속된 고급기술자 활용도 가능하다. 전투장비뿐만이 아니라 군인가족, 지역주민의 승용차량까지도 정비할 수 있는 능력을 가지고 있다. 사단의 전투력은 소속 군인, 군무원의 능력과 사기(士氣)에 의해서 결정되지만 군인가족과 지역주민의 적극적인 호응이 있다면 수십 배의 시너지효과를 발휘할 수 있다. 전쟁은 군인만이 하는 것이 아니라 국민과 더불어 하는 것이다. 평소부터 깊은 유대관계는 긴급 상황이 발생하면 진가(眞價)를 발휘한다는 것을 기억하였으면 한다.

그림 3-12 강원도민일보 '04. 10. 15.

그림 3-13 지역주민 차량 정비지원 모습

5. 임무수행 준비는 철저하게……

공부를 않던 학생이 수능시험에서 좋은 성적을 받을 수 없다는 것은 상식(常識)이다. 세상은 상식이 통하는 사회이며, 상식이 통하는 사회는 건강한 사회이고 가치가 있는 사회이다. 국가안보도 마찬가지이다. 평소에 임무수행 준비를 완벽하게 한 부대는 어떤 임무가 부여되더라도 성공적으로 수행할 수 있다. 정비대대장은 전투장비 정비지원을 수행할 수 있는 준비를 철저하게 하여야 한다. 각종 테스터기, 공구, 수리부속, 교범을 적재한 이동정비차량이 언제든지 출동하여 정비지원을 할 준비가 되어 있어야 한다. 새벽에 눈이 내리더라도 전투부대의 임무수행에 제한이 된다면 출동하여 정비지원을 하여야 한다. "무슨 일을 하든지 마음을 다하여 주께 하듯 하고 사람에게 하듯 하지 말라"란 성경말씀처럼 누가 보든지, 보지 않든지 부여된 임무를 완수하는 것이 진정한 군인이다. 이런 사람이 많아질 때 국가안보는 튼튼하여지고 한반도에서 전쟁은 사라지게 된다는 것을 명심하자!!!

그림 3-14 국방일보 '05. 1. 11.　　　그림 3-15 근접정비반 발대식 및 잘 정리된 정비공구들

6. 나라는 우리가 지키고, 봉사도 우리가 한다!!!

그림 3-16 GTB 강원방송 특집방송('04.10.1)

■ 매체: GTB 강원방송 '열린 아침' '04. 10. 1.(금), 07:42~54분
■ MC/아나운서: 오프닝
  ○ 전미연 리포터: 10월 1일 건군 56주년 국군의 날을 맞이하여 어려운
                  분들을 돕는 국군장병을 소개하겠습니다.

〈자막: 지역민과 함께한다 – 육군 을지부대〉
■ 을지부대 봉사활동 내용
 〈화면: 노부부의 집을 방문하여 수리하고 월동 준비하는 장병들 모습〉
  ○ 리포터: 땀도 흘리시고 열심히 하고 계신데요. 뿌듯하실 것 같아요.
  ○ 신영길 중사(정비대대): 자발적으로 대민지원을 하고 있으며, 봉사하고 난
                  후 그 뿌듯함을 한마디로 '브라보!'라고 표현할 수 있습니다.

〈화면: 중대장과 인터뷰하는 모습〉
  ○ 배대현 중대장(정비대대 2중대): 을지부대 장병들은 월 1회씩 독거노인
                  이나 어려운 분들을 돕고 있습니다. 중대원들이 축구나 구기종
                  목을 하면서 땀을 흘려서 협동심을 키울 수 있지만, 오히려 어
                  려운 독거노인을 찾아가 땀을 흘림으로써 협동심과 단결심을
                  더욱 키울 수 있습니다. 힘들다고는 생각되지 않고 당연히 할
                  일이라고 생각합니다.

〈화면: 정비대대 2중대 장병들이 모여서 파이팅 하는 모습〉
  ○ 장병일동: 나라는 우리가 지키고, 봉사도 우리가 한다! 을지부대 파이팅!
  ○ 리포터: 10월 1일, 오늘은 건군 56주년 국군의 날입니다. 사랑하는 가
                  족을 떠나 많이 외롭고 힘들지만, 따뜻한 마음과 당당함을 지
                  닌 당신들이야말로 진정한 대한의 건아들입니다. 언제나 늘 국
                  민과 함께하는 군 장병 여러분! 건강하게 군 복무 무사히 잘
                  마치시고 여러분이 있기에 이 나라가 있고 우리가 있다는 것
                  잊지 마세요! 충성!!!

7. 지체 부자유자도 우리의 형제, 자매이다

　송명희 시인은 태어날 때 소뇌를 다쳐 뇌성마비 장애를 얻었다. 몸의 성
장발육이 느리고 연약하여 마음대로 움직이지 못했다. 초등학교도 가지 못
하였으나 이렇게 노래하였다. "나 가진 재물 없으나, 나 남이 가진 지식 없

으나, 나 남에게 있는 건강 있지 않으나, 나 남이 없는 것 있으니, 나 가진
재물 없으나, 나 남이 가진 지식 없으나, 나 남에게 있는 건강 있지 않으나,
나 남이 없는 것 있으니 ♪♪♪♫♫♫"

　　신병들과 면담을 하다 보면 대부분이 외아들이다. 부모님의 사랑을 듬뿍
받고 살다가 물설고 낯선 타향 땅에서 군 생활을 시작하는 심정(心情)은 어
디에다 비할까? 왕자님 대접을 받고 살던 생활패턴이 바뀌어 모든 것을 스
스로 해결하여야 하는 이등병의 입장을 충분히 이해할 수 있다. 그러나 세
상에는 이등병보다도 더 힘들고 어려운 사람들이 있다. 단 1분이라도 도우
미의 손길이 없다면 지탱할 수 없는 사람들이 있다.

　　만승자립원, 지체부자유자들이 모여 사는 집이다. 723특수무기지원대는
오래전에 만승자립원과 자매결연을 하여 주기적인 봉사활동을 통하여 이들
의 생활을 돕고 실의에 빠지기 쉬운 이등병들의 마음가짐을 새롭게 다지고
있다. 더불어 살자는 사회는 모두가 다 염원하는 사회이다. 그러나 대부분
의 사람들은 남의 탓, 국가 탓, 사회 탓을 먼저 한다. 그러나 웨스트민스사
원의 묘비는 이렇게 말한다. "내가 먼저 변화하여야 하였다. 내가 변화하지
않으면 세상의 아무것도 변하지 않는다."

▌그림 3-17 장애인의 날 행사 모습

¶ 참고문헌

1. 고분자 연료전지 공학(2008, 북스힐)
2. 교육참고 7 - 10 - (22) 소요관리 1992 군수관리학교
3. 국내기업의 SCM성과에 관한 분석(대한상공회의소 2002. 1. 17.)
4. 국방과학기술정보 연감(2007. 국방기술품질원)
5. 국방과학기술정보, 초저주파 무기의 소개(2007, 국방기술품질원)
6. 국방과학기술조사서(2007, 국방기술품질원)
7. 국방사업관리(2008, 국방대학교)
8. 국방혁신 기술과제 계획서(2008, 한국화약)
9. 군사적 관점에서 본 손자병법해설(2005, 제1야전군사령부)
10. 군수관리보 제10호 기울기와 편차율에 의한 수요예측기법 적용방안 연구
11. 군수사보급절차 1992 육군본부(PAM 710 - 2 - 1(개정))
12. 경영학특강(한국방송통신대학교 2004. 1. 15.)
13. 기지보급절차 1992 육군본부(PAM 710 - 2 - 1(개정))
14. 대인범죄발생방지를 위한 피해자학 연구(동국대학교, 1990, 김석구)
15. 대한민국 육군을 위한 장비정비중심의 계층구조(BOM) 소개(UGS, 2006)
16. 미 육군 군수정보체계 기초연구(한국국방연구원, 2001)
17. 법률 제7731호 범죄피해자 보호법(2005. 12. 23.)
18. 범죄백서(통권 23호, 법무연수원, 2006. 12.)
19. 범죄피해자학(21세기사, 2005. 8. 30. 이성호 외)
20. 범죄학(경인문화사, 2003. 지광준)
21. 부대유형별 재산표준화 2002 육군본부
22. 살인범죄의 실태에 관한 연구(한국형사정책연구원, 1991)
23. 삼림지역 대대급 이하 전투수행방안(2008, 교육사)
24. 「소리총(가칭) 개발 관련 내용」 참모총장 업무보고 (2008, 전투발전단)
25. 數理統計學 교학사 1979 朴漢植 外 7人
26. 수주 주문형태의 자동화 장비 BOM 구축(아주대, 2003)
27. 쉽게 풀어 쓴 지상무기체계 원리(2002, 육군본부)
28. 시스템공학 차원의 수명주기 관리를 위한 수리부속 계층구조 구현(2008, 군수보 26호)
29. 야전교범 19 - 1 군수관리(2002. 4. 30.)
30. 야전교범 19 - 10 소요관리(2002. 3. 30.)
31. 야전교범 20 - 21 사(여)단 정비부대(2002. 3. 30.)

32. 야전교범 31 - 3 보병대대(2002, 육군본부)

33. 야전교범 31 - 5 소총중대(2004, 육군본부)

34. 야전교범 42 - 13 시설부대보급(1997. 4. 30.)

35. 연료전지 개론(2008, 한티미디어)

36. 연료전지 자동차 이론과 실제(2007, 아진)

37. 육군규정 412 소요관리규정

38. 육군규정 415 편성부대 보급규정

39. 육군규정 416 지원부대보급규정

40. 육군 장비정비정보체계 운용 개념기술서 및 체계규격서(육군본부, 2005)

41. 자동차 모듈 구성 및 제품구조 관리를 지원하는 PDM 시스템 개발(창원대, 2006)

42. 장비 운영유지 소요/비용 관리체계 구축 2000 한국국방연구원

43. 장비정비정보체계 개발방향(육군본부, 1998)

44. 「전기식 동력장치 소요제안」(2008, 전투발전단)

45. 전리입문(육군대학 군사평론 331호 부록 1998. 1. 30.)

47. 전차·장갑차의 구조와 원리(2007, 방위사업청)

48. 전투의 기본원리(1998, 육군대학)

49. 정비/운용데이터의 신규무기체계 개발 환류 발전방향(2008, 군수교 전투발전
    세미나)

50. 종별 군수업무수행지침 1997 군수사령부

51. 조달계획/집행실무참고 1999 군수사령부

52. 신기술소개회 참고자료(2008, 방위사업청)

53. 지상무기체계발전세미나 자료(2006~2008, 육군본부/국방과학연구소)

54. 지상전개념서(2007, 육군본부)

55. 최신무역학개론(삼영사 2002. 4. 30.)

56. 現代統計學 영지문화사 1991 서울대학교 전산통계학과

57. 한국사회문제(한국방송통신대학교출판부, 2004. 1. 25. 한균자 외)

58. 형법각론(한국방송통신대학교출판부, 2004. 7. 5. 김순태 외)

59. 형법총론(한국방송통신대학교출판부, 2006. 1. 20. 김순태 외)

60. 형사소송법(한국방송통신대학교출판부, 2007. 1. 25. 김순태 외)

61. 2006 범죄분석(대검찰청, 2006. 10. 20.)

62. ERP 시스템의 Activity - Tag 기반 BOM/Routing 통합에 관한 연구(부경대, 2006)

63. Jane's Defence Magazines Library(2006~2008)

64. Non - Auditory Effects of Noise Exposure(2001, US Army Research Laboratory)

65. Operational Noise Manual(2005, U.S. USACHPPM)

66. PLM 가이드 북(BD미디어, 2005)

　원고와 씨름하는 동안, 눈만 감으면 떠오른 잔상(殘像)이 하나 있었습니다. 20여 년 전 미국·멕시코 국경에서 보았던 멕시코 사람들의 모습이었습니다. 조국을 등지고 잘 살아 보겠다는 일념으로 국경선을 넘어갈 준비를 하고 있는 모습이 흡사 구한말에서 일제 강점기 시기에 한만국경을 넘어가던 우리 조상들의 모습이었습니다. 이곳저곳을 떠도는 집시인생의 삶을 희망하는 사람은 없습니다. 모두가 자유롭고 부유한 삶을 희망합니다. 이를 위해서는 국가가 있어야 하고, 국가는 부강(富强)하여야 합니다. 대한민국이 부강할 때 우리 국민들은 세계 역사의 주인공으로 우뚝 서서 마음껏 재능을 펼칠 수 있습니다.

　세월을 되돌아보면 저는 참으로 운이 좋았습니다. 좋은 사람을 많이 만날 수 있었습니다. 지게 지고 땔감을 구하던 촌놈이 장학금으로 고등학교, 대학교를 마치고 유학까지 하였으니 개천에서 용 났다는 표현이 맞겠지요? 그러나 **아직도 해야 할 일, 하고 싶은 일이 많습니다. 방치되어 있거나 미처 착수하지 못한 일들이 너무 많이 있습니다. 나에게 주어진 역량이 다 소진될 때까지 뛰고 또 뛰어서 주어진 사명을 감당할 것입니다.** 지금까지 군 생활을 하면서 특히 기억에 남는 것은 군수사에서 근무하던 시절의 일입니다. 감사원 감사 때마다 반복하여 지적되어 온 군수물자의 소요산정 부실에 관한 문제를 『기울기와 절대편차율을 적용한 소요예측기법 적용방안』이라는 연구보고서를 통하여 일거에 해결하였는데, 이는 창군 이래 해결하지 못하였던 난제 중의 난제로 수백 명의 품목 담당관들이 수십 년 동안 고민하였던 과제였습니다. 품목 담당관들은 지금도 이를 '도수기법'이라고 부르고 있으며 육군규정 및 야전교범에 반영하여 군수물자 조달소요 산정, 정비창 폐기율 산정 등에 적용하고 있습니다. 또한 소리의 전술적 가치와 첨단 과학기술을 접목한 **소리총**을 소요 제안하였는데, 이는 표적 단위가 아닌 지역 단위 표적을 제압할 수 있는 신개념의 무기체계로서 지상전 양상을 크게 변혁할 수 있을 것입니다. 탄약이 불필요한 혁신적 전투장비로 운용유지 비용이 크게 절약되고, 적인원만을 제압하는 친환경적인 장비로 개발되어 장차 근접전투에서 승리를 보장하는 핵심 무기체계가 될 것이라 확신합니다.

이 순간 나를 위하여 헌신하였던 많은 사람들을 잊을 수 없습니다. 지금은 비록 행동이 자유롭지 못한 2급 장애자 신세이지만 배추, 열무, 호박 등을 머리에 이고 이십 리나 떨어진 시장에 다니면서 뒷바라지를 하셨던 어머니, 평생을 반려자로 내조해 온 '안해' 명숙, 초등학교 여섯 번에 중학교 세 번의 전학(轉學) 속에서도 꿋꿋하게 자란 용진, 무엇이든지 앞장서야 직성이 풀리는 과학고생 지예, 유치원생 늦둥이 영광, 누나들, 조카들 다들 사랑받기에 충분한 고마운 사람들입니다. 군 생활에서도 많은 은인들을 만났습니다. 위관장교 시절의 중대장·대대장님들, 영관장교가 되어서 만난 과장님, 참모장님, 처장님, 단장님, 부장님, 사단장님, 부사령관님, 사령관님, 그리고 부사관, 준사관, 선·후배장교들 모두가 고맙고 훌륭한 군인입니다.

이분들을 포함한 국민 모두에게 평화로운 삶이 지속되기 위해서는 이 땅에 전쟁이 없어야 합니다. 우리의 힘이 강할 때는 평화가 유지되었지만 약할 때는 어김없이 외침을 받았다는 것을 역사는 말하고 있습니다. 우리가 강해지기 위해서는 정치, 경제, 사회, 문화 등 모든 분야에서 각각 제 몫을

하여야 하며 특히 국방 분야에서는 추호의 허점이 있어서는 안 됩니다. 본
문에서 제시된 사항을 충실하게 실천하는 데 우리의 지혜를 모으고 힘을
합쳐 나갔으면 합니다. 대한민국 파이팅!

2009년 1월 아침
무열대에서 김도수

▌약력

순창고등학교 졸업('82)

조선대학교 기계공학과 졸업('86)

ROTC 24기 임관(병기장교)

부특기 : 정비(712), 전력화(781)

美 Northrop Univ MSME(기계공학 석사)

한국방송통신대학교 경영학과, 법학과 졸업

전술C4I개발단 정비제도장교

군수참모부 정비제도장교

군수사 외자계획장교·장갑차정비장교

5군지사, 12보병사단 정비대대장

군수참모부 화력기동제도장교

비무기체계사업단 정비체계제도장교

전투발전단 M&S과학기술소요장교

국방부장관 표창 등 40여 회 표·상장 수상

美합중국 근무유공훈장·감사장 수상

5군지사 선봉대대장('03)

現 2작전사 군수처 장비계획장교

연락처

☎ 010-5074-2039

✉ kim-dosoo@hanmail.net

✉ kimdosoo@army.mil

∴是故로 百戰百勝이 非善之善者也오
　不戰而屈人之兵이 善之善者也라
　이러한 까닭에 백번 싸워 백번 이기는 것은
　최선의 방법이 아니며
　싸우지 않고 적군을 굴복시키는 것이
　최선의 방법이다.
　(손자병법)

이렇게 준비하면 한반도에 전쟁은 없다

초판인쇄 | 2009년 2월 20일
초판발행 | 2009년 2월 20일

지은이 | 김도수
펴낸이 | 채종준
펴낸곳 | 한국학술정보㈜
주　소 | 경기도 파주시 교하읍 문발리 513-5 파주출판문화정보산업단지
전　화 | 031) 908-3181(대표)
팩　스 | 031) 908-3189
홈페이지 | http://www.kstudy.com
E-mail | 출판사업부　publish@kstudy.com

등　록 |
가　격 | 26,000원

ISBN　978-89-534-1245-3 93390(Paper Book)
　　　　978-89-534-1253-8 98390(e-Book)